钱学森论山水城市

鲍世行　吴宇江　编

中国建筑工业出版社

市也作为单独的一个大部门放在里面。他的根据就是发现建筑和城市科学的哲学基础和其他学科是不一样的，它既有艺术，又有科学。钱老强调建筑科学是一门融合科学与技术的大部门。建筑是科学的艺术，也是艺术的科学。

正是在这样一个思路下，钱老提出了中国的城市应该建山水城市这个方向和道路的问题。这是因为任何学科从自然科学来讲，都要用数学来表达，任何艺术都要用形象来表述。综合概括各个方面，中国城市的基本特色离不开中国的形象的山山水水，山水城市是他的一个学术观点，是一个学术思想，是从大科学部门中间延伸出来的。

我想，我们应该了解这个背景，才能理解为什么山水城市从钱学森那里提出来。这是因为他站在一个比较高的角度。那么，这个问题提出来以后，当然会引起建筑界的热烈讨论。大家就有两种理解，一种非常赞成，另一种是有点怀疑，即在中国能不能实现这个方向。

二、如何正确理解山水城市

问题是如何正确理解山水城市这个思想。山水城市的提出是在20世纪90年代初。当时城市快速的发展还没有开始，1992年和1993年以后才开始快速的发展。对于城市化、城市环境等问题也没有今天这样的认识。我理解对山水城市问题重要性的认识，是建立在以下五个方面的基础上，不然就不好理解：我们现在土地这么紧张，为什么还要强调与自然环境和山水结合？为什么城市都已经成为水泥森林了，怎么还要恢复到与自然结合？

第一，就是我们还必须从宏观上去认识我们城市应该有的特点。我们国家的一个明显的特点，就是山多田少，全国是七山、一水、两分田，城市和自然山水的结合大概无处不在，无处不是紧密结合的。这个问题要从一个城市的地图上来看，就可以看出来我们的城市很少离开山、离开水的。当然有的地方平原多一点。这是我们的自然特色。我们要强调城市不能破坏生态环境，不能破坏自然环境，跟自然环境相结合，最根本的就是离不开我们的山水特点。首先就是处理好人工环境与自然环境的关系，处理好与山水的关系。

第二，是要理性地来看待这个问题。山水城市，它是一种学术思想。一种理念。它不同于一个具体的设计项目。在一种思想理念下，形式可能是多种多样的。对山水城市问题，不能形式主义地去理解，必须理解它的精神实质。而且我们讲的理念思想不同于政策。政策是有一定时间性的，具有更强的实践性、针对性。而一种学术思想，它往往是长期的。另外，政策是规定性的，约定以后大家必须共同遵守，不能你说你的，他干他的；学术思想可不一样，学术上还是要百花齐放，所以学术思想是可以讨论的，而且要不断讨论，使他更加接近真理。当然，学术思想是可以指导政策、指导决策的。但这是两个不同的方面。

第三，山水城市问题是长远的，不是一时的。山水城市提出以后，比较具体地按照山水城市要求做规划和指导规划的城市到现在，大概只有二十多个城市。很多城市，从北京到上海，现在谁也不敢讲我是完全按山水城市的要求来作规划的。我们认识环境问题的重要性是很不容易的，我们走过很多弯路，现今全人类都把它作为20世纪的一个重大的成果。但要改善环境，就不是一天两天的事情，而是长远的事。如果是正确的，还要作为方向，坚持这个方向。简而言之，就像我们认识共产主义，研究了几百年了，都认为这是社会发展的方向，但现在不能马上实行，可你不能说它不对，不按这个方向做。

第四，我觉得山水城市涉及一个表述方法的问题。城市是一个复杂的事物，要有一个形象而又科学的表达是不大容易的。很多科学的表达，要求准确不容易，要求普及也不易。如果要表达得容易懂，往往又不全面，表达得形象一点又不太准确。比如"信息高速公路"，从科学的角度来讲，叫"高速公路"是不准确的，只能说这是一种形象的表达。我们现在理解的"信息高速公路"，实际是计算机加网络系统，是计算机跟网络系统的结合，但是这种表述人家就不容易懂了。所以"山水城市"这个提法，应给以正确的含义和正确的理解。

第五，我们理解山水城市不能理解为只是与自然关系问题。自然因素是重要的一个方面，但还要理解它的文化艺术方面的内涵。因为钱老说的山水，不仅仅是讲自然界的山水，中国传统文化中"山水"二字代表了我们的绘画的特点。中国绘画有很多种，但是山水画是最代表中国特点的。一提到山水画，我们脑子里都有一个很具体的艺术形象。从历史、文化角度看，"山水城市"很好地概括了我国的城市特色问题。我们现在常常要求城市具有高度的艺术水平，具有自然的特色，这个问题其实跟我们要重视与自然结合是一样的，我看通过山水城市的宣传，我们完全应该大大提高我们国家城市的环境质量、艺术风格、城市面貌和城市特色。

三、如何实事求是地发展山水城市建设

"山水城市"讲的是一种思想理念，是城市的一种形态模式。就是要建设具有中国特色的，跟自然环境结合的，具有高度文明水准的城市。因为它是一种思想，一种学术观点，不是政策，不是千篇一律的，也不强求统一。恰恰要求因城制宜，各有不同。如果这样讲，就可以开拓我们的思路，可以通过这些认识来影响我们的决策，使我们的决策更加符合实际，符合本城市的特点，推动我们城市建设水平的提高。所以，我是很赞成这个提法的。

举个例子，拿广州来讲，广州是一个迅速发展的大城市，这些年来重要的教训之一就是对城市环境问题注意得不够，城市建设得很快，但是环境条件不如以前了。在两个月以前，在广州修改总体规划的时候，从市领导到各位同行专家们都强调了山水城市对广州是有用的。因为以前广州市很小，广州本来就是一个山水城市，北面紧挨着白云山，南面就是珠江，所以就叫"青山半入城，六脉皆通海"。山水交相辉映。但是随着发展，城市越来越往外扩展，现在"六脉皆通海"还是对的，青山却被包在城里面了，山水跟城市不成比例。

我们既然认识到这个问题，要改善我们的环境，把"山水城市"作为一种发展方向、一种理念来建好我们的城市，还是有必要的。

我们搞规划的大概都知道，城市从来没有永远不变的，今天我们觉得环境不好，就可想办法改善。现在广州建筑盖得非常密，没有好的户外环境。我看未必见得这些房子就永远存在。上次开会就讨论到广州现在每两栋房子如果能去掉一栋，就不再是什么"握手楼"、"亲嘴楼"了。当然现在不能这么干。但是，我相信有朝一日是会这么干的。原因就是我们的经济条件会不一样，我们对问题的认识也会不一样。

不久前，巴黎为了改善环境，就把相当规模的十几层楼的房子炸掉了。当然这样的事情还是不多的。既然是认识了这个问题，肯定会逐步地改善，慢慢地达到理想的境界。我

为此，笔者曾写信求教钱老。钱老回信说：您说山水城市的核心精神主要是：尊重自然生态，尊重历史文化。重视现代科技，运用环境美学。为了市民大众，面向未来发展。对于这一点一定要全面地、正确地理解，并非仅是搞一些具体的挖水堆山。这很好！

（1）关于城市生态和历史文化。钱老曾经说过：生态城市实是我说的山水城市的基础——物质基础。他还说过："现在我们看到，北京市兴建的一座座长方形高楼，外表如积木块，进到房间外望一片灰黄，见不到绿色，连一点点蓝天也淡淡无光。难道这是中国21世纪的城市吗？所以，人离开自然又要返回自然。为此，要发扬中国园林建筑，特别是皇家的大规模园林，如颐和园、承德避暑山庄等，把整个城市建成为一座超大型园林。这称之为"山水城市"。

钱学森曾说过：要站得高看得远，总览历史文化。他又为怎样继承我国文化传统而忧心忡忡。他说：我翻过这期杂志，也感到今天我国建筑师对怎样在继承我国历史悠久的文化传统之基础上，又开拓前进，创造出21世纪的中国建筑文化，似尚无明朗的认识。所以，他说：中国建筑文化的新的辉煌时代恐怕要等到21世纪20年代才会到来。这里钱老讲的就是关于历史文化的问题。

（2）关于现代科学技术和环境美学。钱学森作为杰出的科学家反复地说明，山水城市也就是高技术城市。他说：山水城市还要充分引用现代科学技术成果，也是高技术城市。他还说：我想山水城市也是新世纪的大事，所以它必然也是高新技术建筑的城市。

关于城市环境艺术，涉及内容较多，这里着重说说整体美、特色美和意境美问题。

钱学森讲到：古代帝王，不论在中国还是在西方国家，为了显示王朝的威仪，也非常重视帝京的整体布局。他还说：北京不讲究整体美行吗？在讲到立交桥的景观时，他说：也要与其所在城市区的整体景观相协调。这里讲的"整体布局"，"整体景观"，都是讲的整体美。

钱学森还讲过：每个城市都要有自己的特色。在讲北京的城市特色时，他说到在中山公园北面筒子河旁的树荫下，坐望紫禁城，看城上的建筑，看到那构筑别致的城上角楼，真有说不尽的滋味。他还语重心长地说：中国古代的建筑文化不能丢啊！

意境美是中国文化的精髓，它是较高层次美的境界。钱学森说过：山水城市则是更高层次的概念，山水城市必须有意境美！……意境是精神文明的境界。这是中国文化的精华！

（3）关于为了老百姓和面向未来。钱老在谈山水城市时说：这是把古代帝王所享受的建筑、园林，让现代中国的居民百姓也享受到。18世纪封建统治阶级能够建造并享受的生活环境，21世纪的社会主义中国理应能够实现，广大市民应能生活、工作、学习和娱乐其中。在这里山水城市是为广大市民的本质溢于言表。

至于面向未来的问题，钱老多次说过山水城市是21世纪有中国特色的城市，而且对21世纪的社会主义中国有过非常具体的阐述。

以上就是钱学森院士给我们生动描绘的21世纪社会主义中国的山水城市。

在讲到钱老的山水城市思想时，有必要介绍一下有关的著作，这就是《杰出科学家钱学森论城市学与山水城市》和《杰出科学家钱学森论山水城市与建筑科学》两本书，总共150多万字。前者1994年9月初版，1996年5月增订版；后者1999年6月出版。根据钱学森的意见，这是两本"多家言"的书，不仅有钱老的论文、信札，而且还包括其他专家学者的相关文章。2001年6月，又出版了《论宏观建筑与微观建筑》一书，此书仅收入钱老的有关城市与建筑的论著，并辅以必要的注释。在短短的几年内有如此丰硕的成果，而且有的书一经面世，不久即告罄，因而再版，这在当前学术界还是少见的，足见它的强大生命力。

二、时代背景与文化背景

1. 时代背景

（1）21世纪是城市的世纪　1996年在土耳其伊斯坦布尔召开了世界人居二会议。这次会议被认为是联合国召开的20世纪最后一次全球性会议。在这次会议上，很多代表在展望21世纪时都认为，"21世纪是城市的世纪"。很多代表讲到当前世界经济发展很快，预计到21世纪初，世界人口将有60％住在城市，只有40％住在农村。这对世界来说，是根本性的变化，是一个里程碑，也就是说多数人住在农村的时代已经结束，现在进入了一个新的时代，多数人住在城市了。未来世界上经济的竞争主要地将表现为城市与城市之间的竞争。

（2）世界关注中国的城镇化　21世纪的城市化有一个突出的特点，即主要是解决发展中国家的城市化问题。因为对发达国家来说，城市人口增长的任务已经基本完成了。很多发达国家城市人口的比例达到了80％以上，甚至90％以上。这样，发展中国家的城市化任务就突出起来了。所以说，21世纪城市人口的增长，主要是在发展中国家，是这些国家中的农民向城市集中。21世纪的百万以上人口的城市，主要也将在发展中国家了。有些专家预计，可能墨西哥城将成为世界上最大的城市。这里有两个问题值得我们注意。第一是城市化道路问题，因为发达国家走过的城市化道路是让农民破产，然后强迫他们进入城市。工业发展是走先污染、后治理的道路。这是一条不可取的路，连他们自己也这样认为。所以，发展中国家就应该根据自己的具体情况，走一条崭新的道路。这是一方面。另一方面，对发展中国家的城市化来说，一则喜，一则忧。因为城市化的到来，是经济发展、社会进步的结果和表现，这一点发达国家是如此，发展中国家也应如此。但是，发展中国家的经济发展本来就比较滞后，这种过早的城市化的到来，可能在城市化的过程中会带来一系列的问题，就是城市的质量可能会急剧地下降。即农村人口大量拥入城市，城市人口迅速膨胀和集中，但是国家经济还没有发展到那个地步，于是"城市病"可能会蔓延。总之，21世纪的城市化应该走什么道路？未来城市是什么模式？这是大家关心的一个问题。

我国的城镇化走过了一条曲折的道路。但是，总的来说成绩是巨大的。中国工程院评选了25项"20世纪中国的重大工程技术成就"，"城镇化"成就榜上有名。

城镇化是城市发展的必由之路。党和政府对此十分重视，在"十五"计划中有专章论述，这就进一步明确了实施城镇化战略的目标、要求和方针。13亿中国人民如何走出一条城乡居民共同富裕、城乡经济共同繁荣的富有中国特色的城镇化道路。这是世界瞩目的事。

（3）在转型期的中国提出"山水城市"绝非偶然　在这里笔者给大家介绍上一个"世纪之交"发生在西方的一次关于城市发展方向的讨论。有意思的是它和这次世纪之交发生在中国的大讨论有许多十分类似的地方。

大家知道，英国是最早实现资本主义工业化的国家，而那次讨论的两个代表人物都是出生在工业革命的发祥地——英国。

这两个人是谁？一个叫霍华德（Ebenezer Howard）（1850～1928年），另一个是盖迪斯

(Patrick Geddes)(1854~1932年)。盖迪斯比霍华德小4岁，他们两人都活了78岁，是同时代的人。

当时的一些先进工业国家，城市化已经开始高速发展起来，1850年城市人口占总人口11.6%，1900年已达26%。由于人口迅速向城市聚集，带来许多的城市问题，如住房匮乏、交通拥挤、环境恶化等。但是，当时的一些建筑师却对此反应迟钝，他们只热衷于局部地区的规划设计竞赛和小规模的住宅区改善。倒是一些政治家、思想家、"业余爱好者"和"外行"看到了问题的本质，并进行了可贵的探索，他们无愧为"先驱者"。其中霍华德是一个富有社会理想的职员，他的职业是速记员，但是他却发表了《明日的田园城市》(Garden Cities of To-morrow)这部著名著作(1898年10月初版，1902年第二版)。田园城市的出发点在于向往和缔造具有城市和乡村优点，又避免两者缺点的"新型社会城市"。另一位是生物学家盖迪斯，他是积极的社会活动家和教育改革家，他的著名著作是《演变中的城市》(Cities in Evolution)(1915年出版)，他的贡献在于强调区域调查，并最早推动区域规划研究；他还提出生态问题和城市进化理论。他提出的"我们不仅要'煤气和自来水'，而且要'阳光和空气'"的观点，耐人寻味，发人深省。

遗憾的是这些作为城市规划先驱的思想，在当时并未被人们充分认识，一直到第二次世界大战前后，他们的著作才一而再、再而三地出版，特别是在1942~1944年由P·艾伯克隆比(P. Abrcrombie)主持的大伦敦地区的规划方案中汲取了霍华德和盖迪斯的关于周围地域城市作为城市规划考虑范围的思想，体现了城镇群的概念。盖迪斯的学生刘易斯·芒福德(Lewis Mumford)(1895~1990年)则使他们的思想影响流传得更深远。

历史有很多惊人的相似之处，和百年前一样，最近的一个"世纪之交"，中国的经济和社会也正处在"转型期"，城市化的进程也开始进入高速发展的阶段。因此，在中国由钱学森先生提出"山水城市"思想，绝非偶然。因为他和上述两位"先驱者"一样都是阅历广博、富有想象力、思想家式的人物。所不同的是霍华德是一个空想社会主义者，盖迪斯是进化论者，而钱学森则是马克思主义者。钱老自觉地运用马克思主义哲学作为指导，把城市和区域看作开放的复杂巨系统，通过现代科学技术体系的分析，才提出了"山水城市"的概念。

2. 文化背景

(1) 中华民族对山水的特殊感情　为什么中华民族有特别强烈的山水意识呢？这是因为，第一，我国国土上有众多的名山大川。第二，中华民族是农耕为主的民族，农耕文化受自然条件的制约，依赖自然；人们获得赖以生存的物质资料，大多与自然山水有密切关系。第三，我国自古是一个多灾的国家，古人认为各种灾害是山川神对世人行为不满的惩罚。

我国自古以来，把名山大川作为一种神来祭祀，传说中舜曾巡视"五岳"。

宗教(道教、佛教)的基本理论、理想境界、修习方式和教徒的日常生活都和自然山水发生十分密切的关系。宗教中"仙境"的理念，实际上是名山胜水的升华，所以人们说，"天下名山僧占多"，就是这个道理。

孔子说："智者乐水，仁者乐山。"它反映了中国传统哲学中的山水观，深刻地代表了儒家对山水的看法。"动观流水，静观山"。精神品格不同，对山水之趣的爱好也就迥然有异。这里把山水也人格化了。

中国古代的文人学者十分重视山水环境对自身的熏陶，通过山水进行修身养性的修养。

（2）中国古代在城市的选址命名规划中都凸显山水文化　中国的许多城市名称都与山河有关，如：鞍山、牡丹江。山之南称阳，山之北称阴，水之北称阳，水之南称阴，如：洛阳、汉阳、丹阳、江阴、淮阴等。还有辽源、济源、汉口、汉中、临海等都无不与山水有关。

中国古代城市选址，首先要考虑城市与山水的关系。管子称："凡立国都，非于大山之下，必于广川之上。高毋近旱而水用足，下毋近水而沟防省。"

中国古代文人墨客描绘城市特色，抓住了山水环境：

济南——"一城山色半城湖"；"家家泉水，户户垂杨"；"三泉鼎立，四门不对"。

苏州——"万家前后皆临水，四槛高低尽见山"。

常熟——"十里青山半入城，七溪流水皆通海"。

杭州——"水光潋滟晴方好，山色空濛雨亦奇"。

绍兴——"三山万户巷盘曲，百桥千街水纵横"。

（3）我国文化的特色之一是综合艺术　国画是绘画、诗词、书法、金石的综合艺术；京剧是"唱念做舞"以及脸谱、戏装、音乐、舞美的综合艺术；中国饮食文化强调"色香味形"具全，这些都体现了东方艺术的综合性。

中国古代不少城市、风景名胜区和园林都有"八景"、"十景"之说。这种"集景文化"始于隋唐，盛于两宋，明清都有发展，它是风景、建筑、绘画、音乐的综合艺术。例如："西湖十景"体现了四时朝暮、阴晴雨雪、生物多样性等深邃意境，文人墨客为之吟诗绘画、作曲题咏、立碑勒石、建台筑栏，蕴涵着丰富的传统山水文化。

端午佳节的龙舟赛和有清华、北大参加的国际大学生皮划艇比赛，同是划船比赛却是两种不同的氛围，它深刻地代表了东西方两种不同的文化背景。也许您参加过潍坊国际风筝节，当你见到那栩栩如生的蜈蚣、蝴蝶、燕子状的风筝和西方几何形风筝翩翩飞舞在同一片蓝天上时，你就会体会到中西方迥然不同的文化韵味。

自有人类以来，人们一直在探索着两个有着切身关系、却又难以解决的问题：人们不断加深对自身的了解和研究，治病强身，发展医学、预防医学、养生医学，这就是人体科学；自从人类从树上走下来，从山洞里走出来，人们也一直在探索适合自己生存、生活的环境的研究和营造，发展建筑学、城市学，这就是人居环境科学(或称建筑科学)。

人体科学与人居环境科学是两门互相联系、关系十分密切的学科。

从狩猎、采集到农耕社会，再到工业社会，生产力在不断提高，人口在不断聚集。人们通过实践摸索到"城市"这种特殊的人居环境模式。可能只有城市，才是最理想的人居环境。但是事实并非完全如此。虽然城市由于巨大而集中，创造了高度的文明，它给人们带来了高度的生产力，提供了丰富多彩的选择，生活方便和舒适，同时也带来了众多负面影响，环境在不断恶化，各种疾病环生，人们的身体素质每况愈下。城市人口规模的扩大，为疾病的流行提供了土壤。可以说人类聚集的历史，同时也是疾病增加的历史，这一点已成为研究人体科学和人居环境科学者的共识。人们开始思考，离开了自然又要返回自然。

随着现代科学技术的发展，创造物质文明的速度愈来愈快。由于竞争的激烈，人们过分地把注意力倾向于物质文明的发展，而精神文明的创造是需要继承和积累的，它不可能凭空创造出来。可是近年来，我们在生产力高速发展的同时，不少祖先创造的历史文化在我们手中毁掉了，其规模之大，速度之快，也是空前的。我国是一个具有悠久历史和丰富文化的国家，保护好历史文化是我们这一代人不可推卸的历史责任。

中国古代很重视山水文化，强调山水环境对自身提高素质、陶冶性情的作用。在养生方面又强调"养生莫若养性"。在养性方面，又强调山水的作用，"诗书悦心，山林逸兴，可以延年"。所以"山水城市"是现代文明和我国传统文化结合的体现，是21世纪具有中国特色的城市发展模式。

三、钱学森山水城市理论发展的三个阶段

钱学森建筑科学是博大精深的理论体系，本书仅及"山水城市"问题。

钱学森山水城市理论的发展可分成三个阶段：①思想孕育阶段；②概念形成阶段；③理论发展和推动实施阶段。

1. 思想孕育阶段（1958～1990 年）

从 1958 年到 1990 年这 32 年时间里，钱学森教授主要曾经发表了 3 篇文章，即 1958 年 3 月发表的"不到园林，怎知春色如许——谈园林学"，1983 年 12 月发表的"园林艺术是我国创立的独特艺术部门"和 1985 年 8 月发表的"关于建立城市学的设想"，正是在这三篇重要的学术论文中孕育了钱学森"山水城市"的理论概念。

钱学森教授对建筑与城市的研究始于 20 世纪 50 年代，研究是从园林学开始的。目前我们收集的钱老有关建筑科学方面的第一篇论文是发表在 1958 年 3 月 1 日《人民日报》上的"不到园林，怎知春色如许——谈园林学"一文。

这篇文章富有诗意的题目出自汤显祖名著《牡丹亭》中，杜丽娘的著名唱词。

众所周知，钱学森同志是 1955 年 10 月回国的，在回国后不久他就在《人民日报》上发表文章，足见他对这方面的重视和关注。

钱学森作为在"两弹一星"方面作出杰出贡献的专家，工作十分繁忙。回国后他立即担任了中国科学院力学研究所所长，并投身于"12 年科学规划"工作，担任综合组组长。当时，他作了一个很精彩的关于核聚变问题的报告，为科学规划的制定出了许多好主意，特别是亲自起草和制定了关于火箭喷气技术的建立计划。这个计划实际上就是导弹技术的发展计划。当年郭沫若同志看到这个计划后诗兴大发，曾赋诗一首。

赠钱学森

大火无心云外流，望楼几见月当头。
太平洋上风涛险，西子湖畔景色幽。
突破藩篱归故国，参加规划献宏猷。
从兹十二年间事，跨箭相期星际游。

（摘自钱学森《科学的艺术与艺术的科学》）

很快中央就决定要搞导弹，钱老调任国防部第五院院长。

所以，钱学森是在工作十分紧张的情况下撰写"不到园林，怎知春色如许——谈园林学"这篇文章的。

在"不到园林，怎知春色如许——谈园林学"这篇文章中谈到了：

（1）把中国的园林和传统山水画联系起来了。

文章说：我们也可以用我国的园林比我国传统的山水画或花卉画，其妙在像自然又不像自然，比自然有更进一层的加工，是在提炼自然美的基础上又加以创造。

（2）园林学和建筑学都是介于艺术和工程技术之间。

文章说：园林学也有和建筑学十分类似的一点：这就是两门学问都是介乎美的艺术和工程技术之间，是以工程技术为基础的美术学科。

（3）新时代的园林学要为广大人民服务。

文章说：我国的园林学是祖国文化遗产里的一颗明珠。虽然在过去的岁月里它是为封建主们服务的，但是在新时代中它一样可以为广大人民服务，美化人民的生活。

（4）园林学还要有新发展。

文章说：园林设计也决不会停留在前人的基础上，园林学还是要继续有新发展。

园林学是钱学森教授研究建筑科学的切入点，"谈园林学"一文作为钱老研究建筑科学的第一篇公开发表的文章，可以说对于建筑科学、山水城市等一些基本观点当时都已基本形成，只是到了后来，这里阐述的理念又有了新的发展。例如：把中国的山水诗词、中国古典园林建筑和中国的山水画融合在一起，创立"山水城市"的概念；例如，建筑科学是融合科学与艺术的大部门；又如，"山水城市"的为人民的社会主义内涵——要让大家安居快乐，不是少数人快乐，而多数人贫困；再如，在建筑和城市建设中充分引用现代科学技术，"山水城市"也是高技术城市等等观点。上述观点都是在这篇文章中已有了初步阐述，而后来又有了新的发展。

在这个阶段钱学森发表的另一篇文章是"园林艺术是我国创立的独特艺术部门"一文。这篇文章首先在《城市规划》1984年1期公开发表。这是钱学森教授1983年10月29日在第一期市长班上讲话的一部分。当时钱学森教授讲授的题目为《城市建设与园林艺术》，内容分两大部分：第一部分讲的是用马克思创立的历史唯物主义、辩证唯物主义观点，科学地预见未来，共产主义必然代替资本主义，并通过我国"四化"建设的发展，农村的城镇化、现代生产、生活对人的素质要求说明三大差别的消灭，预见在建国一百周年前必然实现。第二部分着重讲述园林艺术问题。文稿是由当时市长班学员、合肥市副市长、园林专家吴翼同志根据录音整理的，原题为"钱学森同志谈园林艺术"。《城市规划》编辑部在1983年11月26日收到稿件后立即寄给钱学森请他审阅。后来公开发表的文章是经钱老亲自修改补充的。这就是题目为"园林艺术是我国创立的独特艺术部门"的文章。

这篇文章讲述了两个方面的问题。

（1）中国"园林"的概念与西方园林的区别。

文章首先说明中国园林不是建筑的附属品，园林艺术也不是建筑艺术的内容。他说：国外没有中国的园林艺术，仅仅是建筑物附加上一些花、草、喷泉就称为园林了。外国的Landscape，Gardening，Horticulture三个词都不是"园林"的相对字眼。

其次，明确了"园林"和"园林艺术"的含义。文章认为：园林艺术是更高一层的概念，Landscape，Gardening，Horticulture都不等于中国的"园林"，中国的"园林"是他们这三个方面的综合，而且是经过扬弃，达到更高一级的艺术产物。

（2）钱老认为"中国的园林可以看成四个层次"：

第一层次是"盆景"——微型园林；第二层次是"窗景"；第三层次是"庭院"园林；第四层次是"宫苑"。

原稿第四层次为"公园"，当时《城市规划》编辑部写信请示将"公园"改为"宫苑"。钱老来信表示同意。这说明钱老在学术作风上的虚怀若谷。

在这篇文章里，钱学森把园林和城市建设联系了起来。文章的开头说：园林是为城市建设服务的"。文章最后又说："要以中国园林艺术来美化城市。……让园林包围建筑，而不是建筑群中有几块绿地。"这实际上就是后来钱老再三阐述的"山水城市"的理念。应该用园林艺术来提高城市环境质量，要表现中国的高度文明，不同于世界其他国家的文明，这是社会主义精神文明建设的大事。……怎样才能使人体会到中国的社会主义精神文明呢？我认为要重视并搞好环境美，要充分应用祖先留下来的园林艺术珍宝。从这篇文章中，我们已经能够清晰地看到"山水城市"概念的雏形。

在《城市规划》1985 年 4 期上又刊出了钱学森的另一篇文章："关于建立城市学的设想"。文章提出：我觉得要解决当前复杂的城市问题，首先得明确一个思想——理论。因为按照马克思主义原理，实践是要在理论指导下的，理论要联系实际，但必须有理论……有必要建立一门应用的理论科学，就是城市学。

几乎在钱老研究园林学和提出建立城市学的同时，他又提出了应该"研究园林式现代化城市"的问题。1984 年 11 月 21 日钱学森同志在"为了 2000 年，我想到的两件事——致《新建筑》编辑部的信"（本书第 32 页）中，所提出的第二件事就是"构建园林式的城市"。他在信中说："我从前讲过点这方面的看法。"（我想这可能就是指"谈园林学"和"园林艺术是我国创立的独特艺术部门"等几篇文章）。他又说："但近日读到《2000 年的上海》，其中有一篇文章把这个问题发展了，讲得好。"最后，他在信中指出："要迎接中国的新时代，我们的建筑界同志不应该研究园林式现代城市吗？这也是时代对我们的挑战呵。"

1984 年，钱学森开始是以"园林式现代城市"这样一个概念提出的。直到 1990 年才正式提出"山水城市"的概念。

如果从 1958 年钱老发表第一篇有关园林学的文章算起，直到 1990 年正式提出"山水城市"的概念，那么其孕育过程长达 32 年。

2. 概念形成阶段（1990～1993 年）

"山水城市"概念的正式提出，并见诸文字是钱学森 1990 年 7 月 31 日给吴良镛的一封信（本书第 44 页）。信中有一段大家都很熟悉的话：

"我近年来一直在想一个问题：能不能把中国的山水诗词、中国古典园林建筑和中国的山水画融合在一起，创立'山水城市'的概念？"又说"人离开自然又要返回自然。"

人们也许会注意到这句话前面用了一个"能不能"，最后用了一个"？"（问号）。正如后来他在信（1996 年 6 月 14 日）中谈到 6 月 4 日会见我们的讲话时说："注意这是试探，不是结论。"这是钱老在学术上的谦虚。

这封信是在读了《北京日报》和《人民日报》关于菊儿胡同危房改建为"楼式四合院"的报道后写的。钱老读了这些报道后"心中很激动！"于是提出了振聋发聩的"山水城市"的概念。他在信中说：这是他"近年来一直在想的一个问题"，正如他在 1995 年 11 月 19 日的一封信中所说的那样："其实一个人的思想总有个形成过程，决非一朝一日事"。

事过近两年，钱老又先后给园林专家吴翼（1992 年 3 月 14 日，本书第 53 页）、《美术》杂志编辑王仲（1992 年 8 月 14 日，本书第 55 页）和中国建筑学会顾孟潮（1992 年 10 月 2 日，本书第 57 页）写信再一次提出"山水城市"。他在给顾孟潮的信中说：

现在我看到，北京市兴起的一座座长方形高楼，外表如积木块，进去到房间则外望一片灰黄，见不到绿色，连一点点蓝天也淡淡无光。难道这是中国21世纪的城市吗？

所以我很赞成吴良镛教授提出的建议："我国规划师、建筑师要学习哲学、唯物论、辩证法，要研究科学的方法论"。也就是要站得高看得远，总览历史文化。这样才能独立思考，不赶时髦。对于中国城市，我曾向吴教授建议：要发扬中国园林建筑，特别是皇帝的大规模园林，如颐和园、承德避暑山庄等，把整个城市建成为一座大型园林。我称之为"山水城市"。人造的山水！当时吴教授表示感兴趣的。

也正是在这封信中钱老提出：中国建筑学会何不以此（注：指"山水城市"）为题，开个山水城市讨论会？

在钱学森的倡议下，经过周密的准备终于在1993年2月27日在北京召开了"山水城市座谈会"。钱老对这次会议寄予很大的期望，会前来信祝会议成功。会议确实开得很好、很成功。这是一次有多学科专家、学者参加的会议，到会的50余位城市科学、城市规划、园林、地理、旅游、建筑、美术、雕塑方面的专家、学者以及作家、记者，有27位专家在会上发了言。钱老十分重视这次由中国城市科学研究会、中国城市规划学会和中国建设文化艺术协会环境艺术委员会联合召开的会议，虽然他因身体原因未能出席会议，但是仍然寄来了书面发言："社会主义中国应该建山水城市"（本书第21—22页）。

钱学森在这篇书面发言中说：

这是把古代帝王所享受的建筑、园林，让现代中国的居民百姓也享受到。这也是苏扬一家一户园林构筑的扩大，是皇家园林的提高。中国唐代李思训的金碧山水就要实现了！这样的山水城市将在社会主义中国建起来！

文中又说：

山水城市的设想是中外文化的有机结合。是城市园林与城市森林的结合。山水城市不该是21世纪的社会主义中国城市构筑的模型吗？

正是这次"山水城市座谈会"和钱学森的书面发言为山水城市的概念的形成奠定了坚实的基础。

3. 理论发展和推动实施阶段（1993年以后）

钱学森同志在"山水城市座谈会"上发表的"社会主义中国应该建山水城市"一文进一步系统地、全面阐述了山水城市的概念。它对山水城市运动的发展具有深远的影响。有广泛的专家、学者参加的"山水城市座谈会"的召开标志着山水城市概念的基本形成，它大大地推动了山水城市运动的进一步发展。

在"山水城市座谈会"以后，钱老就对山水城市运动的推进提出了一系列构想。他在信（1993年4月11日，本书第70页）中说：可以有多种形式的活动：办展览会，办学术研讨会，办高级建筑师培训班……后来又在信（1993年5月24日）中说：现在既然明确地提出'山水城市'，那中国人就该真建几座山水城市给全世界看看……（本书第74页）

事实上山水城市的进一步推进，在"山水城市座谈会"上就已经开始了。会上，清华大学朱畅中教授介绍了朱畅中、谢凝高、董黎明三位教授在进行海南通什市城市规划实践时，把它规划成一座山水文化旅游城市的构想和体会。钱老在答复他们的信中说："祝您们成功，把通什建成山水城市的样板！"

"山水城市座谈会"后的有关活动，大致可以分成理论的深化、宣传和山水城市的研究

（这种研究大多结合当地情况）、实践两个部分。

（1）理论的深化方面：

①"立交桥—现代城市一景"座谈会的召开。

首先是钱学森来信（1994 年 1 月 7 日，本书第 85 页）说：……可以说立交桥是现代城市的一景了。但此景怎样才能美化？将它们融入山水城市？后来又来信说：您应该发动专家们就此题（指山水城市）深化讨论下去。召开全国性的学术研讨会：'立交桥——现代城市一景'可以作为上述探讨的发端，我当然赞成。（1994 年 3 月 21 日，本书第 92 页）要在 10 月召开"立交桥——现代城市一景"座谈会，当然是件大好事。（1994 年 7 月 28 日，本书第 102 页）

在钱学森的倡议下"立交桥——现代城市一景"座谈会由中国城市科学研究会、中国城市规划学会和中国园林学会联会主办，1994 年 10 月 19 日在北京召开。由于把城市立交桥的建设与山水城市联系了起来，并提出要结合我国传统的园林艺术，这就使讨论提高到一个更高的层次。会后钱老来信（1994 年 11 月 4 日，本书第 107 页）说："立交桥——现代城市一景"座谈会由周干峙院士主持，开得很成功！引起专家们的认真议论实一幸事……

②"轿车与城市发展"学术讨论会的召开。

钱老来信（1994 年 12 月 4 日）说：我近见报纸上对"轿车文明"有热烈讨论，我读后也颇有感慨……我们社会主义建设也一定要走这条路吗？

所以社会主义中国完全有可能避开'轿车文明'。这是城市学的一个大课题，您的研究会不该考虑吗？

根据钱老的意见，中国城市科学研究会于 1995 年 3 月 16 日召开了"轿车与城市发展"学术讨论会，《瞭望》1995 年 18 期对讨论会作了报道。

③ 召开了《城市学与山水城市》再版发行座谈会。

在建设部领导的关心和中国建筑工业出版社的大力支持下《杰出科学家钱学森论：城市学与山水城市》一书于 1994 年 9 月出版，首版不久即告售罄，于是中国建筑工业出版社又及时地于 1996 年 5 月出版增补版。一本学术著作，能在如此短的时间内再版，足见此书的强大生命力。

座谈会于 1996 年 6 月 20 日举行，中国建筑工业出版社社长刘慈慰主持了会议，建设部侯捷部长到会讲了话，吴良镛、周干峙两位院士作了书面发言，郑孝燮等不少专家发了言。钱学森对《城市学与山水城市》一书的再版十分重视，于会前接见了该书的编辑人员，并和我们作了一个小时的谈话。在再版发行座谈会上我们汇报了 6 月 4 日钱学森接见的情况。与会专家一致认为钱老的讲话内容十分丰富，是对建设领域工作的极大支持和推动。

由此可以看出，从 1993 年山水城市座谈会后连续三年我们每年都召开有关山水城市的研讨会，使山水城市的探讨逐步引向深入。

我国关于山水城市的探索，引起了国际学术界的广泛关注和重视。我在 1993 年天津召开的国际城市生态建设学术研讨会上系统地介绍了我国国内开展山水城市学术讨论的情况，引起与会国外学者强烈反响，得到德国生态控制论权威 Frederic Vester 教授高度评价（本书第 75 页）。1995 年 9 月的世界公园大会宣言中再次强调了"山水城市"的观点，足见国际学术界对此问题的重视（本书第 133 页和 137—139 页）。

有关山水城市理论的探讨，不仅报刊上有大量反映，而且电视和广播等媒体也都作了报道。电视、广播是影响极为广泛的大众传播媒体，对此钱老十分重视，每当去信告诉他，他都表示要亲自收看、收听。他在1996年9月15日的来信（本书第210页）中说：经过大家的共同努力，山水城市及建筑科学的确受到重视。

对于山水城市能受到各方重视和引起大家支持的原因钱老分析说：

这次提出建筑科学大部门却引起大家的支持，山水城市也如此。什么原因？这是我们该好好反思的。

我想可能有两个方面的原因：

（一）居室及工作环境是人们都有日常体会的。您信中说的群众对您广播讲话的反应不就是这样吗？……

（二）从学科大部门来看，（这是学者们重视的）……建筑科学则是自然科学、社会科学和美术艺术的三结合，更复杂高超。

对于山水城市理论探讨的推进钱学森是什么态度呢？

他在来信（1995年10月25日，本书第137页）中说：山水城市的设想能被更多的人所接受和理解是件好事。但我们还要对山水城市做深入的探讨，逐步加深理论。

另一方面，他又说：但我也不会忘乎所以地乐观！对山水城市的说法也一定会有强烈的反对意见。（1995年1月25日的信，本书第116页）在这方面钱老是有充分的预见性的。

（2）实施的推动方面：

钱学森除了十分关注山水城市理论的深入探讨外，还十分重视山水城市的实践。他在"山水城市座谈会"上的书面发言就用了"社会主义中国应该建山水城市"这样一个命题。对此，他在一封信中说：中国古代山水文化是"出世"的，我们的"山水城市"是"入世"的。（1997年9月7日的信，本书第237页）

对于各地的山水城市实践，钱老都给以指导，提出具体的建议。1996年3月28日重庆市召开"创建山水园林城市学术研讨会"，钱老给重庆市城市科学研究会秘书长李宏林同志写了一封长信。对于江苏常熟市、山东章丘市山水城市的规划和建设他都写信提出指导性的意见。

钱学森对于山水城市建设的指导有一个特点，就是特别重视当前城市建设中出现的新鲜事物对山水城市理论的启示。北京市立交桥的大量建设，钱老就考虑，如何将立交桥融入山水城市（1994年1月16日的信）；1998年长江发生特大洪水，钱老就提出洪水对重庆、武汉山水城市建设的新启示（1998年9月28日的信）；在总结攀枝花"那样拔地而起、从无到有建设一座工业城市的经验"时，钱老提出："攀枝花市能建成为一座山水城市吗？"还指出："我们应该这样去探索！"（1999年6月12日的信，本书第300页）

钱学森还十分重视山水城市实践中创造的经验，以丰富发展山水城市的理论。例如：他在1996年3月15日的一封信（本书第168页）中说：我设想的山水城市是把我国传统园林思想与整个城市结合起来。要让每一个市民生活在园林之中而不是要市民去找园林绿地、风景名胜。所以我不用"山水园林城市"，而用"山水城市"。后来当钱老知道建设部已提出创建"园林城市"时，他来信说：我现在才知道：国家建设部已于1992年提出创建"园林城市"，几年来已在全国评审命名北京、合肥、珠海、马鞍山等8个园林城市。现在继重庆市之后自贡市又提出要建山水园林城市，很自然，重庆市和自贡市是不是要把城市建设再提高一级，从园林城市到山水园林城市？钱老在信中进一步提出：按此情况，似可把城市建设分为四级：

一级　　一般城市，现存的；

二级　　园林城市，已有样板；

三级　　山水园林城市，在设计中；

四级　　山水城市，在议论中（1996 年 9 月 29 日的信，本书第 217 页）。

从"山水城市"是我国城市环境建设的理想模式这个构想出发，钱老又进一步指出：我国要有山水城市想当在 21 世纪建国一百周年之际，我们从现在的园林城市，走过山水园林城市这一段，可能要 40 年时间（1997 年 9 月 21 日的信，本书第 240 页）。从此确定了城市环境建设：一般城市→园林城市→山水园林城市→山水城市的时间程序。因此钱老来信肯定说："我想我们来用"山水园林城市"这个词是合适的……"鉴于山水城市是远景努力的方向，所以钱学森又来信说：所以不要随便把"山水城市"加在任何在建的城市上，那是太不严肃的！从上面的阐述中，我们有理由可以充分说明钱老善于吸收山水城市理论和实践中不断涌现出来的经验，来丰富和发展自己的思想，使山水城市的理论不断趋于深化和完善。

论 文 篇

钱学森论山水城市

园林艺术是我国创立的独特艺术部门[①]

钱学森

我不是艺术家，也不是建筑家，但每次游览我国的一处园林，或就连车过分隔北京城里北海和中南海的大桥时，总为祖国有这一独创的艺术部门而感到骄傲。在20多年前就写过一篇文字，不久前又重新刊登在1983年1期《旅游》杂志上，叫《不到园林，怎知春色如许——谈园林学》；后来感到意犹未尽，又写了一篇《再谈园林学》，登在1983年第1期的《园林与花卉》杂志。但现在想来，园林毕竟首先是一门艺术，称"学"不太合适。而且从今天的眼光来看，它又是为城市建设服务的，所以才整理出这篇东西投《城市规划》，向同志们请教。

（一）

什么叫"园林"？什么叫"园林艺术"？现在用词很泛，报刊上常把哪个园子种了些树就称"园林"。《光明日报》1983年(下同，不再注明年份)9月26日第一版有个标题《昔日一片荒漠，如今满目葱茏》，说是在甘肃省临泽县的一个学校，在周围种了很多树木，成了"园林"式的学校；《经济参考》8月30日第一版，标题为《沙荒变园林》，说的是山东寇县、莘县的林场在一片沙荒上种了树，就成了"园林"。其实这不叫"园林"，应该叫"林园"，因为这只是有林的园子。我们说"园林"是中国的传统，一种独有的艺术。园林不是建筑的附属物，园林艺术也不是建筑艺术的内容。现在有一种说法，把园林作为建筑的附属品，这是来之于国外的。国外没有中国的园林艺术，仅仅是建筑物附加上一些花、草、喷泉就称为"园林"了。外国的 Landscape、Gardening、Horticulture 三个词，都不是"园林"的相对字眼，我们不能把外国的东西与中国的"园林"混在一起。例如，天安门前观礼台拆除后布置了些草坪，没有中国味，洋气，这是外国的做法，故宫、颐和园哪有这种做法呢？当然绿化工人是费了很大劲才把它搞起来的，问题在于根据什么思想，不是中国的园林艺术，而是西化了。中国园林不是建筑的附属品，园林艺术也不是建筑艺术的附属。

其次，中国园林也不能降到"城市绿化"的概念。《人民日报》7月31日第八版所报道的一些都是"绿化"，不是"园林"。《北京日报》8月23日头版头条也报道："本市制定今后五年园林绿化总体规划，市府聘请五位园林顾问"。我认为我们对"园林"、"园林艺术"要明确一下含义；明确园林和园林艺术是更高一层的概念，Landscape、Gardening、Horticulture 都不等于中国的园林，中国的"园林"是他们这三个方面的综合，而且是经过扬弃，

[①] 本文是作者1983年10月29日在第一期市长研究班上讲课的一部分，经原合肥市副市长、园林专家吴翼从录音整理成文字稿。原文刊《城市规划》1984年第1期。

达到更高一级的艺术产物。要认真研究中国园林艺术，并加以发展。我们可以吸取有用的东西为我们服务，譬如过去我国因限于技术水平，园林里很少有喷泉，今后我们的园林可以设置流动的水，但不能照抄外国的建筑艺术，那是低一级的东西，没有上升到像中国园林艺术这样的高度。

（二）

中国园林艺术是祖国的珍宝，有几千年的辉煌历史。中国的园林可以看成四个层次。第一，最小的一层是"盆景"——微型园林。后来发展的园林模型也属于这一类型。例如，英文刊物《中国建设》1983年第7期记载，浙江省温州的叶继荣组织全家人制作大观园模型，已在各地展出，就属于这一类。

第二层次是"窗景"。苏州的窗景在室内看出去有"高山流水"之感的景观，整个也只几米大小。当然也有自发的发展。《科学画报》1983年元月期介绍了广州白天鹅宾馆中的布置，中庭的花坛、瀑布，是属于苏州"窗景"一类的，也是小型园林。

第三层次就是"庭院"园林。南方比较多，像苏州、扬州的庭院都属于这类，小的几十米，大的一二百米范围。

第四层次是"宫苑"。如北京的北海、圆明园等，规模比较大。

中国园林主要是庭院园林和宫苑园林。北方的园林宫廷气味很浓，如避暑山庄、香山、颐和园等；江南园林民间气息较多，巧而秀丽；扬州园林介于二者之间。可能还有第四种，就是广州的岭南园林，里边建筑物较多。

中国园林可以分以上的四个层次，这四个层次可以看成是中国传统的园林艺术，我们要认真研究。我国在这一领域有不少专家、权威，上海同济大学的陈从周教授就是一位，他们都是我的老师。

我们对传统的园林艺术要研究，要发掘，但是还要前进。如何进一步发展呢？举个例子说：北京天安门广场现在气魄很大，怎样把它园林化呢？这是个新课题。我不同意几块草坪，再种点花的这种做法。我在这里出个主意：对广场要增加气魄，方法上可用石雕的兽和人像等等来装饰。过去皇帝的陵寝墓道两边、大殿前面，都应用石狮、石兽。为什么现在不用这些有中国自己特点的东西来装饰呢？再举一件事，从前房子不高，太和殿一层是比较高的，但太和殿再高也比不上北京饭店。现在高层建筑成了方盒子，不太好看，外面颜色也是这样的一些，北京灰烟又大，几年之后是不会好看的。为什么不搞出中国特色？在高层建筑的侧面种些攀缘植物，再砌筑高层的树坛种上松树，看起来和高山一样，这是可以的呀。总之，要用中国的园林艺术来加以美化。

（三）

现在农村形势发展很快，已经出现小城镇——初级城市，那么大城市、中心城市怎么办？如何美化？要以中国园林艺术来美化，使我们的大城市比起国外的名城更美，更上一层楼。据说规划中的莫斯科城，绿化地带占城市总面积的1/3，那么我们的大城市、中心城市，按中国园林的概念，面积应占1/2。让园林包围建筑，而不是建筑群中有几块绿地。应该用园林艺术来提高城市环境质量，要表现中国的高度文明，不同于世界其他国家的文明，这是社会主义精神文明建设的大事。去埃及看到金字塔，它反映了埃及的古老文明；怎样才能使人体会到中国的社会主义精神文明呢？我认为要重视并搞好环境美，要充分应用祖先留下来的园林艺术珍宝。

现在我们在这方面做得不够，今后首先要培养人才，培养真正的园林艺术家、园林工作者。现在有一所大学开了个园林绿化专业。据我了解，尽是一些土木工程的课，这样是培养不出真正的园林艺术人才的。我觉得这个专业应学习园林史、园林美学、园林艺术设计。当然种花种草也得有知识，英文的"Gardening"也即种花，顶多称"园技"；"Horticultre"可称"园艺"，这两门课要上，但不能称"园林艺术"。正如书法家要懂制墨，但不能把研墨的技术当作书法艺术。我们要把"园林"看成是一种艺术，而不应看成是工程技术，所以这个专业不能放在建筑系，学生应在美术学院培养。从这个思想推演，我们应该成立独立的园林工作者协会。去年有人跟我说要在中国科协下设中国园林学会，我说应该在中国文联下面成立这一组织，因为这是艺术。但现在来不及了，园林学会已经在中国建筑学会下成立了，对外称中国园林学会。大家如此认识问题，也就只好如此，总比没有专门的园林工作者组织好。

要培养专家，也要培养园林技术工人。

说到工人，联想到古典园林的保护问题。要继承发展中国园林艺术，就必须保存好现有的古典园林。现在有许多园林都被一些单位占了，要下决心把占用的单位请走；另外，要保存好，要修复好。怎样保存修复呢？现在的做法是粉刷一新，金碧辉煌，不是原来的风味了。在这方面，我们要向国外学习，他们的古典建筑尽量保存，并且维持原来的格调，而不是把它"现代化"。保持原来面貌这点应值得注意，这里有一套学问。我国已确实有文物保护研究所，各地区要支持本地区有关部门把这项工作做好。另外，还要考虑古代园林建筑如何适合于现代中国。古代帝皇园林建筑的色彩沉重、深谙，明亮的少；颐和园建筑色彩就太重，是否可以作些试验改变些色调？使它更适应今天在人民中国，园林应该有的功能，让人们舒畅地休息，感到愉快，在精神上受到鼓舞。这也是进一步研究和发扬园林艺术的问题。

关于建立城市学的设想①

钱学森

我觉得要解决当前复杂的城市问题，首先得明确一个指导思想——理论。因为按照马克思主义原理，实践是要在理论指导下的，理论要联系实际，但必须有理论。实际问题我提不出意见，但能不能够讲点理论，从远一点的地方讲起，先讲讲有必要建立一门应用的理论科学，就是城市学。

在城市学这个问题上，我基本同意北京社会科学院宋俊岭同志的关于城市学的那篇文章，我认为城市学是一门应用的理论科学，它不是基础科学，或者说是一种技术科学，不是基础理论。

那么，为什么要提出城市学呢？

国外也是从具体工作出发，先提出来要搞城市规划，这个他们提得很久了。他们后来也发现，要搞好城市规划，就要有理论依据，这才开始提出城市学这门学问，我觉得这一点是对的。

城市学是研究城市本身的，它不是什么乡村社会学、城市社会学等等，而是城市的科学，是城市的科学理论。有了城市学，城市的发展规划就可以有根据了。所以从这样一个关系说，城市规划是直接改造客观世界的，直接改造客观世界的学问我们叫工程技术，这类学问，如土木工程、水利工程、电机工程等等。那么城市学是城市规划的一个理论基础，所以它是属于技术科学与应用科学类型的学问。它比城市规划就更理论一些，但与许多社会科学与自然科学的基础科学如政治经济学、地理学等等比较起来，它又是应用的，所以它是中间层次的。

对这样一门学问的研究，湖南省的魏方同志说，必须用马克思主义的哲学来指导，这很对。因为，马克思主义哲学是指导我们一切科学研究的基本的从人类对客观世界的总的认识概括起来的学问。我觉得在这一点上我们比西方国家先进。因为西方国家在这个世纪发展起来的所谓城市学，当然说不上用马克思主义哲学指导，而我们必须用马克思主义哲学来指导这门科学的研究。也就是说我们要从辩证唯物主义与历史唯物主义的观点来看待这个问题，而西方国家的城市学不免就事论事，不够彻底，眼光短浅。我们要从人认识客观世界的高度来研究城市学。当然我不是在这里叫人不要解放思想。我的意思是，我们研究任何事物不能没有一个正确的指导思想，我们最好的指导思想是马克思主义哲学，而我们的研究结果，又反回来可以充实与深化马克思主义哲学。在这一点上我觉得我们历来就是如此。马克思、恩格斯、列宁、毛泽东同志都是这样的，我们不能背离马克思列宁主义

---

① 原文刊《城市规划》1985 年第 4 期。

的普遍原理，但也不是所有经典著作上的一句话就把我们限制住了，这是我建议研究城市学这门学问的一个根本出发点。

第二，城市学要研究的不光是一个城市，而是一个国家的城市体系，这个观点在国外是没有认识到的。所谓城市，也就是人民的居住点或区域，也就是大大小小的人民聚集点形成的结构，这种结构是由人的社会活动需要形成的。不同的时代，生产力和生产关系不一样，这样的结构也是不一样的。所以说，影响这种结构的基本力量是生产力。当然，生产力的发展也是受社会制度影响的，上层建筑反过来又会影响基础。从这样一个认识出发，我觉得我们今天研究城市学必须看到今天生产力的发展，而且为了搞好规划，还不能够光看到今天生产力的发展，还要看到现在的科学革命、技术革命会导致什么样的生产力发展，也就是说看看这些发展到 21 世纪将会如何。由于通信技术与交通运输技术的发展，人的聚集会达到什么程度？人聚集在一起是为了信息传递和物资运输的方便，但由于通信技术与交通运输技术的发展，这些情况是否会有所变化？我们看到国外一些大城市的发展已经显示出这个影响了，国外有的城市由于过大，后来反而疏散出去了，纽约市就是这个情况。起先人都往城里挤，后来受不了啦，又跑出去了，因为跑出去更好过些。所以我觉得我们要充分地考虑这样一个问题。根据这一设想，我国城市的体系可分为这么四个层次，最小的是集镇，数目最多，有几万个；往上是县城，有 1000～2000 个；然后是中心城市，人口几十万人，全国有百十来个；最后是大城市，人口在 100 万人以上，全国有 20～30 个。如果说还有第五级，那就是首都。所以城市学要考虑的问题，必须包括现代科学技术的发展，生产力的发展，我国逐步走向从集镇到大的城市结构。这样城市学不光是研究一个城市的问题，要研究整个国家的城市问题，整个国家的城市体系，有体系就有结构，这个首先要搞清楚。

再一个是今后我们城市的发展还有一个专业化的问题，就是同一级的城市也不见得完全一个模式。比如说鞍山，就是钢铁城；现在中央刚刚批准上海市发展规划，上海的突出点就是一个港口，宁波、上海、连云港这样一些城市，都是港口城市；河南省平顶山是煤炭城；我想将来一定还会有其他专业城市，比如有科学城、金融城、旅游城等等。所以从现代社会的发展来看，城市不是一种模式，而是可能向专业化的方向发展。

为什么要这样来研究城市的问题？这就是系统科学的观点，系统就不能够割离开来研究，因为系统组成的部分相互都是有密切关系的，割离开来就不成其系统。刚才说四级的城市结构，谁也离不开谁，大城市离了小城市不行，小城市离了上级的大城市也不行，这是一个完整的有机的结构。而在系统科学里面有一条，就是整体并不等于局部的总和，这个原则是很突出的。就是把很多单独的东西加在一起相互作用了，最后的结果并不等于原来这些东西的和，它是有飞跃、有变化的。西德的一位科学家哈肯称此为"协同学"。

我国的城市学要用上述基本思想来研究。很显然，这样一个问题不研究清楚，我们讨论哪一个城市的规划都有一点失去依据，有一点想当然！客观的关系到底是什么关系必须要研究清楚。

上面说了城市学还是一门中间层次的科学，属于应用理论科学，这里我再补充一下，有没有这方面的基础科学？我觉得是有的，而且我们现在已经开始在做这方面的工作，实际上更基础的理论要用老的话讲是自然地理。地理就是研究我们人民居住的国土上有些什么客观规律的东西。但光是从经典的自然地理方面研究还不够，因为现在我们居住的这个国土上，还受许多外面因素的影响，比如大气的影响、地震的影响等等，所以前几年我提出要研究我们所居住的周围环境的学问，这个学问叫地球表层学。什么意思呢？就是从地壳开始，因为地壳也在变动，有的部分升上来了，有的地壳沉到更深的下面去，所以地壳下面并不是固定的，而是变化的。上面的因素则更多了，受太阳辐射和宇宙线的影响。这样一个环境的全部叫地球表层，也就是上面到大气、大气外面，下面到地壳，这就不光是地理的问题了。地理主要指地球表面，当然也涉及地表水、地下水这些问题，我是说更深一点、范围更大一点，比地理学、自然地理、国土地理范围还要广些。

除了地球表层学属于自然的客观条件的研究以外，还有人的作用，人的作用最重要的就是经济，这方面的研究工作现在也在积极展开，就是研究经济地理学。大家热烈讨论的就是区域规划、经济模型这些问题。现在中央、国务院定了一个区域，就是上海市加江苏、安徽、浙江、江西四省算一个区域。那么其他区域怎么样？这些问题都要研究。还有，进一步研究这些问题应该引用数学的理论；最近看到上海交通大学管理学院决策科学系汪康懋同志提出了《人口场论》的论文，把人口密度比作电场一样，形成人口势，从中推导出一些关系，我不是说这就是最终的理论了，但这样一种研究是值得注意的。就是我们不能光停留在定性描述上，还要定量，这样的研究工作应该开展。

把地球表层学，经济地理学，再有一个定量的数学理论等几个方面加在一起，我又起了个新名字，叫数量地理学，看是否可以。这就又科学又定量。数量地理学比城市学理论的层次就更高一些，属于城市问题方面的一门基础科学。这样就描述了从城市规划这个直接改造客观世界的工程技术到它的理论基础即城市学，再提高到城市学的理论基础即数量地理学这三个层次。我认为所有的科学技术都是这样分为三个层次：一个层次是直接改造客观世界的，另一个层次是指导这些改造客观世界的技术，再有一个是更基础的理论。在我们这方面就是从城市规划——城市学——数量地理学这样一个城市的科学体系，我们要搞好城市建设规划发展战略，就有必要建立这样一个科学体系。

社会主义中国应该建山水城市[①]

钱学森

社会主义中国的城市建设应该在马克思列宁主义毛泽东思想的指引下，科学地总结过去的经验，特别是中国人创造的灿烂文化，有目的、有计划地去实施。我们在过去，要办的事很多、很急，要解决人民的基本生活需要，在城市建设上，来不及认真思考，科学地规划，合理布局，办了一些傻事，如把首都钢铁公司、北京石化公司的工厂建在北京上风位地区；有些建筑又影响甚至破坏了城市风貌，今后要有所改善。

一、城市的总体设计

过去我们一讲城市建设，好像就是道路交通建设、通信建设、居民居住的房屋建设、工厂建设、学校建设、机关建设、商业区建设等等，一下子就投入到具体工作中去了，而没有注意一个首要问题：建设中的城市，其功能是什么？这个城市是国都？是大港口？是商埠？是省城？是文化城？是旅游城？是工业城？还是其他？

有了一个城市建设的目的，明确了其功能，下面的问题就是对这个城市已有的建筑要明确哪些是文物，必须保护，并加以科学地维修（而不是粉饰一新）。北京的城墙、城门楼拆得太干净了！当然，故宫总算保护下来了，天安门广场建设得很壮观！

这两个问题明确以后，下一步才是城市的总体规划。总体规划要有长远眼光，要大胆设想，逐步实施。在建国初年，梁思成先生对北京就提出过一个惊人的设想：以现在的丰台路、五棵松路为南北轴线，北端定于颐和园，轴线以东为旧北京，以西建新北京，此议未被采纳，但这种宏图思路是值得倡导的。我们要面向世界，面向未来呵！

这个观点我在 1985 年就提出了[②]，我认为它是比具体搞细节的所谓城市规划更高一个层次的学问：城市学，这是用系统工程整体观点研究城市问题的学问，不知近几年有无进展。

二、城市园林、城市森林和山水城市

然而，我所看到的不是什么城市学研究的进展，而是一些背离中国这个文明古国的怪

---

① 钱学森当时因身体比较弱，未能出席 1993 年 2 月 27 日召开的"山水城市讨论会"，故撰此文作为会上的书面发言。此文先后刊载于《科技日报》1993 年 3 月 1 日 2 版，《城市科学》（新疆）1993 年第 2 期等报刊，并被收入《杰出科学家钱学森论：城市学与山水城市》、《科学的艺术与艺术的科学》等多种著作之中。

② 系指钱学森《关于建立城市学的设想》，刊于《城市规划》1985 年第 4 期。

现象，如：在城市中心区搞什么假造的"古建筑"，在城市弄什么趣味低级的"电子化游乐宫"等等。这些丑化城市的活动决不能再任其泛滥了，现在还兴起了一股筑什么"花园村"之风，也很值得研究，切莫急功近利，遗患后世，至于到处竖起的方盒子式的高楼，使城市成了灰黄色的世界，更是普遍了。

这些现象的出现，说明社会主义中国的城市该怎么规划设计，仍是个需要回答的问题。

我想既然是社会主义中国的城市，就应该：第一，有中国的文化风格；第二，美；第三，科学地组织市民生活、工作、学习和娱乐，所谓中国的文化风格就是吸取传统中的优秀建筑经验，例如吴良镛教授主持的北京菊儿胡同危旧房改建，就吸取旧"四合院"的合理部分，又结合楼房建筑，成为"楼式四合院"，我们可以想象，"楼式四合院"再布上些"老北京"的花卉盆、荷花缸、养鱼缸等等，那该是多么美的庭院啊！

如果说现代高度集中的工作和生活要求高楼大厦，那就只有"方盒子"一条出路吗？为什么不能把中国古代园林建筑的手法借鉴过来，让高楼也有台阶，中间布置些高层露天树木花卉？不要让高楼中人，向外一望，只见一片灰黄，楼群也应参差有致，其中有楼上绿地园林，这样一个小区就可以是城市的一级组成，生活在小区，工作在小区，有学校，有商场，有饮食店，有娱乐场所，日常生活工作都可以步行来往，又有绿地园林可以休息，这是把古代帝王所享受的建筑、园林，让现代中国的居民百姓也享受到。这也是苏扬一家一户园林构筑的扩大，是皇家园林的提高。中国唐代李思训的金碧山水就要实现了！这样的山水城市将在社会主义中国建起来！

以上讲的还是一个城市小区，在小区与小区之间呢？城市的规划设计者可以布置大片森林，让小区的居民可以去散步、游息。如果每个居民平均有 70 多平方米的林地，那就可以与今天乌克兰的基辅、波兰的华沙、奥地利的维也纳、澳大利亚的堪培拉相比了，称得上是森林城市了。

所以，山水城市的设想是中外文化的有机结合，是城市园林与城市森林的结合。山水城市不该是 21 世纪的社会主义中国城市构筑的模型吗？我提请我国的城市科学家们和我国的建筑师们考虑。

哲学·建筑·民主①

——钱学森会见鲍世行、顾孟潮、吴小亚时讲的一些意见

（一）要坚定不移地用马克思主义哲学指导我们的工作

我早年在上海交大学习铁道机械工程，记得毕业设计就是画火车头，所以当时我算是一个铁道机械工程师。后来受"科学技术救国"思想的影响，到美国麻省理工学院学航空工程。可是毕业后当时的美国公司不接受中国人去工作，于是只好改行到加州理工学院航空系，学习航空理论。加州理工学院有个特点，工科博士生同时要学一些基础理论的学科。当时我就选修了数学，又旁听了好多物理的课程，如量子力学、统计力学、相对论等。我的导师主张学生的知识面要宽，他本人的知识面也很宽，对什么都感兴趣。学校也赞成不同学科之间的交流，拓展学生的知识面，但那仅是工程技术与基础理论学科之间的交流，还没有跨越到社会科学。

我回国后一直忙于工作，没有时间深思，也没有考虑知识体系的问题，倒是"文化大革命"给了我很大的促进。"文化大革命"使我认识到，不懂社会科学不行，不懂马克思主义哲学也不行。我就自学了一点。学了以后，就觉得马克思、恩格斯、列宁讲的这些话对从事科学技术工作确实有启示指导作用。从那以后，我就把自然科学、社会科学联系起来，从整个科学技术体系的角度来看问题。这就是解放思想，要多向各行各业的专家们请教，和你们讨论也是如此。

中国的社会科学、哲学工作者中，有两种人我是不赞成的：一种人死抱书本，教条主义；还有一种人盲目崇拜西方，崇洋媚外。这都不对。对于社会科学工作者死抱书本，我有亲身体会。二十多年前，有一次我们请国防科委政治部的同志讲恩格斯的《自然辩证法》，讲到科学技术内容，他完全照本宣科。我实在憋不住了，就告诉他现在的科学技术早已不是那么回事了，他却说书上就是这么讲的！还有位同志对我讲，在50年代他听苏联专家讲课，觉得内容很熟悉，把讲义和马列著作一对照，才发现整段都是抄的马列原著，看来苏联专家是死抠书本的。学习马克思主义，不抓住马克思主义的本质东西，搞形而上学是不行的。要用马列主义、毛泽东思想的哲学指导我们工作，这一点我是坚定不移的。但

---

① 此文首先在 1996 年 6 月 14 日的"建筑与文化国际学术研讨会"上向与会者传达。在北京召开的《城市学与山水城市》再版发行座谈会上印发给与会者；6 月 18 日《文汇报》全文刊出；7 月 28 日《科技日报》全文刊出；《人民日报》拟刊登前征求钱学森意见，钱学森说："《文汇报》、《科技日报》已经登了，《人民日报》版面很珍贵，就不必登了。"遂未再刊登。但 7 月 26 日《名城报》、《东方视角》1996 年第 2 期、《建筑师》第 72 期、《中国建筑业年鉴(1997)》等多种报刊又先后登载此文，并加编者按语。鉴于此文的重要，1999 年 6 月出版的鲍世行、顾孟潮主编的《杰出科学家钱学森论：山水城市与建筑科学》一书，作为开篇文章收入，并译成英文。

是，同时也要考虑到马克思主义哲学是发展的，不是固定的、一成不变的，会随着人们的经验和社会实践不断深化而发展，所以不能机械地死抠书本。另外，现在的情况是有的人在坚持马列主义，而有些人则走偏了路，反对马列主义哲学，这就更不对了。现阶段坚持马列主义哲学，就是要正确理解邓小平关于建设有中国特色的社会主义理论。包括建筑学在内，也必须走有中国特色的社会主义道路，既不能仿古不变，又不能跟着外国人跑，要有自己的独创。

（二）是否可以建立一个大科学部门——建筑科学

最近看了顾孟潮的论文（注：指"建筑哲学概论"讲课内容和《建筑学报》1996年第一期《信息·思维·创造——空间环境设计创造思维特点与思维类型》一文）和这本书（注：指台湾叶树源教授著《建筑与哲学观》一书）得到一些启发，建筑真正的科学基础要讲环境等等。这个观点要好好地学，思想才真正开阔。

现在建筑科学里面认为是基础理论的东西，实际上是我说的第二个层次的学问，属技术科学层次，就是怎么样把基础理论应用到实际中去，即中间的过渡层次。现在建筑系的学生学的，重在技术和艺术技巧的运用，这是第三层次，实际工程技术层次了。

顾孟潮和叶树源讲的给我启发，建筑与人的关系，实际上是讲建筑科学技术的基础理论，即真正的建筑学。再进一步是把建筑科学提高到哲学，概括到哲学，那就是我在给叶教授信中说的，你到底是唯心主义，还是唯物主义？

真正的建筑哲学应该研究建筑与人、建筑与社会的关系。从前封建社会的皇帝，他对建筑是什么观点？显然，不可能和我们的观点相同，因为他是封建统治者。我在美国那么长时间，深知在美国那样的垄断资本主义国家里，真正说了算的不是人民，而是大资本家。大资本家有自己的庄园，像皇帝宫殿花园一样。老百姓住的是什么建筑？即使是中产阶级，那也差多了。这种生活我是尝到过了，那时我当教授，和我爱人还要天天打扫卫生、做饭。至于穷人，那就更不用说了，因为那是资本主义社会。它的建筑为的是资本家。中国科学院原来的书记张劲夫，后来当财政部长时，与美国有接触。有一次他到美国去访问，回来后对我说，这下我真的知道美国是怎么回事了：有位大资本家请他去他住的庄园做客，把他介绍给自己的参谋班子——那才是美国的精英。他发现那些二把手、三把手都相当有水平，要是到政府任职，起码也能当部长，而一把手是不露面的，只出谋划策，为他的老板服务。所以他们的建筑也是为这个制度服务的，而我们的建筑为的是人民，为人民服务。

另外，建筑是科学技术。开始是砖石结构、土石结构、砖木结构……现在是什么结构？科学是不断发展的。前几天看到《经济日报》上有文章讲"塑钢窗"。你们看，我的窗户是50年代建的，是木窗，现在有了塑钢窗、铝合金窗等等，将来科学技术发展了，还会有更新的材料。建筑与科学技术是密切相关的。

各位考虑，我们是不是可以建立一门科学，就是真正的建筑科学，它要包括的第一层次是真正的建筑学，第二层次是建筑技术性理论包括城市学，然后第三层次是工程技术包括城市规划。三个层次，最后是哲学的概括。这一大部门学问是把艺术和科学糅在一起的，建筑是科学的艺术，也是艺术的科学。所以搞建筑是了不起的，这是伟大的任务。我们中国人要把这个搞清楚了，也是对人类的贡献。我们有五千年的文明史，一定要用历史的观点来看问题，要看到人以及人所需要的建筑。建立一个大的科学部门，不只是一两门学科。

这么看来，我原来建议建立十大部门，现在是十一大部门了。这些部门请大家考虑。

（三）学术民主非常重要

我从前在中国科协工作过几年，感到学术不够民主，教授、权威压制得太厉害。我在科协会上讲过不只一次，但还是解决不了。这是科学向前发展的一个大问题。

在学术民主方面，我在美国加州理工学院体会很深。当时，学校经常有讨论会，通常是一个人先做发言，所谓"主题介绍"，介绍学科领域的情况，大约讲40分钟，然后讨论1小时，大家七嘴八舌都可以讲。那时，我不过是个研究生，也参加讨论，这是允许的。主持会议的教授有时也讲，和大家一起讨论。偶尔说着说着，教授会说他刚才讲得不对，收回。就这样子，在学术问题上很讲民主，最后还要集中。怎么集中呢？这是讨论到最后，教授作个10~15分钟的总结：我们今天解决了什么问题，还有什么问题没有解决，以后需要再进一步研究。他从不勉强作结论，但是解决了什么问题，认识到什么程度，他还是要总结说明。

学术民主很重要。所谓民主就是党章上规定的原则——民主集中制。比如讨论要有个题目，这就是有领导的民主。要讲民主基础上的集中，集中指导下的民主。不能一讲民主就没有了集中，一讲集中就没有了民主。这是辩证的关系。

书 信 篇

钱学森论山水城市

1983 年 12 月 26 日致《文汇报》理论部

（不能再在《文汇报》刊登这篇稿子）

上海市圆明园路 149 号

《文汇报》理论部：

接到您部发出的一九八三年十二月十九日初稿《城市建设与园林艺术》，内容是我在北京的市长研究班发言的一部分。因这个材料现在已整理成正式文章，将由一个专业学术刊物发表①，所以不能再在《文汇报》上刊登这篇稿子。请谅。

清样也就不退还了。

此致

敬礼！

钱学森

1983.12.26

注释：

① 系指《城市规划》1984 年第 1 期上刊载了钱学森先生的《园林艺术是我国创立的独特艺术部门》一文。

1984 年 1 月 6 日致吴翼

（关于感谢整理发言稿）

吴翼①副市长：

去年 12 月 25 日信及材料都收到，非常感谢您花费精力整理出我的发言。我不能和您比，您是专家，我是业余爱好者，差远了。我将仔细学习您的"城市园林绿化发展战略的探讨"。

我那篇发言稿，经您整理后，我因《城市规划》编辑部索稿，又加了加工，题为"园林艺术是我国创立的独特艺术部门"②。如刊出，将奉上抽印本。

此致
敬礼！并贺新春！

钱学森
1984 年 1 月 6 日

注释：

① 吴翼，时任合肥市副市长，园林专家。
② "园林艺术是我国创立的独特艺术部门"一文刊载于《城市规划》1984 年第 1 期。

1984 年 1 月 6 日致《城市规划》编辑部

（关于同意将"公园"改为"宫苑"）

《城市规划》编辑部：

  去年 12 月 26 日信①收悉。

  我同意您们的建议：将"公园"改为"宫苑"。谢谢您们！

  此致

敬礼！并贺新春！

钱学森

1984 年 1 月 6 日

注释：

  ① 系指 1993 年 12 月 26 日《城市规划》编辑部给钱学森的信。此信建议将来稿"园林艺术是我国创立的独特艺术部门"一文中，关于中国园林中的第四层次原文"公园"改为"宫苑"。

1984 年 11 月 21 日致《新建筑》①编辑部

（为了 2000 年我想到的两件事②）

《新建筑》编辑部：

我曾先后从陶世龙③同志那里收到贵刊 1983 年第 1 期和 1984 年第 1 期，他也向我传话说，要我向编辑部讲讲对建筑学问题的意见。已经过了一段时间了，讲什么呢？现在想到的是两件事，都是关系到 2000 年我国建筑事业的，关系到 21 世纪我国建筑事业的，但我想我们现在就该动手，不然就晚了，会误事。

（一）

第一件事是发展工业化的建筑体系，发展建筑构配件和制品的专业化、社会化生产。这在外国也叫体系建筑，搞了几十年了，但看来问题不少，没有完全实现。我想我国人口众多，而且到 20 世纪末、21 世纪初，生产将有历史上前所未有的发展，人民生活将大大提高，建筑业的任务是十分繁重的，要高效益地完成这项艰巨任务，再靠现在的老办法是远远不够了。用什么现代化方法呢？当然是工业化大批量流水线生产方法。专业化工厂生产建筑构配件和制品，然后运到现场装配成建筑物。

这不只是个建筑施工和生产问题，可能更根本的问题在于建筑学思想的革新，如何用标准化的建筑构配件和制品造成多样化、能适应各种要求的美观建筑物？建筑师的才华不是受到束缚，而是要求更高，要设计的不是一座大楼，而是设计整个建筑体系，整整一个时代各种各样建筑所组成的体系。也许就是因为这个原因，在分散经营而又缺乏全局规划的资本主义国家，体系建筑难于实现。那么，这不正是我们社会主义制度优越性大有可为的场所吗？

（二）

第二件事是构建园林式的城市。我从前讲过点这方面的看法。但近日读到上海市未来研究会印的《2000 年的上海》，其中有一篇梅松林、陈正发、徐根宝、曹林奎和瞿元弟等五位同志写的"初论 2000 年上海的立体农业"，把这个问题发展了，讲得好。我现在把它录在下面：

"日本横滨市是仅次于东京的全国第二大城市，在《横滨 21 世纪》规划中确定：'为了向市民提供新鲜蔬菜和保护绿化，并为万一遇到灾害时准备空地，要考虑采取措施和发展市内的农业'。主要措施有三：第一，生活区四周要增添绿化，不论在路边、宅旁或窗前、屋顶上，要动员市民绿化。第二，筹建公园和绿地3万亩。第三，确保市区有优良的农地。1980年市内农田为5.9万亩，同时要扩大城市化调整区内的农用田。横滨之所以如此高度重视市区农业，是因为随着日本经济的高速发展，横滨市人口急剧增加，城市宝贵的绿地和农田越来越小，1965～1974年十年内，全市减少农业和山林面积18万亩，转变为住宅等用地。'急剧的城市化，损害了美丽的田园景色，把市民接触自然场所缩小了，使市民的生活变得枯燥无味'，在横滨21世纪规划中提到确立有生命力的横滨经济时，把稳定城市农业生产作为首要任务。国外，不仅仅日本，即使像加拿大这样一个地多人少的国家，仍在发展市区农业。像日本70％的谷物靠进口的国家，还如此重视和发展市区农业，那么，作为上海，发展市区农业的重要性是毋庸置疑的。

我国大多数城市的建筑用地和铺装路面，约占整个城市用地面积的2/3以上，剩下的土地，即使全部用于绿化，也不能从根本上改善城市的环境。特别是上海，问题更突出，人口密，建筑拥挤，工厂林立，环境污染严重，平均每人所占绿地面积极少，为全世界各大城市中倒数第三名，仅占0.46m^2；而华盛顿为40.8m^2、巴黎24.7m^2、伦敦12m^2、东京1.2m^2。因此发展城市立体农业有着特殊的地位。城市农业可以种攀缘植物(爬山虎、葡萄、猕猴桃等)，依附建筑物生长，基本不占地；也可以发展屋顶农业，阳台农业，种花草、蔬菜和经济作物；更可以利用庭园内空间，如棚架、门庭、栅栏或者宅旁空地种各作物，这样就能使城市无处不绿，恢复田园风光。如南市区，近年来共种十多种藤本植物一万多棵，发展棚架绿化2600m^2，窗台、阳台和室内盆栽123400多盆，已收到了明显的绿化、美化效果。市区的立体农业有以下四个方面：

1. 屋顶绿化。预计到2000年上海平屋顶绿化将有较大的发展。现在多处已试验成功，种的作物有花卉、蔬菜、果木和花生、棉花等，收到了保护建筑、减少污染、美化环境、增加收益等多种效果。由于高空阳光充足、温差大、湿度较小、通气好，屋顶农作物长势和生长力都比地面良好。有的单位利用五层楼屋顶栽培葡萄，葡萄下的土壤表面覆盖草莓，葡萄病害少、着色好、糖分含量高。屋顶承压为300～400kg/m^{2}的，可造屋顶花园；承压中等的，可种橘子、美人蕉等林木和花卉、蔬菜；承压较差的，可种草皮。

屋顶绿化要解决两大难题，即防治风害和制造培养土——要求轻质、无毒、价廉、来源广、适合农作物生长。今后屋顶绿化要和无土栽培、太阳能、风能的利用结合起来。上海市区目前绿化覆盖率仅6.14％，要实现近期内绿化覆盖率30％，平屋顶绿化势在必行，而且潜力很大。上海每年要建筑 300 万 m² 新房，如其中一半屋顶实行绿化，每年即可增加绿化覆盖 25 万 m²。

2. 阳台绿化。由于城市不断发展，高层建筑已越来越多，发展窗前与阳台的垂直农业尤为重要。窗前与阳台绿化，一般采用：（1）窗前设有种植槽，布置悬垂的攀缘植物。（2）植物依附墙面格子架进行环窗绿化。（3）阳台栏栅绿化。（4）阳台上下之间垂直绿化。

3. 墙面垂直绿化。上海市区车水马龙，噪声极大。据科学研究，墙面布满枝叶稠密的植物后，墙面温度能降低 6～7℃，空气湿度增加 10%～12%，噪声减少 26%，还有净化空气、美化环境等功效。根据国家建委要求，城市绿化覆盖率近期内要达到 30%，远期内要求 50%，墙面绿化在实现这个目标中，有着重要的作用。目前上海墙面绿化已有发展，预计到 2000 年将有很大的发展。

4. 宅旁空间绿化。城市建筑的房前屋后和庭院之中，还有相当多空间，可以种花草、蔬菜、果木等作物：（1）棚架垂直绿化。在庭院中，棚架绿化应用较多，而且式样不一，有水平棚、拱形棚、扇形棚等。（2）门庭垂直绿化。用棚架绿化装饰大门，也是利用空间的途径。有的门庭出入口，利用棚架，种丝瓜和扁豆，既美化了环境，增加绿化面积，又收到一些农副产品。凡有条件的地方照此办理，就可得到更多的经济效益。（3）栏栅绿化和建筑物间隔垂直绿化。由于新住宅区的不断出现，怎样充分利用建筑物之间的间隔空地，是一个十分重要的问题。可在栏栅、围墙上利用攀缘植物进行垂直绿化。除了种植一些高大的乔木外，还可在地面配置一些地被植物，组成一个人工群落。要使市区的垂直绿化得到快速的发展，关键是制定合理的政策，调动广大城市居民的积极性，特别是广大退休职工的积极性，使专业队伍和群众活动紧密结合起来。现在有的地方统得太死，把居民种的草花、果木全部砍光，禁止种植，而他们自己又不认真管理，造成杂草丛生，这种情况应当改变。近年来，国外对城市环境有了更高要求，如日本正开展'田园都市'的研究。上海如能把以上四方面经验大力推广，到 2000 年，将会变成一个东方美丽的大花园，大大增进居民的健康，也为国内其他城市提供借鉴。"

为了形象点，我附上 1984 年 11 月 17 日《光明日报》四版上劳恩同志作的一幅"屋顶花园"的木刻。

要迎接中国的新时代，我们的建筑界同志不应该研究园林式现代城市吗？这也是时代对我们的挑战呵。

以上供参考。

此致

敬礼！

钱学森

1984 年 11 月 21 日

注释：

　　①《新建筑》杂志，时为华中理工大学建筑系主办的建筑科技期刊，季刊，1983 年创刊。

　　② 原文刊于《新建筑》1985 年 1 期。

　　③ 陶世龙，科普作家，时任中国科普作协副会长。当时应《新建筑》杂志主编陶德坚要求向钱学森征集对建筑学的意见。

1986 年 10 月 4 日致张在元

（关于我想的城市学）

张在元副教授：[①]

9 月 29 日信及材料都收到。

我想的城市学是：(1)以马克思主义哲学为指导的；(2)用系统科学的观点和方法的。

所以不是只讲一个城市的内部结构，兼及与周围的关系，而是首先讲一个国家的城市体系，小到几户的居民点，大到千万人口的城市。而且要研究这个体系的动态变化，随着生产力发展、文化进步而产生的变化。

我认为我国的改革和现在正在世界范围出现的新的产业革命（"第五次产业革命"）以及在下个世纪将出现的以知识密集型的农业型产业为主导的"第六次产业革命"，必将逐步使我国 95％ 以上的人口居住在万人以上的各类城市、集镇。万人左右的小城镇最多，然后是小城市、中心城市、大城市、特大城市。而这又构成一个密切协作的体系。它们之间有高度发达的交通运输网和邮电信息网。研究这个变化和实施这个变化是城市学的任务。

城市学的又一方面任务就是一个城市、集镇内部的组织管理。这才是外国的所谓"城市学"。

所以我们搞城市学要站得高些，看得远些，要看到建国 100 周年！

以上是我的看法，请指教。

此致

敬礼！

钱学森

1986 年 10 月 4 日

注释：

① 张在元，湖北省公安县人。1966 年于公安一中初中毕业后回乡务农。1967 年开始参加国防三线建设任建筑设计描图员。1982 年开始参加国际建筑设计竞赛，并连续获 17 次奖项。1984 年开始主持筹备武汉大学城市规划专业。1988 年赴东京大学留学，师从国际著名建筑师槙文彦教授。1995 年获东京大学工学博士

学位（主攻现代建筑与城市设计）。1997 年任香港大学研究员。1997—1998 年赴美国作高科技区规划设计博士后课题研究。1999 年应广州市政府邀请主持"生物岛"总体概念性规划设计。2001 年为"喜玛拉雅空间设计"（中国、美国、西班牙建筑师合作）总建筑师。2002 年为中国一级注册建筑师，先后主持上海国际医学园区、广州天河软件园区、北京国际电子总部基地等项目规划设计。2005 年被聘为武汉大学城市设计学院教授、博士生导师、院长。2012 年 5 月因病去世。其主要著作有《天地之间——中国建筑与城市形象》《中国空间思路——建筑与城市艺术哲学书简》《中国城市主义》等。

1988 年 12 月 8 日致郑孝燮

（关于文物古迹、风景名胜和历史文化名城）

郑孝燮①委员：

昨日下午得聆您作的报告，内容丰富，深受教益与启发，谨此向您表示感谢！

不久前，孙凯飞同志（中国社会科学院马克思列宁主义毛泽东思想研究所副研究员）和我在《求是》杂志有篇文章②讲精神文明，以及文化事业问题，其中提出十三方面的文化事业，包括建筑园林（古迹），展览馆、博物馆、科技馆和旅游三种文化事业（文章复制件附呈请教）。我想这三种文化事业正好是您昨日报告中讲的"文物古迹"、"风景名胜"和"历史文化名城"。不知当否？请指教。

此致

敬礼！

钱学森

1988 年 12 月 8 日

注释：

① 郑孝燮，建设部高级建筑师，原中国人民政治协商会议委员、国家文物委员会委员、国家历史文化名城专家委员会副主任委员。

② 系指随信附寄"建立意识的社会形态的科学体系"一文。

1989 年 10 月 23 日致《灾害学》编辑部

（关于不考虑人为灾害的灾害学是不全面的）

《灾害学》①**编辑部：**

我一直收到贵刊各期，十分感谢！

但在阅读中也发现：您们似乎把灾害学的研究对象限于自然灾害，不考虑人为的灾害。而人为灾害发生非常频繁，损失很大，不容忽视。不考虑人为灾害的灾害学是不全面的。请参阅《自然杂志》1989 年 6 期范维澄讲火灾科学文，他说近年来我国每年因火灾受的损失即达 8 亿元。

有什么人为灾害？我想到的有：(1)各种爆炸事故；(2)火灾；(3)核工厂事故；(4)化工厂泄放毒物事故等。

当然《灾害学》有上述情况也有其原因：以前参加灾害学研究的同志大都来自地学领域，扩大也只是扩大到"天、地、生"，这就有其局限性。我认为，大家要从建立和发展对中国社会主义建设有重要意义的灾害学出发，开阔眼界，全面地看灾害学，不要忽视人为灾害。

以上请酌。

此致

敬礼！

钱学森

1989 年 10 月 23 日

注释：

① 《灾害学》系全国性综合系统研究灾害问题的科技刊物。1986 年创刊。

1989年12月14日致于景元

（关于社会主义地理建设）

于景元①同志：

12月11日信读了，感到如何搞社会主义建设的计划的确是个尚待回答的问题。我想有两条原则：（1）社会系统的概念要落实；（2）用定性与定量相结合的综合集成法。第二个问题在我们三人送《自然杂志》文②讲了，而第一个问题还要进一步明确。请您考虑再写篇文章。

社会主义建设之所以是社会主义的，在于坚持四项基本原则。这样，社会主义建设包括三个方面，即社会主义物质文明建设，社会主义政治文明建设和社会主义精神文明建设。但还有一个基础或环境，是以上三个社会主义建设所依赖的：这就是社会主义地理建设，也即地理系统的建设。社会主义地理建设包括：

1. 资源考察；

2. 交通运输建设；

3. 信息事业建设；

4. 能源（发电供电、供气）建设；

5. 水资源建设；

6. 环境保护及绿化；

7. 城市、镇集建设；

8. 气象事业建设；

9. 防灾；

10. 其他。

这其他也许包含金融事业。地理建设是我国现在最得不到注意的，因为好像都是10年、20年后的事！我们在犯错误！王任重同志在不久前的七届全国政协常委八次会议上讲："我们不只是看到今后十年到20世纪末的问题，而是看得更远一点，看它一百年、几百年、上千年，我们国家到底怎么建设？没有这样的战略考虑，将来对我们的后代贻害无穷，说明我们这些人短见、近视！"对此我完全赞同。王任重同志举的事例就是铁路、发电、水资源等，都是上面讲的社会主义地理建设。

社会主义建设要持续、稳定、协调地发展就要求四个社会主义建设配套，不只是以前说的三个社会主义建设。这个原理要深入人心才行。所以请您这位大行家写文章，叫那些搞"社会发展总体规划"的人清醒过来！

请酌。布热津斯基的东西在王寿云同志处了。

此致

敬礼！

钱学森

1989 年 12 月 14 日

注释:

① 于景元，曾担任中国航天科技集团公司 710 研究所（北京信息与控制研究所）科技委主任、研究员、博士生导师，中国系统工程学会副理事长、中国社会经济系统分析研究会副理事长，中国软科学研究会副理事长，国家软科学研究指导委员会委员，国家人口和计划生育委员会人口专家委员会委员，国务院学位委员会"系统科学"学科评审组成员，国家自然科学基金委员会管理科学部评审组成员，《科学决策》主编等。

② "送《自然杂志》文"是指钱学森、于景元、戴汝为同志联合署名的"一个科学新领域——开放的复杂巨系统及其方法论"一文，后刊载于《自然杂志》1990 年第 1 期。

1990 年 6 月 18 日致陈从周

（关于继承和弘扬我园林艺术）

陈从周教授：

　　蒋英同志和我再次得到您新出版的文集《随宜集》及《山湖处处》①，我们非常感谢！

　　我读后确实感受到您谈的都是中华民族优秀文化，而《求是》杂志 1990 年 10 期上有李瑞环同志 1990 年 1 月 10 日在全国文化艺术工作情况交流座谈会上的讲话"关于弘扬民族优秀文化的若干问题"，您也说"应该再为社会主义建设事业活着"。所以我建议您去信李瑞环同志，附上您的著作对继承和弘扬我园林艺术及昆曲京戏提出您的意见。这是件国家大事！

　　此致

敬礼！

钱学森

1990 年 6 月 18 日

注释：

　　①《随宜集》，同济大学出版社出版，1989 年。《山湖处处》，浙江人民出版社出版，1985 年 7 月。

1990 年 6 月 26 日致吴良镛

（关于"广义建筑学"）

吴良镛①教授：

尊作《广义建筑学》②已由周林同志转来。翻看后认为：您提出的问题及观点是重要的，而且是我国社会主义物质文明建设和社会主义精神文明建设中必须研究的。所以应该搞下去是无疑的。

但是否称"广义建筑学"？我无把握。近见这方面的议论颇多，如园林、小区规划、城镇规划、大城市规划等。这些也涉及您讲的内容。定什么名称，由同行共议吧。

此致

敬礼！

钱学森

1990 年 6 月 26 日

注释：

① 吴良镛，清华大学建筑学院教授，曾荣获 2011 年度"国家最高科学技术奖"。2018 年 12 月 18 日，党中央、国务院授予吴良镛同志改革先锋称号，颁授改革先锋奖章，并获评人居环境科学的创建者。1980 年当选中国科学院院士；1995 年当选中国工程院院士。

②《广义建筑学》，吴良镛著，清华大学出版社，1989 年 9 月出版。

1990 年 7 月 31 日致吴良镛

（关于山水城市）

吴良镛教授：

我近日读到 7 月 25 日、26 日《北京日报》1 版，7 月 30 日《人民日报》2 版，关于菊儿胡同危旧房改建为"北京的'楼式四合院'"①的报道，心中很激动！这是您领导的中国建筑大创举！我向您致敬！

我近年来一直在想一个问题：能不能把中国的山水诗词、中国古典园林建筑和中国的山水画融合在一起，创立"山水城市"②的概念？人离开自然又要返回自然。社会主义的中国，能建造山水城市式的居民区。

如何？请教。

此致

敬礼！

钱学森

1990 年 7 月 31 日

注释：

① 北京菊儿胡同"楼式四合院"，为吴良镛教授主持的北京旧有四合院改造的试点工程，分一期、二期工程。该项工作获联合国人居环境奖等奖项。

②"山水城市"概念在此信中首次见诸文字。

1991年4月27日致鲍世行①

（关于建立城市学）

鲍世行秘书长：

4月18日来信及《城市环境美学研究》②都收到，十分感谢！我读后，有以下几点想法，写下来请教：

1. 您们城市科学研究会要研究全部有关城市的科学。这里面学科繁多：城市建筑学、城市道路学、城市通信学、城市环境美学、城市规划学等等。各方专家可以分头去研究，但应当有个牵头的理论学科，不然怎么汇总？《城市环境美学研究》一书中的争议也表明没有汇总的理论是不行的。

2. 这门理论学科是我以前提出的"城市学"，研究一个大城市、一个小城市，以及一个乡镇的整体功能和发展的学问。每一个城市都是复杂的集合体，所以研究城市要用系统科学的观点和方法。

3. 首先我们要认识：城市是变与不变的统一。说变，就是随着科学技术的发展、生产力的发展，最后是社会的发展，城市一定要成长发展。在现代，这种变化是很快的，十年面貌大变！但一个城市的功能，如国都、商埠、港口……又是比较稳定的。比如北京作为国都已有七百年了，天津、上海也有百年的商埠港口历史。

4. "城市学"就要建立这种功能稳定与迅速发展相统一的理论。这就需要从整体看问题，从整体上认识一个城市。有了整体的理论就可以站得高、看得远，也就可以辩证地解决世界一体化与保持固有特色的问题。

5. 有了"城市学"才能有理有据地搞城市规划。

6. 认识到城市是变与不变的统一，那么对一座有特色的建筑就不是以拆了另建的方法去现代化，而是保护维修外部，同时改造内部功能设施，做到现代化。

基于以上想法，我建议中国城市科学研究会办两件事：(1)开系统科学研讨班，以熟悉此中观点和方法论；(2)逐步建立"城市学"的理论研究。

以上意见是否妥当，请指教。

此致

敬礼！

钱学森
1991年4月27日

注释：

① 此信发表在 1991 年 5 月 27 日《科技日报》第一版。该报编者按："科学家书简"今天与大家见面了。本栏旨在架设科学家与广大科技人员、科技爱好者之间相互交流和了解的桥梁，把他们的想法、思绪以及愿望介绍给广大读者，以期进一步推动我国科技事业的进步与发展，欢迎大家供稿。今天先发表钱学森同志和中国城市科学研究会副秘书长鲍世行同志的通信，相信读者能从中获得裨益。

后《中国市容报》、《中国建设报》、《中国城市导报》也相继在第一版显要位置刊出这封信。

②《城市环境美学研究》，中国城市科学研究会编，中国社会出版社，1991年 2 月。

附：鲍世行 1991 年 4 月 18 日信①

敬爱的钱老：

呈上我城市科学研究会编辑的《城市环境美学研究》一书，请指正。

城市学学科的建立是由您首先提出的。它也是一门自然科学与社会科学综合的交叉学科。自从 1984 年 1 月中国城市科学研究会成立以来，我们在学科发展方面做了一些工作。《城市环境美学研究》一书的编辑出版就是我们近年来在这方面的尝试。

城市环境美学是城市科学范围内新开拓的领域。过去城市工作者多是工程技术人员出身，工作大多只涉及工程技术层次，研究仅及城市发展的自然过程，较少涉及社会、经济等领域。这次我们召开的"全国城市环境美学研讨会"拆除了学科之间的"围墙"，广泛邀请了城市规划、建筑、园林、生态、美学、哲学方面多学科的专家。由于有多学科协同，博采众学科之长，这样就使问题的研究跨入了一个新的高度，进入较高的层次；由于有了哲学、美学、生态学等部门参加，共同探索城市环境美的客观规律，使研讨进入了理论性层次，工程技术界人员普遍反映较好；又由于讨论结合了城市建设实践，使美学从哲学家的科学殿堂里走出来了，从美学家的书斋里走出来了。美学工作者把当前美学结合社会的建设实践，结合群众的生产和生活，作为当前美学发展的主要特征之一。为了使这次研究不是仅仅作为一次纯理论的讨论，我们还邀请了城市领导（主要是市长）参加了我们的研讨会，以便使城市环境美的创造得到他们的重视和支持。这就使智力与权力结合起来了。

为了推广这些研讨成果使之能尽快付诸实践，转化为生产力，我们还举办了一次研讨班，各地报名人数空前踊跃，其中包括市长等城市各级领导和城市规划、设计、建设的实际工作者，充分反映了大家对城市美的追求。我们深知学科发展的路途是漫长的，学科之间的融合、交叉还要做大量艰苦的工作。在工作中，我们还感到：由于历史原因，我国社会科学部门相对比较薄弱，在学科协同中，往往表现出渗透无力的现象。这些正需要我们继续努力工作。

我们恳切希望您能对城市科学学科的发展给予指示。

此致

敬礼！

鲍世行

1991 年 4 月 18 日

注释：

① 此信先后发表在 1991 年 5 月 27 日《科技日报》、1991 年 6 月 14 日《中国建设报》和 1992 年 1 月 30 日《中国市容报》。

1991 年 7 月 30 日致陈植

（关于建筑园林事业应与教科文事业并列）

陈植先生①：

7 月 9 日来示敬悉。《林社②九十周年纪念册》也收到。虽然您说"切勿示复"，但先生的信，我怎能不复？

第一，蒋英和我都非常感谢您，您使我们受到教育。您纠正了我以为叔老③在求是任教之误。

第二，一个中国人的一生是应该有记录，以备国家要总结某一方面工作时，可以提供资料。过去，此事太繁，不可能全面做到；但现在已有电子信息记录、存贮、分档及提取的技术，所以是可以实现的。将来历史研究应该采用。

第三，我想建筑园林事业是社会主义文化建设的一个重要方面，应与教育事业、科学技术事业、文学艺术事业等并列。不知当否？

谨此再次表示感谢！蒋英和我祝您健康长寿！并恭致

敬礼！

钱学森

1991 年 7 月 30 日

注释：

① 陈植是陈叔通的侄儿，建筑园林学家、中国近代造园学奠基人。主要著作有《造园学概论》《观赏树木学》《园冶注释》《长物志校注》等。

② 林社位于杭州西湖区后孤山路，是为纪念"求是学院"（即浙江大学前身）创始人林启而建的。

③ 钱学森尊称的"叔老"是陈叔通老先生，建国初期担任中华全国工商业联合会主任委员、主席，曾任全国政协副主席和全国人大常委会副委员长，在营救钱学森回国问题上发挥了关键作用。

1991 年 7 月 30 日致陈秉钊

（关于将来大城市的规划方法）

陈秉钊①教授：

7 月 10 日及尊作《城市规划系统工程学》②都收到，十分感谢！

我对城市规划的意见已见致鲍世行同志信，您大概知道，我不多说了。

奉上拙文③一篇，供参阅。将来大城市的规划可能要用这种方法。

此致

敬礼！

钱学森

1991 年 7 月 30 日

注释：

①陈秉钊，上海同济大学教授。

②《城市规划系统工程学》，陈秉钊编著，同济大学出版社，1991 年 1 月。

③系指"一个科学新领域——开放的复杂巨系统及其方法论"一文，作者为钱学森、于景元、戴汝为。

附：陈秉钊 1991 年 7 月 10 日信

钱老：

在您的倡导下，系统工程学已深入到各个领域。

本人从事城市规划工作多年，深感这学科还基本停留在定性分析和经验判断的阶段上，阻碍了城市规划学科的进一步发展。城市规划是个复杂的系统工程。它的理论突破一定程度上有赖于技术手段的现代化。引进系统工程学的理论与方法，将有利于推进城市规划将定性分析与定量分析的结合。

《城市规划系统工程学》则是这方面的尝试。但一定有许多不成熟之处，敬请赐教。

祝健康。

陈秉钊　上

1991 年 7 月 10 日

1991 年 8 月 12 日致鲍世行

（关于用现代科技改造城市）

鲍世行同志：

近见《世界经济科技》1991 年 8 月 6 日（新华通讯社版）有篇材料①，讲用现代科技改造城市，很值得注意。故奉上复制件，供参阅。

此致

敬礼！

钱学森

1991 年 8 月 12 日

又及：我知道在美国的华人科学家袁绍文先生就搞太阳能全年利用系统。

注释：

① 钱学森来信向城市科学研究会介绍一篇关于用现代科技改造城市的文章。这篇发表在《世界经济科技》上的文章，题目是"住房建筑设计需要考虑的方方面面"。作者是美国著名建筑师玛丽·斯蒂文斯，原文载美国《世界箴言》月刊。

原文提要：今天，使住宅舒适简洁的最先进方法，是同古罗马人和美洲土著人少投入多办事的方法相联系的——一位建筑师的看法。

文章谈到利用太阳能、地热来解决住宅的热量。必须使我们的房屋温暖、凉爽和（或）有湿度，使人们可以居住，这是在整个历史上用许多方法来解决的一个必办的事。解决的办法从来不只是技术问题：它们也总是由文化和社会的舒适标准和对环境采取的态度来决定。在这里钱老批示："这才是社会主义文明！"

文章还说："你必须把一些事情结合起来：雨水的保存、土地利用规划、废物处理再循环、农业。最后这两者甚至在城市地区也往往结合起来。"

文章最后说："所有这种过程都能帮助回答这样一个问题，当我们建筑时，我们实际上在干什么？这是个大问题——不是风格，而是我们对地球做了些什么？这个建筑物对周围的环境产生了什么影响？你必须像关心人们的冷暖那样关心人们的内心活动和感情上的幸福。"

（关于不再重刊"关于建立城市学的设想"一文）

鲍世行同志：

9 月 9 日信①及附件收到，十分感谢！

"关于建立城市学的设想"既已于 1985 年在《城市规划》刊物上发表了，现在就不要再重新刊登了。所以您要我做的事，请免！敬恳谅解。

此致

敬礼！

钱学森

1991 年 9 月 20 日

注释：

① 1991 年 9 月 9 日鲍世行给钱学森的信，主要内容是请求将 1985 年《城市规划》第 4 期上刊出的"关于建立城市学的设想"一文重新在《城市发展研究》杂志上刊出。附件，系指刊有钱学森信件的有关报刊。

1992年1月5日致鲍世行

（关于赞成召开城市学研讨会）

鲍世行同志：

去年12月28日信①及《咸阳城市科学》②都收到。

梅保华同志要把他和我的信件公开发表，我同意，已告他。

您们要在年初开研讨会，我也赞成；但我现在没有什么再要说的了，将来读了同志们的发言再说吧。

此致

敬礼！

钱学森

1992年1月5日

注释：

① 系指1991年12月28日鲍世行给钱学森的信。该信主要是征求关于公开发表1991年12月16日钱学森关于建立城市学给梅保华的信的意见。

② 系指《咸阳城市科学》1991年2～3期。该刊发表了1991年4月27日钱学森复鲍世行的信和1991年4月18日鲍世行给钱学森的信，还同时加了编者按。

（关于山水城市）

吴翼副市长：

　　3 月 2 日信及所赠尊著《当代城市园林——合肥的探索》②都收到，十分感谢！

　　您在书的总论中把园林绿化概括为三个方面的作用：生态效益、审美效益及游憩效益。很好！我想这也就是社会主义城市文化了。

　　近年来我还有个想法：在社会主义中国有没有可能发扬光大祖国传统园林，把一个现代化城市建成一大座园林？高楼也可以建得错落有致，并在高层用树木点缀，整个城市是"山水城市"。如何？请教。

　　此致

敬礼！

钱学森

1992 年 3 月 14 日

注释：

　　① 此信是钱学森有关"山水城市"复吴翼副市长 1992 年 3 月 2 日的信。吴翼同时寄赠《当代城市园林——合肥的探索》一书，书中认为：园林绿化可概括为三个效益，即生态效益、审美效益和游憩效益。还认为应该把整个城市作为一个大园林建设好。

　　②《当代城市园林——合肥的探索》一书，吴翼著，中国展望出版社，1991年 5 月。

附：吴翼 1993 年 2 月 16 日信

钱老：您好！

　　1992 年 3 月来信收到，因当时身体不适，元月份去湖北江陵县召开全国根艺研究会成立大会时又遇车祸，腰部受伤（腰椎压缩性骨折），回肥后卧床三个月，至9月份方才下床活动，新年以来趋于好转。您的来信未能及时奉复，请见谅！

钱老：您的一生为我国科技事业作出了杰出贡献，是中国知识分子的楷模。大家出自心底无限尊敬您。

拙著《当代城市园林》一书，得到您的赞赏和鼓励，感到十分荣幸。

来信中提出"把一个现代化城市建成一座大园林，高楼也可以建得错落有致，并在高层用树木点缀，整个城市是'山水城市'。"我非常同意您的见解。上周在合肥举行第三届全国两梅（梅花，腊梅）展览时，我在会上把您的建议向与会的各位园林工作者作了一番介绍，大家听后很受鼓舞。参加这次会议的还有《中国园林》杂志主编何济钦同志和《中国花卉报》主编冯德珍同志，他们很想在刊物上刊登您建设"山水城市"的建议，我随即将您的来信作了复印，他们兴致勃勃接受了复印件。

合肥市的绿化也是按"把城市建设成一座大园林"的概念进行的。这次与北京、珠海共同荣获全国首批"园林城市"的光荣称号。虽在建设成果上未能达到您提出的那样高的境界，但却说明这一目标和路子是正确的、可行的。

今年下半年，建设部将在合肥举行全国城市绿化工作会议。我想届时将会把这一课题列上议事日程。通过大家讨论，从而在统一认识基础上形成我国城市园林建设的纲领。

专此

敬祝

春安！

吴翼　上

1993年2月16日

1992 年 8 月 14 日致王仲①

（关于城市山水）

王仲②同志：

　　7 月 15 日来信及所赐《美术》③四册都收到。"绘画专号"中的尊作也读了。十分感谢！但信中对我过奖了，我还远未达到您所要求的标准！

　　翻开这四册（《美术》）也颇有感触：作品都属已经过去岁月或尚未进入改革大潮的中国，今天中国的突飞猛进呢？美术家和绘画家不该讴歌中国的改革开放和现代化建设吗？

　　近见 6 月 18 日《人民日报》8 版《大地》页有一组图画（注：深圳画院画家画深圳），是颇有新意的，今复制附上。

　　我特别要提出的是：我国画家能不能开创一种以中国社会主义城市建筑为题材的"城市山水"画？所谓"城市山水"即将我国山水画移植到中国现在已经开始、将来更应发展的、把中国园林构筑艺术应用到城市大区域建设，我称之为"山水城市"。这种图画在中国从前的"金碧山水"④已见端倪，我们现在更应注入社会主义中国的时代精神，开始一种新风格为"城市山水"。艺术家的"城市山水"⑤也能促进现代中国的"山水城市"建设，有中国特色的城市建设——颐和园的人民化！复制件中郭炳安、裴友昌、宋玉明、周凯的作品是个发端。

　　以上请教。

　　此致

敬礼！

钱学森

1992 年 8 月 14 日

注释：

　　① 此信是对王仲 1992 年 7 月 15 日信的复信。原载《美术》杂志 1992 年第 8 期。当时王仲为《美术》杂志编辑

　　② 王仲（1944.6—），四川重庆人。1964 年毕业于中央美术学院附中，时任中国文联出版公司美术编辑室副主任，中国美术家协会会员。擅长版画、美术理论。

　　③《美术》杂志，中国美术家协会主办的专业性机关刊物，其前身为《人民

美术》，创刊于 1950 年 2 月，现为月刊。

④ 金碧山水，以唐代李思训、李昭道父子为代表的青碧山水画。《宫苑图》、《江帆楼阁图》为其代表作，所绘山水，峥嵘青郁、碧波浩渺、桃竹掩映，有浓厚的装饰性。

⑤ "城市山水" 系此信提出的倡议，后来得到许多画家的响应，并曾在深圳市召开过 "城市山水画" 研讨会推动此事。

1992 年 10 月 2 日致顾孟潮①

（关于山水城市）

顾孟潮同志：

您赠的《奔向 21 世纪的中国城市——城市科学纵横谈》②已收到，十分感谢！9 月 24 日信也收到。

现在我看到，北京市兴起的一座座长方形高楼，外表如积木块，进去到房间则外望一片灰黄，见不到绿色，连一点点蓝天也淡淡无光。难道这是中国 21 世纪的城市吗？

所以我很赞成吴良镛教授提出的建议："我国规划师、建筑师要学习哲学、唯物论、辩证法，要研究科学的方法论"也就是要站得高看得远，总览历史文化。这样才能独立思考，不赶时髦。对中国城市，我曾向吴教授建议：要发扬中国园林建筑，特别是皇帝的大规模园林，如颐和园、承德避暑山庄等，把整个城市建成为一座超大型园林。我称之为"山水城市"。人造的山水！当时吴教授表示感兴趣的。

我看书中也有好几篇文章似有此意。所以中国建筑学会③何不以此为题，开个"山水城市讨论会"？④

以上请教。

此致

敬礼！

钱学森

1992 年 10 月 2 日

注释：

① 此信系对顾孟潮 1992 年 9 月 24 日信的复信。顾孟潮随信寄去《奔向 21 世纪的中国城市——城市科学纵横谈》一书。为促进首都城市规划建设，顾孟潮给北京市长写信，并附上此信，得到北京市领导和有关部门的重视。北京市城市规划委员会 1992 年 12 月 18 日给顾孟潮的复信说："我们将……认真汲取营养，改进工作"。此信先后刊发于 1992 年 10 月 29 日《中国城市导报》，1992 年 11 月 10 日《中国建设报》，《建筑师》杂志第 49 期（1992 年 12 月），《城市》杂志 1992 年第 4 期，《新建筑》1992 年第 4 期，《人民论坛》1993 年 2 月，《华中建筑》1993 年第 1 期，1993 年 3 月 16 日《中国日报》（英文版）等报刊。此信收入杨永生主编

《建筑百家书信集》中国建筑工业出版社。2000年3月出版，第102页。

②《奔向21世纪的中国城市——城市科学纵横谈》，陈为邦、张希升、顾孟潮主编，山西经济出版社，1992年8月出版。

③ 中国建筑学会是全国建筑科学技术工作者的学术性群众团体，为中国科学技术协会的组成部分。业务主管部门为中华人民共和国建设部。1953年创立。

④ 根据钱学森提议，山水城市讨论会于1993年2月27日在北京召开。主办单位为中国城市科学研究会、中国城市规划学会、中国建筑文化艺术协会环境艺术委员会。

附：顾孟潮 1992 年 9 月 24 日信

钱学森同志：

您好！

今将我们编著的《奔向21世纪的中国城市》一书寄给您，希望得到您的指教。近年来，您一直关注城市问题并有不少重要论述，这些已成为我们研究城市问题的重要指导思想和工作依据。

近十几年，是中国城市化进程加速的十几年，特别是今年邓小平同志南巡讲话之后，我国城市的改革和发展更加迅速地向深度广度大发展，急需有理论上的指导和科学决策引路。非常需要认真总结已有的经验，并上升到系统理论的高度，以便能促进有关方面及时地作出科学决策和采取相应的合理措施。基于这一目的，我们研究了目前和今后若干年可能的城市化方面的重点、热点、难点和薄弱环节，而后邀请各方面的专家或主管城市建设的领导同志，撰写文章论述他们所熟悉的领域，提出自己的观点和珍贵的资料供读者参考。本书是找到合适的作者，采取"命题作文"方式集成的。是否能达到我们构想的初衷，希望您给予批评指正。

致

敬礼！

顾孟潮　上

1992 年 9 月 24 日

1992 年 11 月 29 日致鲍世行^①

（关于当前城市问题）

鲍世行同志：

11 月 20 日来信及所附材料^②都收到，十分感谢！

近见报刊上有些材料对我国城市问题颇有参考价值，故复制奉上。

1. 看来在保护历史建筑文化方面日本比我们做得好。

2. 我们有的地方搞现代假造"古建筑"，实在太不像样。

3. 建筑现代花园村的思想应该研究。

4. 低级趣味的"游乐宫"是应该禁止的。

5. 用现代电子技术可以使人享受奇特的幻境，即所谓 Virtual Reality，我称之为灵境技术。

以上当否？请教。

此致

敬礼！

钱学森

1992 年 11 月 29 日

附复制件四。^③

注释：

① 此信系对鲍世行 1992 年 11 月 20 日信的复信，刊于 1993 年 3 月 9 日《中国建设报》。该报编者按：该信所指问题在当前城镇建设中普遍存在着，可谓切中要害，十分及时。

② 系指在天津、北京召开的城市学学科建设座谈会纪要。

③ 复制件 1：1992 年 11 月 24 日《经济日报》第 4 版照片，照片说明为："日本大阪东大寺是世界最大的木造建筑，已有 1200 多年的历史。"

复制件 2：1992 年 11 月 23 日《经济参考报》第 1 版"给旅游热提个醒儿"。

钱学森批语：

1. 现造"古迹"是作假，是对中国文化的破坏！要禁止！

2. 对现存文物要保护，精心修缮。

3. 注意环境建设，使古意益然。

4.（略）

5. 应该用灵境技术筑构专馆，专为幻境游。

复制件3：1992年11月28日《北京日报》（周末）第5版"京城游乐宫一瞥"。

钱学森批语：没有文化观念！

复制件4：1992年11月25日《人民日报》第8版"京津花园首家推出京城四合院式庭园别墅"。

附：鲍世行1992年11月20日信

尊敬的钱老：

好久没有给您写信问候，今悉您给建筑学会顾孟潮同志复函谈及关于"山水城市"的建议，我已和他联系，将遵照您的指示由中国城市科学研究会和中国建筑学会一起召开山水城市讨论会。

自从您提出关于建立"城市学"的倡导以后，已引起国内学者广泛重视，中国城科会先后在天津、北京召开了座谈会。中国城科会领导对此事十分重视，理事长都出席了这两次会议。现把两次座谈会的纪要寄上，请您一阅，并提出宝贵意见。与此同时，一些杂志开辟专栏讨论这个问题。但是，我们深知，这是一项长期的、艰巨的任务，只有踏踏实实地工作，才有可能获得成果，为此，北京、天津都准备列出课题，由专人来研究城市学问题。

近年来，城市经济发展迅速，形势十分喜人，特别是房地产业的发展使城市建设的资金有了更广泛的渠道，过去认为无法办到的事，现在可以办到了，这就大大推动了城市的发展。但是，在计划经济向市场经济的转变中也给城市带来很大的冲击。一些城市偏重眼前利益和经济效益，忽视长远利益和综合效益，城市生态环境和艺术质量面临很多问题，正在经受严重的考验。

从主观上来说，过去的城市规划主要是按计划经济的模式来搞的，经受不住市场经济浪潮的强大冲击。可以说，我们现有的城市总体规划已经普遍地不能适应目前城市发展的形势，为此，不少城市正在修订总体规划。我国的城市大多是在20世纪50年代进行过一次规划。当时的规划完全是按"城市规划是国民经济计划的继续与具体化"的指导思想进行的。后来，20世纪80年代又进行了第二版规划。当时刚从"十年浩劫"中苏醒过来，规划人员自诩社会主义有计划经济和土地国有两大优越性。在这种思想指导下，当时基本上还是按照计划经济的模式来考虑规划的。可想而知，这样的规划很快就被现实的城市发展突破了。所以，这次20世纪90年代的第三版城市规划，不少城市都注重了城市研究。例如，最近刚完成的北京的城市总体规划就大大加强了前期工作，总共进行了70项分项研究，因此不少地方有较大的突破。其他城市也有类似的情况。但是，总的来说，城市规划如何适应城市经济发展由计划经济向市场经济转变，目前还处在起步和摸索阶段，虽然有一些尝试，但尚不系统，更没有形成理论，还需要做大量的工作。

您对规划师提出的"要学哲学、唯物学、辩证法，要研究科学的方法论"，"要站得高，看得远，总览历史文化"，和"要把整个城市建成一座超大型园林"的设想是高瞻远瞩的见解，对城市科学发展具有重大战略意义，一定会在我国城市发展中产生深远的影响。

敬祝

大安

鲍世行

1992 年 11 月 20 日

附：鲍世行 1993 年 2 月 13 日信

尊敬的钱老：

您 11 月 29 日来信收到。该信谈及关于保护历史建筑文化、修建假古建、建设现代花园村、游乐宫建设中没有文化观念以及灵境技术等问题。上述问题正在当前城镇建设中较普遍地存在着。来信切中要害，十分及时，十分重要，为此已准备印发给参加"山水城市讨论会"的代表。同时此信件已呈建设部及中国城市科学研究会领导。领导批示："可否摘要在报刊公开发表"（有关机构问题不宜公开发表）。为此将恳请您能同意此事。

专此敬祝

近好！

鲍世行

1993 年 2 月 13 日

1993 年 2 月 7 日致顾孟潮

（关于能否去参加"山水城市讨论会"还难定）

顾孟潮同志：

2 月 3 日信①及附件都收到，谢谢！

我现在身体比较弱，2 月下旬的"山水城市讨论会"能否去参加还难定。到时再说吧，我能说的也都说过了，您们也复制并发给大家，请大家讨论就可以了。

此致

敬礼！

钱学森

1993 年 2 月 7 日

注释：

① 顾孟潮在给钱学森的信中报告了"山水城市座谈会"的筹备情况，并提出大家希望他能到会并作指示。

附：鲍世行、顾孟潮 1993 年 1 月 30 日信

钱学森同志：

您好！

根据您的创议和建设部几位部领导的批示，我们正在准备召开"山水城市讨论会"。最近又见到您 1992 年 11 月 29 日寄来的信和材料，非常高兴。会议拟于 2 月下旬在建设部召开。会前拟将您的几封信和有关资料复印寄给准备邀请的各位专家和领导，使到会者有所准备，以便对您"山水城市"的科学设想有深入的研究和讨论。

准备这次会议的过程中，我们更迫切地感到，很有必要将您的有关论述汇编到一起，供大家系统研究。因此我们建议，能否和涂秘书一起编一

本《钱学森论城市与城市科学》的文集，作为推动城市学和山水城市研究的重要参考文献。书中将您的论著、书信、谈话记录等有关内容编入，或附上相关的其他内容。具体怎么办可以再研究。首先想征得您同意这一选题。此后具体工作由鲍、顾、涂我们三人做，可否？请批示。

我们恳切地希望您能在百忙中抽出一点时间到会与专家和领导见面，讲几句话，这将对大家是一个极大的鼓舞。

此致
敬礼！

鲍世行　顾孟潮

1993 年 1 月 30 日

1993 年 2 月 11 日致顾孟潮

（关于祝"山水城市讨论会"成功）

顾孟潮同志：

  我现在身体还比较弱，本月下旬的"山水城市讨论会"我不能去出席了。所以只能按通知准备了一个 1000 多字的稿子①，现送上 20 份备用。祝会议成功！

  此致

敬礼！

钱学森

1993 年 2 月 11 日

注释：

  ① 系指钱学森"社会主义中国应该建山水城市"一文，是为"山水城市讨论会"准备的书面发言。

附：顾孟潮 1993 年 2 月 17 日信

钱学森同志：

  您好！

  您的 2 月 3 日、2 月 11 日两信和"社会主义中国应该建山水城市"的书面发言均收到了。非常感谢您对这次会议的关心、重视和支持。在您工作忙、身体弱的情况下，如此支持我们的工作，使我们十分感动，大大加强了开好这次"山水城市讨论会"的信心和决心。预计所邀请的到会代表也会因此很受鼓舞。

  鉴于您的身体状况请多保重。但您不能出席此会对我们来说总是一件憾事，故建议：您是否派秘书涂元季同志或您认为合适的代表到会？听听有关专家、领导同志的讨论发言，以便及时向您汇报有关情况。您 2 月 3

日和 2 月 11 日的信和发言将在大会上宣读，并印发给大家学习领会。

　　另外，希望您能提供几幅您的生活照或工作照片（或底版），以便有关报刊发表您的信和文章时配合使用（前次《城市》杂志便提出此要求，我电告涂秘书，因时间来不及未能如愿）。

　　此致

敬礼！

顾孟潮

1993 年 2 月 17 日

1993 年 3 月 8 日致谢凝高

(关于建山水城市样板)

谢凝高教授①：

我谢谢您和董黎明教授②、朱畅中教授③2 月 27 日来信！

我不是作城市规划的行家，对海南省通什市也一无所知，所以不麻烦你们来和我谈了。祝你们成功，把通什建为山水城市的样板！

此致

敬礼！

钱学森

1993 年 3 月 8 日

注释：

① 谢凝高，北京大学城市与环境学系教授。

② 董黎明，北京大学城市与环境学系教授。

③ 朱畅中，北京清华大学建筑学院教授。

附：朱畅中、谢凝高、董黎明 1993 年 2 月 27 日信

钱老：

您好！

我们正在规划设计一座山水文化旅游城——海南岛通什市。初步方案已于元月十五日在当地完成，现正在北大作正式总体规划设计。欣闻您对山水城市深有研究，十分高兴，如果您对通什市规划感兴趣，在您方便时，拟给您作详细汇报，以求指导。

通什市地处特区，自然、社会条件好，市委和市政府十分重视规划设计，投资者也多，规划建设速度快，这就有可能作为山水城市的样板进行建设。这样，其意义就更大了。未知尊意如何，盼赐教。

顺颂

大安！

通什市总体规划组

顾问：朱畅中(清华大学建筑学院教授)

组长：谢凝高(北京大学城市与环境学系教授)

董黎明(北京大学城市与环境学系教授)

1993 年 2 月 27 日

1993年4月7日致吴良镛

（关于梁思成的建议）

吴良镛教授：

4月1日信①及尊作"'山水城市'与21世纪中国城市发展纵横谈"②都收到，我十分感谢！

读了您的文章更使我感到，在建国初年如北京市能采纳梁先生的建议③，将新城建于西山脚下，那今日的北京可以都如香山饭店④那样优美了！

我们要吸取教训呵！

此致

敬礼！

钱学森

1993年4月7日

注释：

① 此信系对吴良镛先生1993年4月1日的复信。

② "'山水城市'与21世纪中国城市发展纵横谈"系吴良镛先生于1993年2月27日在山水城市讨论会上的发言稿。

③ 梁先生的建议，指梁思成与陈占祥于1950年2月合写的"关于中央人民政府行政中心区位置的建议"，见《梁思成文集》（四）第1页。

④ 香山饭店系指由美籍华裔著名建筑师贝聿铭设计的北京香山饭店。

附：吴良镛 2004 年 2 月 5 日信

尊敬的钱老：

春节好！

好久未见到您，但不时从不同渠道见到您的谈话短笺，至以为慰！奉上拙著一本，也许过于烦琐，怕您费神，故一直未敢奉上。知您一如既往关心建筑学的发展，托人顺便转上。敬请指正，祝

健康长寿！

吴良镛　敬上

2004 年 2 月 5 日

1993年4月11日致鲍世行

（关于把城市筑成人造山水）

鲍世行同志：

　　3月10日及4月7日信及附来《中国建设报》①、《中国名城》②都收到，十分感谢！在此期间我还接到吴良镛教授来信和他在2月27日会上的发言稿"山水城市与21世纪中国城市发展纵横谈"。他强调城市建设要同自然山水优美地结合，而我是更雄心勃勃地要把城市筑成人造山水，我的目标也许太高，登上月球了！

　　现实的问题是没有钱。昨天《人民日报》8版讲中央乐团的报道不就是今日高雅艺术之困境！所以，您要学会弄钱，这是社会主义市场经济中所必需的。这使我想到有艺术修养的爱国侨胞，找他们。建筑大师中有贝聿铭，不能找他吗？可以有多种形式的活动：办展览会，办学术研讨会，办高级建筑师培训班……不知您们考虑过没有？

　　以上请酌。

　　此致

敬礼！

钱学森

1993年4月11日

注释：

　　① 系指1993年3月9日《中国建设报》。该报第3版以整版篇幅刊出2月27日"山水城市讨论会"上的部分发言。

　　② 系指《中国名城》1993年第1期。该期杂志刊出钱学森在2月27日"山水城市讨论会"上的书面发言"社会主义中国应该建山水城市"一文。

附：鲍世行 1993 年 3 月 3 日信

尊敬的钱老：

2 月 19 日您批示的材料已收到。我已将该信件转《科技日报》、《中国建设报》发表。

2 月 27 日，由中国城市科学研究会、中国城市规划学会和中国建设文化艺术协会环境艺术委员会召开的"山水城市座谈会"开得十分成功。清华大学吴良镛教授（学部委员）、建设部周干峙副部长（学部委员）、建设部储传亨总规划师、中国城科会廉仲理事长（原建设部副部长）等 50 余位在京的城市科学、城市规划、园林、地理、旅游、建筑、美术、雕塑方面的专家、学者以及作家、记者出席了会议。会上首先宣读了您的书面发言，吴良镛、廉仲同志作了主题发言，周干峙、储传亨同志作总结，会上发言的总共有 27 位专家。会议引起了各地广泛重视，一些地方的专家寄来了发言稿，桂林还派人专程前来参加会议。周干峙、储传亨同志在总结发言中指出：我国的迅速城市化时期已经来到。中国的城市发展不能再重复西方国家走过的老路。钱老提出的"山水城市"构想和建议有深远的意义，是适时的。它是一颗引导我们发挥创造性的导弹。

座谈会上清华大学朱畅中教授（是我的老师）介绍了他们在进行海南通什市城市规划时，如何把它规划成一座山水文化旅游城市的构想和体会。现把他给您的信呈上。

敬祝

大安！

鲍世行
1993 年 3 月 3 日

附：鲍世行 1993 年 3 月 10 日信

尊敬的钱老：

2 月 27 日的"山水城市座谈会"开得十分成功。3 月 1 日《科技日报》已经首先刊出了您的书面发言稿，谅您已见到。《中国建设报》也于 3 月 9 日在第 3 版以整版的篇幅选登了会上的部分发言，还有一些人的精彩发言，由于没有发言稿，尚未见报。我们将整理录音或请本人整理发言稿。现将这份报纸奉上，请阅并提出宝贵意见。

我们想把这次座谈会的发言连同您的有关来往信件汇编成集子。只是钱和出版社还没有着落。我们准备去请一些城市的领导支持和赞助，否则就印不成，因为发言的也都是学者、文化人，是没有钱的。不知您有什么好主意？

此致

敬礼！

鲍世行

1993 年 3 月 10 日

附：鲍世行 1993 年 4 月 7 日信

尊敬的钱老：

您好！

奉上《中国名城》1993 年第 1 期，这里有您的大作"社会主义中国应该建山水城市"。不少报纸已经刊载您的大作，但杂志可能还是第一家。稿费已经邮寄上，谅不久就可收到。这期杂志有"别忘了文物"一文，也值得一读。

最近，建设部召开保护历史文化名城在京专家座谈会，大家认为，去年以来经济形势发展很快，带来城市建设的崭新局面，但对一些古城的冲击有愈演愈烈之势，且矛盾复杂，因素多种多样，其中主要是经济因素。过去对旧城的方针是利用、改造；现在是争相改造，因为经济效益好，急于改变面貌，市长、市民、投资者都有积极性。这样下去要不了几年旧城就没有了。大家担心，大好形势下，保存文物的责任重大；还担心，认识不统一，仓促上阵，准备不足，将来改造完了，是否满意，还难说。建设部有关部门正在把这些意见整理后，向上反映。

此致

敬礼！

鲍世行

1993 年 4 月 7 日

附：鲍世行 1993 年 4 月 17 日信

尊敬的钱老：

4 月 11 日来信收悉。

感谢您的关心，为了出版《城市学与山水城市》一书，我曾向合肥市吴翼市长呼吁，请求他的支持。后打电话到他家询问。吴不在家，他爱人答复，吴市长到处奔走，但是碰到了一些困难。为此，我只好写信给中国科协刘恕同志，请求她的支持。现将此信复印件送上。

您对城市学与山水城市的论述目录，只是初步收集的。还有什么应该编入，请您提供。

给刘恕同志的信寄出后不久，就收到吴市长来信说："出书的事，经费已经落实。"真是特大喜讯。

吴来信还邀请您能去合肥看看这些年的城市建设，包括有些山水情趣的园林布局。现将吴的来信附上。

随信寄奉 4 月 17 日《中国建设报》第 3 版，有关于保护历史文化名城座谈会部分发言的纪要，供您参阅。

此致
敬礼！

鲍世行
1993 年 4 月 17 日

附：涂元季①1993 年 4 月 24 日给鲍世行信

鲍世行同志：

您 1993 年 4 月 17 日信钱老已阅，所列钱学森关于城市学和山水城市的论述目录钱老已过目，他没有提出什么不同意见，也无补充；只是提出："这是一本各家言的文集，我的东西千万不应压倒大家的"，并要我和您们保持联系。我事情较忙，无暇具体帮助，只有请您们按钱老的意见去办，全书目录列出后，请送我一阅。

此致
敬礼！

涂元季
1993 年 4 月 24 日

注释：
① 涂元季：钱学森的秘书。

1993 年 5 月 24 日致鲍世行

（关于建几座山水城市）

鲍世行秘书长：

5 月 20 日信收到。又得佰元稿酬，谢谢！

您在国际城市生态建设学术研讨会上成功地作了报告，受到包括国际友人在内的热烈欢迎，我谨向您表示祝贺！

至于我那篇城市论文①不过是将梁思成先生②、吴良镛教授、贝聿铭先生等的思想用"山水城市"一词表达出来而已，发明权应归他们几位大师！

现在既然明确地提出"山水城市"，那中国人就该真建几座山水城市给全世界看看，您似应考虑如何推动此事。对吗？

此致！

敬礼！

钱学森

1993 年 5 月 24 日

注释：

① 系指钱学森在"山水城市讨论会"上发表的论文"社会主义中国应该建山水城市"，见本书 469 页。

② 梁思成(1901～1972)，广东新会人。1923 年毕业于清华学校。1924 年在美国宾夕法尼亚大学学习，获建筑学士和硕士学位，1927 年后在美国哈佛大学研究世界建筑史，1928 年回国创办东北大学建筑系。1931～1946 年任中国营造学社法式部主任。1946 年创办清华大学建筑系，任系主任。1949 年起先后任北平都市计划委员会副主任和北京市建设委员会副主任，1953 年起任中国建筑学会副理事长，于 1955 年被选为中国科学院技术科学部学部委员。

附：鲍世行 1993 年 5 月 20 日信

尊敬的钱老：

邮寄上稿费 100 元，请查收。这是《中国市容报》刊出大作①的稿酬，由我转寄给您。

最近我去天津参加由联合国教科文支持的一次国际城市生态建设学术研讨会（还有台湾学者参加），会上，我系统地介绍了目前国内开展的关于"山水城市"学术讨论的情况。我的报告引起了与会者的强烈反响，特别是国外专家对此很感兴趣。报告后一些国外专家上来和我握手，表示衷心祝贺。报告以后德国学者 Frederic Vester 教授发言（因为时间关系，只允许有一人提问）。Vester 教授是生态控制论的创导者，是这方面的学术权威。他在发言中说：鲍先生的学术报告引起我强烈的兴趣。我不是提问题，而是评论。我已经没有什么问题可以发问了，因为鲍先生的报告是无可指责的，是无懈可击的。从我个人的实践谈一点看法：这就是高的生活质量与城市交通的关系问题。生活质量低时，会使城市交通增加。环境质量差，人们愿意到郊区去，因而引起城市交通的巨大压力。相反，如果城市生活质量提高了，人们不必到郊区去度假，这样就使城市交通的压力也可以相对地减轻，所以"山水城市"不仅在生态、社会、文化方面有巨大的效益，而且还有巨大的经济效益。Vester 教授的发言引起了热烈的掌声。

从上述情况可以看出，"山水城市"不仅在国内有重大意义，而且在国际上必然会引起巨大反响。不知上述看法对吗？

《城市学和山水城市》一书正在编辑中。

此致

敬礼！

鲍世行

1993 年 5 月 20 日

注释：

① 系指钱学森在 1993 年"山水城市座谈会"上发表的"社会主义中国应该建山水城市"论文。

1993 年 10 月 6 日致鲍世行①

（关于 21 世纪的中国城市）

鲍世行同志：

我想中国城市科学研究会②不但要研究今天中国的城市，而且要考虑到 21 世纪的中国城市该是什么样的城市。所以我前些日子曾寄上《自然杂志》上的一篇讲未来高层建筑的材料③。现在我再奉上《科学画报》1993 年第 9 期④，其中将来城市的文章及图片可供参看。

所谓 21 世纪，那是信息革命的时代了，由于信息技术、机器人技术，以及多媒体技术、灵境技术和遥作技术（belescience）的发展，人可以坐在居室通过信息电子网络工作。这样住地也是工作地，因此，城市的组织结构将会大改变：一家人可以生活、工作、购物，让孩子上学等都在一座摩天大厦，不用坐车跑了。在一座座容有上万人的大楼之间，则建成大片园林，供人们散步游息。这不也是"山水城市"吗？这个想法对不对？请教。

此致
敬礼！

钱学森

1993 年 10 月 6 日

注释：

① 此信摘要刊在 1993 年 11 月 9 日《中国建设报》，并加按语："钱学森同志十分关心城市科学研究。最近，他在给鲍世行同志的信中就'山水城市'又提出了重要意见。"

② 中国城市科学研究会，1984 年 1 月在北京成立，是在建设部和中国科协指导下，由全国城市科学研究方面的专家、学者、实际工作者、城市的建设发展相关部门和单位自愿组成，经民政部登记成立的全国性学术团体。

③ 系指《自然杂志》1993 年第 2 期上，熊世德"城市空间的利用——分层建造"一文。

④ 系指《科学画报》1993 年第 9 期上，美新"明日的超级城市"一文。文章说："在 21 世纪，人类的居住、工作空间将向地下、海上和空中发展。这是世界发展理事会主席、美国著名的未来学家麦金利·康韦最近向人们描绘的。文章介绍了地下城市、海上城市，一幢大楼就是一座城市，以及建在圆顶建筑中的城市等新型城市。"

1993 年 10 月 23 日致鲍世行

（关于山水城市概念）

鲍世行同志：

您 10 月 21 日来信及所附汪德华同志文章①、《中国名城》1993 年 2、3 两期、《城市研究》1993 年 2 期、《会讯》第 5、6 期②都收到，我十分感谢！

我给您的 10 月 6 日信，按您的意见，可以公开发表。我为此在复制件上做了些文字修改，请酌。复制件附上。

前些日子我收到在 6 月 15 日召开的"艺术山水生态建筑研讨会"的纪要，此会您出席了。我翻看了所附材料，感到要注意区别"建筑"与"城市"；我说的是"山水城市"，不是"山水建筑"。所以要研究的问题属城市科学，不是建筑科学，范围要大得多。我认为这一点很重要，不知您以为如何？

此致

敬礼！

钱学森
1993 年 10 月 23 日

注释：

① 系指汪德华"古文化与山水城市"一文。

②《中国名城》1993 年第 2、3 两期，《城市研究》1993 年第 2 期和中国城市科学研究会《会讯》第 5、6 期，均系刊载有"社会主义中国应该建山水城市"一文的刊物。

附：鲍世行 1993 年 10 月 21 日信

尊敬的钱老：

刚出差回来见到您 10 月 6 日来信。

您 7 月 28 日来信早已收到。您提请城市规划师、建筑师注意城市空间利用，并推荐文章一事，已在我中国城市科学研究会《会讯》第 5、6 期(8 月 20 日)刊出，推荐的文章也拟在不久即将出版的学报上刊出。

10 月 6 日来信中，您提到城市科学研究会不但要研究今天的中国城市，而且还要考虑 21 世纪中国的城市该是怎么样的。对于当时的城市您也作了具体的设想。这就大大丰富了"山水城市"的内涵，上述内容对指导我们的城市科学研究有极为重要的意义。为此特向您请示：10 月 6 日您的来信可否在有关报刊公开发表？请您批复。

随信附上拙文"论山水城市"和汪德华同志"我国古文化与风水学的关系"两篇文章，请指正。

此致

敬礼！

鲍世行

1993 年 10 月 21 日

（关于我为"'把古都风貌夺回来'讨论"写了一篇短文）

安伟同志:

　　我为"'把古都风貌夺回来'讨论",写了一篇短文①。现附上,请考虑。

　　此致

敬礼!

钱学森

1993 年 11 月 19 日

注释:

　　① 所附短文后来刊载于《北京日报》1993 年 12 月 3 日第 1 版,题目为"紫禁城东西侧建小公园"。使钱学森感到欣慰的是,北京市政府已于 2001 年国庆节前夕在紫禁城的筒子河东建成皇城根遗址公园,尽管他本人早已卧床不能出门了。

附:钱学森:"紫禁城东西两侧要建小公园"

　　我从前在旧北京待过 15 年;1955 年回来后,在新北京也已 38 年了。在这前后 53 年中,曾无数次到中山公园北面筒子河旁的树荫下坐望紫禁城,看城上建筑,看那构筑别致的城上角楼,真有说不尽的滋味。

　　由此感受,我想到一件可以不但"把古都风貌夺回来",而且可以增添古都风貌的事:

　　在南长街北长街街道东侧,从中山公园西北角起,把现有民房拆去;再在南池子、北池子街道西侧,从劳动人民文化宫东北角起,也把现有民房拆去。在空出来的地段,移植高大常青树,多种花卉,形成人民公园。北面筒子河北岸、景山前街南侧也移植些高大常青树。这样紫禁城四围都在公园中,朝阳夕照,风貌一定胜过旧时!

1993年12月22日致中国建筑工业出版社①

（关于为什么对中国古代建筑感兴趣）

中国建筑工业出版社②：

我写这封信是为了向您社送《刘敦桢③文集》（一卷）及《刘敦桢文集》（三卷）表示衷心的感谢！

我已有该文集二卷及四卷，赠书补全了四卷书，我可以好好学习了。您们也许会问，我为什么对中国古代建筑感兴趣。这说来话长：

我自3岁到北京，直到高中毕业离开，1914～1929年，在旧北京呆过15年。中山公园、颐和园、故宫，以致明陵都是旧游之地。日常也走进走出宣武门。北京的胡同更是家居之所，所以对北京的旧建筑很习惯，从而产生感情。1955年在美国20年后重返旧游，觉得新北京作为社会主义新中国的国都，气象万千！的确令人振奋！

但也慢慢感到旧城没有了，城楼昏鸦看不到了，也有所失！后来在中国科学院学部委员会议上遇到梁思成教授，谈得很投机。对梁教授爬上旧城墙，抢在城墙被拆除前抱回几块大城砖，我深有感触。中国古代的建筑文化不能丢啊！70年代末，我游过苏州园林，与同济大学陈从周教授有书信交往，更加深了我对中国建筑文化的认识。

这一思想渐渐发展，所以在80年代我就提出城市建设要全面考虑，要有整体规划，每个城市都要有自己的特色，要在继承的基础上现代化。我认为这是一门专门的学问，叫"城市学"，是指导城市规划的。

再后来读到刘敦桢教授的文集两卷，结合我对园林艺术的领会，在头脑中慢慢形成要把城市同园林结合起来的想法，要建有中国特色的城市。到今年初就提出"山水城市"的概念。上面我向您社汇报了我的思想，我已得到今年2月11日"山水城市讨论会"上许多专家的支持。因此我希望中国建筑工业出版社能支持我的这一想法，多出版这方面的书。这能做到吗？

此致
敬礼！并恭贺新年！

钱学森

1993年12月22日

注释：

① 中国建筑工业出版社 1994 年 1 月 20 日给钱学森写信征得同意，将此信刊在《建筑师》上，并加了编者按语：

21 世纪中国城市发展问题已为有识之士特别关注，著名科学家钱学森先生高瞻远瞩，提出了"山水城市"的科学构想。1993 年 12 月 22 日，钱老致函中国建筑工业出版社，怀着对中国古代建筑文化的深厚感情，提出了对城市建设的看法，并重申"山水城市"思想，读来倍感亲切。本刊特发表钱老这封信及中国建筑工业出版社的复信，以飨读者。

② 中国建筑工业出版社，为建设部直属的出版社，成立于 1954 年。

③ 刘敦桢(1897～1968)，中国科学院院士、教授、著名建筑教育家、建筑理论历史学家。

附：中国建筑工业出版社 1994 年 1 月 20 日信

钱学森同志：

11 月 22 日来信收到。您能在百忙中给我社写信，同我们交流对城市建设问题的看法，表达了您对我国城市建设的极大关注和对出版工作的肯定和期望，这使我们深受感动。

您对中国古代建筑文化的珍惜，对城市建设的意见，以及关于建设"山水城市"的设想，都可谓是真知灼见，金玉良言。您提出"每个城市都要有自己的特色，要在继承的基础上现代化"，"要把城市同园林结合起来"等意见，至少已经为城市建设要创造中国特色指明了一条现实的途径。

事实上，我国古代建筑在这些方面本来具有很好的传统：住宅与园林毗连而建，园林实际上是住宅的延伸和扩大。众多住宅组成街坊，众多街坊又构成城市。传统的住宅建筑与园林艺术，从理论和实践上为我们建设现代的山水城市提供了极其丰富的可供借鉴参考的养料。本着因地制宜、适用经济的原则，处理好这个问题本不应该成为难题，关键是要在有关专业人员和负责同志中形成共识。就这一点而言，我们的书刊出版物在加强建设山水城市的宣传方面，负有义不容辞的责任。这是我们今后要努力做好的一件大事。

您的来信，我们拟转报建设部领导参阅，同时拟在我社编辑出版的《建筑师》期刊上发表。您是否同意，请酌定后通知我们(函复或电话均可)。

为了感谢您对我社工作的关心和支持，我们从已出版的"历史文化名城丛书"中选了《苏州》、《杭州》、《扬州》、《桂林》四本书，连同《建筑师》第56期一册一并送上，供您暇时翻阅，敬请多提意见。

　　今年5月是我社成立40周年的日子。如有可能，我们恳请您为我社挥笔题词。专函另附。

　　春节将临，谨致诚挚的祝贺！

　　顺颂

安康！

中国建筑工业出版社

1994年1月20日

1994 年 1 月 6 日致鲍世行、顾孟潮

（关于《城市学与山水城市》一书）

鲍世行同志、顾孟潮同志：

您们元月 2 日给我的信及书的目录、前言稿① 都收到，可以说是 1994 年开年的头件好消息！十分感谢！

我是从来不为书写序的，此戒不能开！所以我建议：

1. 前言由您二位署名；

2. 序由吴翼同志写。

这样安排我想是妥当的。请酌。

遵命奉上我近照一帧。

城市学的英译可否就直译为 Science of City Planning？省得误解。请您二位定吧。

用 Shan-shui City 好，可以引起他们的好奇心。

我感谢您二位利用业余时间的辛勤编辑劳动！读者们要感谢你们的！

此致

敬礼！

钱学森

1994 年 1 月 6 日

注释：

① 系指《城市学与山水城市》一书的目录和前言。

附：鲍世行、顾孟潮 1994 年 1 月 2 日信

尊敬的钱老：

最近，我们利用业余时间已将《城市学和山水城市》编辑完成，现先将目录和前言寄上，请您提出宝贵的意见。此书出版单位已落实，不久即可发稿。

在编辑过程中，我们不断领会您关于要把这本书编成"一本各家言的文集"的指示精神，为此经过多次修改，最后在"上篇"中除了收入您的文章和书信外，也编入了大家给您写的信。我们认为这样可以更好地体现出您和大家平等讨论的情况，不知这样做是否妥当？

此外，还有几件事要向您请示：

1. 关于"序"，目前全书还缺少提纲挈领的文字，为此我们恳请您能为本书写一个"序"。

2. 本书拟在封底做一个英文封面，包括英文书名和全书简介。关于《城市学和山水城市》的英文译法。我们想"山水城市"，采取音译，为"Shan-shui City"，因为意译很难体现"山水城市"的丰富内涵，至于"城市学"，易和西方的 Urbanology 混淆，如何译法，我们还得向您求教。

3. 封面内页，我们拟刊出"山水城市讨论会"会场的相片，但遗憾的是您当天未能出席会议，所以我们恳请您寄给我们一张您的近照，如能约定一个时间和我们一起照一个像，那就更好了（到时我们将请吴翼市长来京一起合影）。

以上意见是否可行，请函复，如果需要，我们将当面向您作一次汇报。

敬祝

新年好！

鲍世行　顾孟潮

1994 年 1 月 2 日

1994 年 1 月 7 日致鲍世行①

（关于立交桥是现代城市的一景）

鲍世行同志：

我近日读报，见北京市的立交桥到 1993 年已建成 108 座，而且还在建新桥，可以说立交桥是现代城市的一景了。但此景怎样才能美化？将它们融入山水城市？

我想这是可以做到的，方法就是把我国传统的园林艺术与立交桥结合起来，建设园林化的立交桥小区。

具体讲：

1. 立交桥车道桥身下的空间仍可作经营性利用，如设停车场。

2. 在车道桥之间的空间营造园林，造假山、种树木花卉、开水池。

3. 造假山也要用现代技术；如山内为钢筋混凝土的"楼"，有水管、电路，假山是在"楼"外面垒山石、植花木，把"楼"藏在山内。

这是现代化的中国园林了。

这一设想可能吗？请酌。

此致

敬礼！

钱学森

1994 年 1 月 7 日

注释：

① 1994 年 3 月 13 日《中国市容报》以"钱学森致函中国城科会，园林艺术与立交桥建设结合"为题发表此信时加了"编者按"：我国著名科学家钱学森同志，十分关心我国的城市建设。今日本报刊发钱老致中国城市科学研究会鲍世行同志的信。钱老在信中对如何把我国的园林艺术与建立交桥结合起来，提出了具体的建议。我们希望有关部门在城市建设方面，更多地考虑融入一些我们民族自己的建筑特色，创造出更多具有民族风格的建筑来。

附：鲍世行 1994 年 2 月 19 日信

尊敬的钱老：

您 1 月 7 日的来信收到了。

正如您来信说的那样：立交桥已经成为现代城市的一景了。到 1993 年年底北京已经建成了 108 座立交桥，而且目前西三环等地的立交桥还正在建设中，今后还会不断增加。城市中的立交桥占地大（一般的立交桥占地 6~7 公顷，如阜成门桥、复兴门桥，大的如三元桥，占地达 30 公顷），花钱多，而且一经形成，对整个城市的交通组织影响极大，因此在规划、建设、管理中必须给以充分的重视。

北京建了这么多立交桥，确实对解决城市交通起了很大的作用。有些立交桥把机动交通与非机动交通（主要是自行车）分开（如西直门桥），国外同行对此很感兴趣。这也可以说是一个创造。建国门桥建设时，将附近的古天文台保留了下来，并把它组织在周围的建筑群中。德胜门桥和西厢工程建设中，把德胜门和西便门等古建筑都融合进去了。这也算是建设现代化城市和保护传统文化完美结合的范例。北京的立交桥很重视绿化，树种选择也比较注意。这些都值得各地学习。

今天您提出立交桥与我国传统的园林艺术结合的问题，并且将它与山水城市联系起来，这就将此问题提到了一个更高的层次。

立交桥的规划、建设、管理中还有很多问题值得进一步探讨，例如，如何从城市全局出发，考虑立交桥的总体战略布局的问题，立交桥尽量采用通用设计问题，立交桥的管理问题（有些立交桥下空间作为停车场、商店，立交桥附近设集市贸易、劳动力市场、老年人的活动场所等），以及立交桥的交通标志的设计及设置问题等等。

您的信件我已送理事长阅，并转首都规划建设委员会建筑艺术委员会研究，还送造园专家吴翼、孙筱祥、城市交通专家郑祖武研究实施。是否可以在报刊公开，以扩大影响，实现您的思想，请酌，附上来信复印件。

此致

敬礼！

鲍世行

1994 年 2 月 19 日

1994 年 2 月 20 日致顾孟潮①

（关于要重视建筑与人的心身状态）

顾孟潮同志：

我收到您于元月 24 日寄来的巨著《世界建设科技发展水平与趋势》②，非常感谢！

此书共 1029 页，编撰人员有 75 人，您和叶耀先③同志、米祥友④同志为主编，真洋洋大观！够我长时间学习的了。

此书内容极为丰富，就连核能发电还有专论。但我翻阅后也感到还有一个极为重要的建设科技问题似未得到重视，即建设环境与人的心身状态。现在国外不是已有所谓"高楼病"吗？在我国，许多住在高层建筑的人家不也诉苦，望出去一片灰黄吗？所以的确有个建筑与心态的课题要研究。我倡议"山水城市"也是想纠正此偏差。此意未知当否？请参考。

得此价为 98 元的伟作，我再次表示感谢！

此致

敬礼！

钱学森

1994 年 2 月 20 日

注释：

① 此信系对顾孟潮 1994 年 1 月 24 日信的答复。顾孟潮随信寄去《世界建设科技发展水平与趋势——城市·建筑·土木·高技术》一书。

②《世界建设科技发展水平与趋势——城市·建筑·土木·高技术》，中国科学技术出版社，1993 年 8 月。

③ 叶耀先，时任中国建筑技术发展研究中心主任、高级工程师。

④ 米祥友，时任中国土木工程学会办公室副主任、学会咨询中心副主任、工程师。

附：顾孟潮 1994 年 2 月 27 日信

尊敬的钱学森同志：

您好！收到您 2 月 20 日来信，看到您对《世界建设科技发展水平与趋势》一书的评价及指出它的不足之处，我非常高兴，特向您表示衷心的感谢！

正如您在给我的这封信中所指出的，建设环境与人的心身状态这个极为重要的建设科技问题未得到重视，建筑与心态的课题亟须研究。这个问题涉及或者属于城市生态学、建筑生态学、环境建筑学、环境心理学等范畴，是应用基础理论学科。不重视基础理论研究，包括应用基础理论学科的建立和研究，是我国学术界和应用科学技术的业务部门的通病。正像您倡议城市科学要研究城市学的情况一样，建筑科学的发展必须重视建筑学，特别是环境建筑学、环境生态学、环境心理学的研究。而目前的情况恰恰相反，对于软科学（或半软的建筑学），很少有人下大力气去研究，国家和政府对这方面的支持也不够。如建筑科学研究院就不研究建筑学，没有设专门研究建筑学、建筑设计、建筑理论的部门，甚至不研究建筑经济。因此编撰《水平与趋势》一书时，有些章节就找不到合适的撰稿人，如建筑设计这章只好由我动手撰写，极为重要的建筑经济一章最后只好放弃，暂缺。我想，这大概是建国40多年来，建筑业在我国国民经济领域未能成为支柱产业的重要原因。我把这种情况叫作"有业无学"，因此无法发挥"科学技术是第一生产力"的作用。作为建筑业，相应的建筑立法、计划管理、市场机制等都未能合理形成，不断重蹈历史上基本建设"膨胀—压缩—再膨胀—再压缩"的覆辙。另外，出版社曾同意我的"建筑生态学"选题，也列了个提纲，但不作为正式任务，没有资金，没有助手，又没有时间保证作深入研究，全靠业余爱好是不行的，所以搁置至今未能启动。

最近，我对信息的属性、分类和对策作了一些思考，认为有必要建立"信息塔"的概念，即信息按其属性是有层次的，由下而上依次为：原始信息、操作性信息、认识性信息、理论性信息、综合性信息。从运作的角度看，这五类信息，从下至上为原生层、需求层、经验学科层（应用基础理论）、理论概括层（基础理论）、指导层（哲学、行政层），从空间地位来分析，这五层：原始层处于边缘地位；操作层处于专业工作领域；认识层处于程序地位；理论层处于思路地位；哲学、综合、指导层才处于我们要抓住的"中心地位"、龙头地位。不知您认为我的上述认识是否正确，十分希望得到您的指正。因为在商品、市场大潮的冲击下，目前社会上相当普遍地存在一个大问题，对于信息、对于电子计算机的认识正在步入新的误区。具体表现在8个方面：（1）迷信电子计算机；（2）重视"手段"等硬件建设，忽视软件开发、利用与建设；（3）重视自然科学信息，轻视社会科学信息；（4）迷信信息数量，忽视信息质量；（5）重视与生产、市场有关的经济、商业信息，忽视文化信息；（6）重视管理、操作性信息，忽视宏观智慧、思想、理论、调控信息；（7）重视典型、地方、局部、个体信息，忽视综合、整体、预测性信息；（8）重视形式包装变化等表层信息，忽视本体、人的观念、心态、动态等方面的信息。总之，我国目前对于信息认识与对策的商品化、市场化倾向非常明显，这当然有其进步积极的一面，但其错误与消极的方面决不应忽视。最重要的应当是，对信息的认识和对策要科学化。在上述"误区"的背景下，推动城市学、建筑学、环境生态学等这类综合学科的建立和发展困难是不少的，资金、人力、时间都是具体问题。最近我和鲍世行同志联系出版《城市学与山水城市》一书碰到的最为难的也是这些问题。前几天，在您的直接关怀和支持下，中国建筑工业出版社已明确作为重点选题，争取年内6月份出版。这里向您报告这个好消息，同时感谢您。

春节前，在电视上，报刊广播中，看到听到李瑞环同志给您拜年的情况，知道您的身体、精神都非常好，最近又收到您这封信，我非常高兴，衷心祝愿您健康长寿。

关于您指出的建设环境与人的心身状态这个极为重要的建设科技问题，我将尽自己的力量作一些研究和促进工作，若有新的成果时再向您汇报。对这个问题，近年我已有所感觉，故在我和张钦楠同志担任责任主编的《建筑师学术·职业·信息手册》一书中开宗明义地列为第1章建筑与人，第2章建筑与环境，第3章建筑与社会，第4章建筑与经济，第5章建筑与文化……全书分学术、职业、信息三篇，共15章。待最近书到京后我一定送您一本指正。但"手册"与"水平与趋势"一书的编撰情况类似，寻找合适的撰稿人十分不易，最终的成品也未尽人意，国内的基础条件就是这个现实，只好在再版时再作修改弥补不足的工作了。

此致
敬礼！

顾孟潮
1994年2月27日

1994 年 3 月 1 日致顾孟潮①

（关于现代科学技术体系）

顾孟潮同志：

我很感谢您 2 月 27 日晨写来的信及附件"个人业务自传"，您使我学到了许多东西！

我国建国后一切学老大哥，一切都是计划经济，体制也如此。建筑科学研究院属国家建设部门，自然只重工程，对建筑工程的上层学问就一概顾不得了！尤其是建筑这门学问是横跨自然科学、社会科学与艺术的，老一套体制是无法办好的。幸而现在党中央在邓小平建设有中国特色的社会主义思想指导下，破旧立新，建筑科学将大有可为了！我看气氛已经在变，近见《建筑师》杂志 1993 年 54 期就刊载了"建筑与文学"学术研讨会的论文，55 期刊有"建筑与心理学"学术研讨会的论文。

您在信中谈了信息体系，很好。我在这几年也一直宣传现代科学技术的体系，与您不谋而合！我的想法见附上钱学敏同志文②，请指教。

此致

敬礼！

钱学森

1994 年 3 月 1 日

注释：

① 此信系对顾孟潮 1994 年 2 月 27 日信的答复。信中报告顾孟潮有关信息属性、分类和对策的思考，以及《世界建设科技发展水平与趋势》、《建筑师学术、职业、信息手册》两书编撰情况的说明。此信收入杨永生主编《建筑百家书信集》，中国建筑工业出版社，2000 年 3 月，第 106 页。

② 系指钱学敏"科技革命和社会革命——学习钱学森有关思想的心得"一文。

附：鲍世行、顾孟潮 1994 年 3 月 24 日信

尊敬的钱学森同志：

您好！

在您的直接关怀和支持下，《城市学与山水城市》一书几经周折后，在中国建筑工业出版社领导和各方大力支持下，今日总算发厂排版了。为了保证该书的学术理论和历史文献价值，以及文字、版式、译英等各方面的质量，今送上目录、插页、内容提要、跋，请您最后过目审定（前言您已看过），有些具体工作您可安排涂元季秘书与我们联系。特别是有关信件的日期、您的手迹复印和一些文字修改等事，要烦涂秘书帮忙。

几个具体事分别列后：

1. 第 3 页安排您在授奖仪式上的照片，背面是您山水城市讨论会上的书面发言手迹，请提供一份清晰的复印件，以便制版。

2. 目录上篇中第一篇文章是 26 年前发表在《人民日报》上，我们未能查到具体时间，您或涂秘书能否告知准确时间，现在我们填写的是《旅游》杂志重登的时间。

3. "一个科学的新领域——开放的复杂巨系统及其方法论（摘要）"这一篇的时间不详，请告。

4. 关于钱学敏文前的编者按语您有何指正，也望一并告知。

此致

敬礼！

鲍世行　顾孟潮

1994 年 3 月 24 日

1994 年 3 月 21 日致鲍世行

（关于应发动专家深化讨论山水城市）

鲍世行同志：

您 3 月 17 日来信及领导批示件（复制件）都收到，十分感谢！

您应该发动专家们就此题（指山水城市——编者）深化讨论下去。召开全国性的学术研讨会："立交桥——现代城市一景"可以作为上述探讨的发端，我当然赞成。以后如有想法再向您报告吧！

此致

敬礼！

钱学森

1994 年 3 月 21 日

附：鲍世行 1994 年 4 月 4 日信

尊敬的钱老：

您好！3 月 21 日来函收悉。

《城市学与山水城市》一书已付梓。

山水城市的讨论正在逐步引向深入。3 月 20 日《文汇报》刊出您的大作"中国应建山水城市"并设专栏展开讨论。此举引起社会较强烈反响。昨日该报又发表有关文章，并称今后还将陆续刊出这方面来稿。上海《城市导报》也与我中国城市科学研究会联合主办征文。一种先进的思想只有经过广泛宣传，被群众真正掌握了，才能使理想变成现实，理论成为行动。我想将来如有可能通过电视这种传媒加以传播，那么一定会收到更好的作用。

自从您提出建设山水城市的宏伟设想后，长沙市领导十分重视，长沙市城市科学研究会已组织专家召开了一次座谈会。这次会议开得很好，报道也反映比较全面。我认为这次座谈会有如下特点：(1)用回忆对比的办法，指出建国之初的领导有远见，重视城市规划、城市建设；(2)理论结合实践，结合山水城市理论，指出了当前存在的一些问题；(3)指出领导重视是关键。

　　此致
敬礼！

鲍世行

1994 年 4 月 4 日

1994年3月23日致顾孟潮①

（关于对"科技革命与社会革命"一文编者按）

钱学森在顾孟潮寄给他的"科技革命与社会革命"编者按语稿前面用红笔写：

寄给顾孟潮同志。

钱学森

1994年3月23日

注释：

① 此信系对顾孟潮1994年3月20日信的答复。顾孟潮的信报告了与钱学敏联系的情况，并送上为"科技革命与社会革命——学习钱学森有关思想和心得"一文撰写的编者按语，请钱学森审定。

钱学森在按语中用红笔加上了一句话："但现代城市本身就是一个开放的复杂巨系统"，接下去是原稿："实质上，此文是钱先生建立城市学、建设山水城市构想的总的思路背景，极为重要，特载于此。"

1994年4月8日致曹家骧①

（关于"人造景观"）

曹家骧同志：

您 3 月 23 日来信及贵报 3 月 20 日刊都收到，十分感谢！

请恕我无知：我对"人造景观"的含义不清楚，当然不能乱写什么文章。所以您报将来发表丁文魁教授、谢凝高教授、杭州市王市长、建设部负责同志的文章时，请寄我一份学习。我学习之后，如有想法，再写成文字送上。②

麻烦您了！

此致

敬礼！

钱学森

1994 年 4 月 8 日

附：曹家骧关于钱学森来信的说明

① 上世纪 90 年代初，我在《文汇报》编辑"旅行家"专刊。时任中国城市科学研究会常务副秘书长鲍世行先生告诉我，建设行业正在开展有关"山水城市建设理论"的讨论，即未来中国的城市应该建设成什么样的城市。钱学森先生本人及建筑科学界，对这一课题深感兴趣、格外重视，所以，我开始关注这一话题。

1994 年 3 月底，我打电话给鲍世行，因为当时《文汇报》"旅行家"专刊正在对"人造景观"问题进行讨论，所以，希望钱学森先生就中国山水城市建设理论与实践的走向问题为《文汇报》"旅行家"专刊写篇文章。文章可长可短、可虚可实。

第二天，鲍世行来电话说，他已经把我的想法当即向钱学森先生做了汇报，钱老的意见是请我把《文汇报》刊有"人造景观"和山水城市建设讨论的几期报纸寄去，他会考虑。

1994 年 4 月 16 日，一个印着"国防科学技术工业委员会"的牛皮纸挂号信，放在了我的办公桌上，信封上写着"钱学森"三个字，这就是 1994 年 4 月 8 日钱学森给我的这封信。

当年年底，鲍世行先生告诉我，是不是就中国山水城市理论与实践的问题写文章给《文汇报》，钱学森先生考虑了好几天，他觉得，现在写不是时候。一、虽然这个问题讨论了好几年了，但都是局限在建设系统；二、《文汇报》是全国性的报纸，影响大，他一说话，别人就不能说话了，再过一段时间吧。

半年后，我调离了"旅行家"专刊，继续在国内新闻部跑新闻。遗憾的是，向钱学森先生约稿的事情，也没有了下文。

（摘自 2009 年 11 月 7 日上海《文汇报》7 版"文汇笔会"上刊出该报记者曹家骧"钱学森与山水城市"一文）

② 对于假造"古建筑"和低级趣味的"游乐宫"，钱学森早在 1992 年 11 月就有评述。他认为这"是对中国文化的破坏"，是"没有文化观念"。（参阅 1992 年 11 月 29 日给鲍世行的信）

1994 年 5 月 6 日致顾孟潮^①

（关于对顾孟潮来信的批语）

顾孟潮同志：

同意译词。英译不用"the eminent scientist"，只用"our"，更亲切些，也更合国外习惯。

此致

敬礼！

钱学森

1994 年 5 月 6 日

注释：

① 此信是对顾孟潮 1994 年 4 月 27 日信的答复。顾孟潮的信报告了负责此书译英稿的老专家顾启源先生探讨关于"城市学"词的译法等事项。

附：顾孟潮 1994 年 4 月 27 日信

钱学森同志：

您好！

今将《城市学与山水城市》一书提要及目录的译英稿送上，请您审阅。翻译者为出版社协助请的留美归来的老专家顾启源先生。顾启源先生十分重视此书的译英工作，反复查证，探讨不同译法。特别是关于"城市学"一词的译法，他还专门写信说明斟酌的情况（详见附信）。另外，关于"建立意识的社会形态的科学体系"等，均需要您最后审定。

还需要说明的是，该书拟作双封面设计，即正面为中文封面，底面为英文封面，封面上出现的文字需简要，故英文提要的书名和文字作了一点精简，妥否，也请指示。

此致

敬礼！

顾孟潮

1994 年 4 月 27 日

1994 年 6 月 8 日致顾孟潮

（关于建筑文化）

顾孟潮同志：

我近读《建筑学报》①1994 年 5 期中尊作"后新时期中国建筑文化的特征"，想到几个问题，故写此信向您报告。

1. 您把我国改革开放起步阶段的建筑称为新时期的中国建筑文化，而从 1989 年以后的建筑划为后新时期的中国建筑。这是强调了这两段时间的我国建筑界解放思想，实事求是，开创了我国建筑文化的历史新时期，我认为这很有意义。

2. 另外，我也想，从 1978 年到现在我国建筑界真的找到了我国要走的中国新时期建筑文化的道路了吗？我看似乎还在求索之中，您的上述论文也显示了这一点。在同刊 8 页上记贝聿铭先生获奖的文章中，就说他在回答学生关于中国未来建筑道路时指出："应走中国的路，与欧美不同。如高层建筑要到美国去看，而基本的东西要看中国的习惯、生活。"这是完全正确的。贝先生的香山饭店不就具有中国风味吗？（所以我不同意史建②同志在《文艺研究》③1994 年 1 期"后现代建筑及其对中国的影响"一文中，竟把香山饭店归入后现代建筑！）

3. 什么是新时期中国建筑应有的特征？上引《文艺研究》文 107 页上就说香港建筑师李允鉌④认为中国建筑精神(即《华夏意匠》)表现在群体之中，没有群体，中国建筑将失去异彩。我很同意，我的"山水城市"就有此意。

4. 但看来我国建筑界对中国该走什么样的自己的路尚在探讨中。您把"山水城市"作为后新时期中国建筑文化现象的第一条，我认为过早了，大家认可了吗？

5. 总之，什么是新中国的建筑精神，尚待探讨，最后才能明确。请读附上复制件⑤(《新华文摘》第 1994 年 5 期)，那才是中国味呵。

以上所述，不知是否得当？请指教。

中国建筑文化的新的辉煌时代恐怕要等到 21 世纪 20 年代后才会到来！

此致

敬礼！

钱学森

1994 年 6 月 8 日

注释：

① 《建筑学报》，1954 年创刊，中国建筑学会主办的建筑科技学术期刊，现为月刊，国内外发行。

② 史建，时任天津社会科学院出版社副社长。

③ 《文艺研究》，中国艺术研究院主办的学术期刊，双月刊。

④ 《华夏意匠》，李允鉌著，香港广角镜出版社，1982 年初版，1984 年再版，中国建筑工业出版社 1985 年重印。

⑤ 复制件（《新华文摘》1994 年第 5 期）指一些著名作家关于北京的胡同的论述摘录。

1994 年 7 月 21 日致王明贤①

（关于继承我国历史悠久的文化传统）

王明贤②责任编辑：

您 7 月 11 日来信及所赠《建筑师》③第 57 期都收到，我十分感谢！

读看了此刊 30 页上楠溪江中游乡土建筑④照片及说明，也读了此刊 36 页上您的文章，深受启示。今后我还要再读看这两篇文画。但书既在台湾出版，购买不便，我也不麻烦陈志华⑤教授了，等待我们自己的版本吧。

我翻看这本《建筑师》，也感到今天我国建筑师对怎样在继承我国历史悠久的文化传统之基础上，又开拓前进，创造出 21 世纪的中国建筑文化，似尚无明朗的认识。正如这期封面上曹扬的摄影，从历史走向未来，历史是光明的，而未来呢？搞清这个大问题恐是我国建筑师们的首要任务。此言当否？请教。

此致

敬礼！

钱学森

1994 年 7 月 21 日

注释：

① 此信系对王明贤 1994 年 7 月 11 日信的复信。

② 王明贤，1954 年生于福建泉州，1982 年毕业于厦门大学中文系，时任《建筑师》副主编、副编审。此信收入杨永生主编《建筑百家书信集》一书，中国建筑工业出版社，2000 年 3 月第 107 页。

③《建筑师》杂志，中国建筑工业出版社主办，1979 年创刊，双月出版。

④《楠溪江中游乡土建筑》，为陈志华教授主持，由清华大学师生调研完成的科研成果。

⑤ 陈志华，北京清华大学建筑学院教授。

1994 年 7 月 28 日致鲍世行

（关于城市建设要有整体考虑）

鲍世行秘书长：

您 7 月 25 日来信收到，谢谢了。

中国风景园林学会、中国城市规划学会和中国城市科学研究会要在 10 月召开"立交桥——现代城市一景"座谈会，当然是件大好事。但您说会前要向我汇报会议准备情况，这我万万不敢当。我能说的已说了，下面再写几句，供你们参考。

1. 城市建设要有规划，要搞城市学的研究，都是说整体考虑的重要性。城市也是一个大系统，没有系统的整体考虑怎么行！这里要满足一个城市系统的特殊要求，即城市整体景观。这就涉及艺术了。

2. 古代帝王，不论在中国还是在西方国家，为了显示王朝的威仪，也非常重视帝京的整体布局。这是封建王朝的城市整体设计。中国的隋唐长安、燕都北京、西方的故都罗马，都是如此。

3. 但是后来在资本主义国家，城市的建筑主要是资本家个人一座一座建的，他爱怎么建就怎么建，没有整体观了。建筑美成了单座建筑的美！

4. 这就引起建筑师们不考虑城市的整体景观，只顾一座建筑的美。建筑与城市分家了！建筑学是讲美的，是科学技术与艺术的结合。而城市学、城市科学就只讲科学技术与社会科学，不顾艺术了。这一分家也体现了中国既有中国建筑学会，又有中国城市规划学会、中国城市科学研究会。

5. 我认为这种分家是不正常的，是受西方资本主义的影响。中国的建筑学要同城市学结合起来，形成科学技术、社会科学与艺术的融合的"中国学问"。我们既讲究单座建筑的美，更讲城市、城区的整体景观、整体美。

6. 北京市不是要夺回古都风貌吗？不研究整体美行吗？例如：北京市中心区的建筑已定型，是围绕故宫、天安门广场形成的，当然是古都风貌。城区西北有各高等院校、中国科学院、颐和园、西山，也已形成文化景区，也是古都风貌了。但其他各区呢？北区？东区？东南区？要有整体景观规划啊，不然是不能夺回古都风貌的。

7. 立交桥的景如何搞？也要与其所在城区的整体景观相协调。只能形成整体景观美，而不能不协调。天宁寺立交桥的旧城遗址搞好了，是一景嘛。

以上几条，不知当否？我向诸位与会者请教。

就写到这里。并致

敬礼！

钱学森

1994 年 7 月 28 日

附：鲍世行 1994 年 7 月 25 日信

尊敬的钱老：

您好！许久没有收到您的来信，常在惦记您。

《城市学与山水城市》一书，早已发稿，编辑工作也已做完，正在印刷之中。

您提出建设山水城市的号召，不少城市正在按此要求做，湖北随州市就是其中的一个。当地市长认为，城市建设要和园林建设结合起来，这里"建设山水城市"是一条贯穿始终的"红线"。他们在修订城市规划和名胜区开发工作中都按此要求做了。街巷宅院都在逐步绿化，失去了数十年的护城河也准备重新开挖。他们提出要把随州恢复建设成为山环水绕、风光秀丽、有"楚地重镇"个性特征的历史文化名城，还认为如果一座历史文化名城没有建设山水城市的观点和实践，那保护和建设名城将落得个只抓"芝麻"，而丢了"西瓜"。

"立交桥——现代城市一景"座谈会正在积极准备，计划由三个学会联合召开，时间初步定在十月中旬，您有什么想法，请指示，或作书面发言。附上给周干峙同志(他是三个学会的副理事长、中国科学院院士)的报告和他的批示，供参阅。

此致

敬礼！

鲍世行

1994 年 7 月 25 日

又及：呈上武汉大学黄添教授主编《现代城市科学词典》一书，请指正。

附：鲍世行 1994 年 8 月 11 日信

尊敬的钱老：

7 月 28 日来信收到。

我们正在积极筹备中国城市科学研究会的刊物——《城市发展研究》。周干峙副理事长希望创刊号上能刊出您对城市学的有关论述，为此恳请您的 7 月 28 日来信能在杂志上公开刊出。这肯定会对推动全国的城市科学研究起积极的作用。

您来信提及北京今后的整体规划问题，为此，我特寄上有关北京 2010 年城市总体规划的资料两本，其中一本为图集——《迈向 21 世纪的北京》，另一本为文字资料，相信您一定会喜欢这两本书。时值暑期，希望您多保重。

敬祝
身体健康！

鲍世行

1994 年 8 月 11 日

附：鲍世行 1994 年 9 月 14 日信

敬爱的钱老：

寄上《北京规划建设》两本谅已收到。这两期杂志开始对山水城市和立交桥——现代城市一景展开讨论。今年 4 月起上海的《城市导报》组织了"建设生态城市的讨论"，上海《文汇报》展开"中国应建山水城市"的讨论。这些讨论正在不断引向深入。

《城市学与山水城市》一书清样已看过，不久就可以开印、见书。

"立交桥——现代城市一景"座谈会的通知已发出（附上），定在 10 月中旬召开。我们准备把您 1 月 16 日和 7 月 28 日的来信印发给到会的专家。等开完会后再向您汇报情况。

此致
敬礼！

鲍世行

1994 年 9 月 14 日

1994 年 8 月 17 日致陈志华、楼庆西、李秋香①

（关于我悟出一个"山水城市"理想）

陈志华教授、楼庆西教授、李秋香教授②：

您 3 位 8 月 13 日来信及所赐尊著《楠溪江中游乡土建筑》③、《中国宫殿建筑》都收到，我十分感谢！4 本台湾出版的书，定价共计台币 1530 元，要是去买，我会难于下决心的。真是太感谢了！

你们专心研究我国传统建筑和乡土建筑文化，使我很感动！我们都是有几千年高度文明的中国人，怎么能丢了自己的文化传统，一味模仿洋人的建筑，搞高层方盒子？我不懂建筑这门学问，但心里总怀着这个问题，也总念念不忘梁思成教授！

有没有去路？当然要下气力研究中国的传统建筑文化，但这还不够，还应该把中国建筑风格融入中国的现代建筑中去。我近年来一直宣传我们中国人贝聿铭先生和他的创作北京香山饭店。香山饭店是现代化的，但又全是苏州园林的风味！我也从此悟出一个理想，即"山水城市"。这是出路吗？

我以上这些外行话，请你们指教。

此致
敬礼！

钱学森

1994 年 8 月 17 日

注释：

① 此信收入杨永生主编《建筑百家书信集》，中国建筑工业出版社，2000 年 3 月，第 108 页。

② 陈志华（1929—），北京清华大学建筑学院教授。

　　楼庆西（1930—），北京清华大学建筑学院教授。

　　李秋香（1955—），北京清华大学建筑学院工程师。

③《楠溪江中游乡土建筑》，陈志华、楼庆西、李秋香著，台湾汉声杂志社出版。

1994 年 9 月 15 日致鲍世行

鲍世行同志：

您寄来的《北京规划建设》1994 年第 3 期①及第 4 期②均收到；此刊印刷精美，我对您表示感谢！第 3 期 1、2 页还有我们讨论立交桥景的信。

翻看了这两期刊物也想到一个北京市规划问题似未得大家注意。人们讨论到京津唐大区域的规划，但北京市区本身不要有个安排吗？难道北京市就是扩大城区加建设几个外围小市镇吗？这就是 21 世纪的首都北京了吗？

我记得 60 年代初，毛泽东主席曾经诤过当时西德建都于一个小城市 Bonn（波恩），而工业等则分别集中于临近的几个城市，在 Rhein 河（莱茵河）下游形成一个城市职能各异而又通盘协调合作的城市体系。毛主席的这一指示是批评一味扩大老北京市区，而不建设远郊区。我现在想这里还有一个保护农田面积的问题，我国人口多，耕地少，已是大家注意的问题。这样，21 世纪的北京为什么不选市区近郊山区几个点分建有专业功能的小城市，它们与老北京作为政治、文化中心，相配合，形成大北京的有机整体，这是可能的吧！

例如金融业是现代社会中一个大行业，目前的城市规划因西二环阜成门外已有中国银行大楼，所以就设想将西二环中段建成将来的金融区。为什么不选一个近郊山区开发个金融城呢？距北京中心区几十公里，不占农田，空气也清新，不更好吗？

一主多辅，北京成为一个功能齐全的城镇体系，保护耕地。此设想有无道理呢？请指教。

此致
敬礼！

钱学森
1994 年 9 月 15 日

注释：

①《北京规划建设》1994 年第 3 期第 1、2 页发表有 1994 年 1 月 16 日钱学森

给中国城市科学研究会常务副秘书长鲍世行的一封信和 1994 年 2 月 19 日鲍世行给钱学森的复信，以及当时中共北京市委主要负责人对这两封信的批示。上述两封信都是讨论进一步美化北京城市立交桥，并将其融入山水城市的问题。该杂志在刊出这两封信时加了如下的编者按：钱学森先生对北京的城市建设一直十分关心。今年年初，他在给中国城市科学研究会副秘书长鲍世行同志的一封信中，提出了进一步美化北京城市立交桥并将其融入山水城市的建议。希望此问题能引起规划建设及学术界人士的关注，展开研究和探讨，提出切实可行的方案，以期把首都北京建设得更加美好。

②《北京规划建设》1994 年第 4 期，刊出檀馨"用'山水城市'的构思创造首都城市建设的新景气"和朱祖希"天人和谐和'徽派建筑'——从钱学森先生提出的'山水城市'说起"两篇文章。同时加了编者按：本刊上期(1994 年第 3 期)曾刊登了著名科学家钱学森先生提出的关于把首都北京的立交绿化环境融入"山水城市"的设想。为了更广泛地吸收城市规划和园林设计专家的意见，进一步完善北京的立交绿化环境设计，实现钱学森先生的构想，我们将陆续组织并刊登一组文章。欢迎各界人士投稿，就这一问题从不同侧面展开深入研讨。

1994年11月4日致鲍世行

（关于成功地召开了"立交桥——现代城市一景"座谈会）

鲍世行同志：

您10月31日信收悉。

"立交桥——现代城市一景"座谈会，由周干峙院士主持，开得很成功！这里面也有您的辛勤劳动啊！我只是一个外行人，引起专家们的认真议论实一幸事，我将好好学习与会者发表的意见。

谢谢您了！

此致

敬礼！

钱学森

1994年11月4日

附：鲍世行1994年10月31日信

尊敬的钱老：

9月15日大扎收到。来信谈及北京城市总体规划事宜。我已将此信的复印件转北京城市规划设计研究院柯焕章院长。他来电话说，您对北京城市发展的意见十分中肯。他已将信转呈有关领导，还将给您写信汇报他们最近修改总体规划的情况。

"立交桥——现代城市一景"座谈会已于10月19日召开。会议由周干峙同志（科学院院士）主持，20余位专家、学者出席。您7月28日给大家的信已转给到会专家。会上大家热烈发言，会议开得很成功。

与会专家认为，城市立交桥引起钱老的重视，说明这是件重要的事。大家认为您来信说，建筑与城市，科学技术、社会科学、艺术要综合起来考虑，十分正确。这次座谈会由城市科学研究会、风景园林学会和城市规划学会三个学会来召开就很有意义。它说明立交桥问题牵涉整个城市，需要综合考虑。同时，立交桥也是个复杂的事。我国目前修建的立交桥有个共同的特点，即都是在保持快慢车混行的条件下的立体交叉，这就增加了复杂性。

会上北京市介绍了立交桥建设的经验，特别是绿化美化的成功经验，他们认为菜户营桥的绿化搞得比较好，天宁寺桥把两棵大槐树保下来了，成了一景。今后立交桥设计中应把绿化美化的问题统一考虑起来，以免事后再来修改设计。垂直绿化不仅美化了立交桥，改善了生态环境，而且也保护了桥的立面。如果立面装饰简化一些，还能节约投资。

　　到会专家提出：值得注意的是，不要不顾条件盲目搞立交，错误地认为只有立交桥才能显示现代城市。也要注意，要恰如其分地美化。立交桥的功能性很强，首先要考虑安全。

　　此致

敬礼！

鲍世行

1994 年 10 月 31 日

附：鲍世行 1994 年 11 月 15 日信

敬爱的钱老：

　　您的 11 月 4 日来信收悉。

　　现将报道"立交桥——现代城市一景"座谈会的 10 月 26 日《中国市容报》寄上，请您一阅。

　　《城市学与山水城市》一书已出版，遵嘱寄上 10 本。书款将在稿费上扣，请勿寄来。

　　此致

敬礼！

鲍世行

1994 年 11 月 15 日

1994 年 11 月 6 日致胡兆量

（关于地理建设也是社会主义建设）

胡兆量[1]**教授：**

您 11 月 1 日来信及尊著《地理环境概述》都收到，我十分感谢！但信中您自称为学生，使我很不敢当！您是教授，我要向您学习。

我之能提出地理科学这一概念，得启示于竺可桢老院长，并取得老地理学家黄秉维先生的支持，不然我是提不出意见的。您应该把他们两位的功绩告诉学生。

北大地理学系易名，是好事。

您和陈宗兴教授、张乐育教授的书我翻看了，还没有仔细读。现有一个想法，谨向您报告：

我想我们今天对地理环境是既要认识它的现状，又要改造它；改造是为了我们社会和国家的发展进步。因此不能只讲地理环境，还要讲地理建设。现在我国西半部（即以兰州、成都、昆明南北划线的西部）是落后的。例如面积与人口有下表的情况：

	川西藏区	青藏高原	四川省	浙江省	山东省
面积，万平方公里	23	230	56	10	15
人口，万	160	550	10，590	4200	8000
每平方公里有人数	7	~2.4	189	420	530

为了 21 世纪，中国西半部要大搞地理建设才能发展。

地理建设也是社会主义建设，下分环境建设和基础设施建设。将来还有全国跨地区的调水、海水淡化等。信息高速公路建设也是 21 世纪的大事。更不说还有铁路、高速铁路、公路、高速公路、河运海运设施及船舰制造、空运和管运。还有造林绿化，改造沙漠戈壁。总之，我们要把社会主义中国建成为人间乐园！

所以您们的眼光要看得更高些、更远些！

以上当否？请指教。

此致

敬礼！

钱学森

1994 年 11 月 6 日

注释：

① 胡兆量，北京大学城市与环境学系教授。

1994 年 11 月 15 日致柯焕章

（关于近期建设千万不要为将来造成麻烦）

柯焕章院长：①

　　您 11 月 11 日来信及《北京城市总体规划(1991 年至 2010 年)》，图册都收到，对此我十分感谢！

　　我非常拥护"分散集团式"布局原则。我也想，我们也要想到 2010 年以后，我国社会主义建设的需要和新技术(如信息革命)会带来的对首都北京市的新要求，在近期建设中千万不要为将来造成麻烦。要有长远设想。

　　当否？请教。

　　此致

敬礼！

钱学森

1994 年 11 月 15 日

注释：

　　① 柯焕章，时任北京市城市规划设计研究院院长，教授级高级城市规划师。

1994 年 11 月 21 日致顾孟潮

（关于给《城市学与山水城市》一书有关人员签名留念）

顾孟潮同志：

您 11 月 17 日晚来信已收到。稿费也汇到，敬告；并致谢意！

《城市学与山水城市》的封面版式设计者赵子宽同志、责任编辑吴小亚同志、英译者顾启源同志要我签名留念，我当然应该从命。请您把书送到国防科工委吧。

此致

敬礼！

钱学森

1994 年 11 月 21 日

附：顾孟潮 1994 年 11 月 17 日信

钱学森同志：

您好！

前几日寄去的《城市学与山水城市》一书 10 册，不知是否收到？今日将该书稿酬寄去，望收到后给我一个信息。

《城市学与山水城市》一书的封面、版式设计者赵子宽、责任编辑吴小亚、英译者顾启源三位同志，希望您能给他（她）们的书签个名以作纪念。如您同意，我可将他们已送到我处的书寄给您，或者送去请您签字。不知您意如何？我也好答复他们。

致

敬礼！

顾孟潮　上

1994 年 11 月 17 日晚

1994 年 11 月 23 日致顾孟潮

（关于《The Sensual City》）

顾孟潮同志：

奉上在英刊《New Scientist》①今年 10 月 15 日期 33～36 页 Ivan Amato 写的《The Sensual City》②文复制件，供参阅。他是说 21 世纪、22 世纪建筑因新材料及新信息技术带来的革命性变化。我国的建筑师们不也应该利用这一机遇创造不背离数千年传统而又远胜过传统的新时代中国建筑吗？（此文中说到的 George Housner 是我在加州理工学院的同事，抗震专家，曾于 70 年代末来我国访问。）请考虑。

此致
敬礼！

钱学森

1994 年 11 月 23 日

注释：

① 《New Scientist》，英国著名科学期刊，月刊，译名《新科学家》。
② 《The Sensual City》，译作《有知觉的城市》。

附：顾孟潮 1994 年 12 月 6 日信

钱学森同志：

您好！

谢谢您 11 月 23 日来信及附来的材料 "The Sensual City"（译作 "有知觉的城市" 如何？）我拟请人把它译出，刊登到刊物上，以便让更多中国建筑师、规划师参考。您大概见到了，1999 年国际建筑师大会将在北京举行，大会的主题为 "21 世纪的建筑学"。您寄来的材料正符合这一主题（顺便寄去《人民日报》12 月 3 日有关此会报道的剪报）。

另：寄去《房地信息》1994 年 14 期刊登内容的复印件，供参阅、指正。

　　致

敬礼！

顾孟潮

1994 年 12 月 6 日晚

附：顾孟潮 1995 年 4 月 24 日信

尊敬的钱老：

　　您好！

　　今将《建筑学报》4 期寄您一阅，上面刊有您去年 11 月 23 日来信中推荐的文章"有知觉的城市"，因年初稿挤，故推到这期。译得如何？不妥之处请您指正（因当时我事多，故委人译的）。

　　另，4 页、5 页刊有报道我们组织的环境艺术评选的情况和周干峙同志的发言，也是从科学和艺术两个方面促进我们的城市和人类居住环境的改善，或可一读。

　　不知您近来身体如何？前几天我们去火箭研究院参观，看到您作为首任院长所开创的事业新的辉煌令人振奋。

　　近日又见报道您论地理科学一书问世，向您表示热烈的祝贺，感谢您这又一大贡献！

　　致

敬礼！

顾孟潮　敬上

1995 年 4 月 24 日

1994 年 12 月 4 日致鲍世行

（关于对"轿车文明"讨论）

鲍世行同志：

《城市学与山水城市》①书已由顾孟潮同志送来，我对您二位真是感谢不尽。

我近见报纸上对"轿车文明"有热烈讨论，我读后也颇有感慨！我从前在美国 20 年，对他们的"轿车文明"是有体会的：一方面生活必需，另一方面又带来污染、噪声、杂乱拥挤。40 年代听说西欧对"轿车文明"多有指责。但到 1987 年我到英国和当时的西德，则"轿车文明"也同样在那里泛滥！我们社会主义建设也一定要走这条路吗？奉上剪报复制件②请阅，并思考。

我看这实关系到我们到 21 世纪要建什么样的城市：

1. 城市如实现"山水城市"，则在一个建筑小区中，住家、中小学校、商店、服务设施、医疗中心、文化场所等日常文明设施都具备，人走路可达，不用坐车。

2. 由于"高速信息公路"、信息革命，多数人可以在家通过信息网络上班，不用奔跑了。

3. 建筑小区之间有大片森林花木，是公园，居民可以游憩或作运动锻炼身体。

4. 人们当然也会要远离小区访亲友、游览等，那又有高效的城市公共交通可供使用。

5. 再远就用民航、高速铁路、水路船航等。

所以社会主义中国完全有可能避开"轿车文明"。但这是城市学的一个大课题，您的研究会不该考虑吗？③

此致

敬礼！

钱学森

1994 年 12 月 4 日

注释：

① 系指鲍世行、顾孟潮主编的《杰出科学家钱学森论：城市学与山水城市》(第二版)，中国建筑工业出版社，1996 年 5 月出版。

② 剪报复制件包括：

1. 郑也夫"轿车文明批判"原载《光明日报》1994 年 8 月 9 日。

2. 樊纲"轿车文明辨析"，原载《光明日报》1994 年 11 月 8 日。

3. 远征"福兮祸所伏——鼓励轿车进入家庭的忧思"，原载《科技日报》1994 年 12 月 2 日。

③ 根据钱学森的意见，中国城市科学研究会于 1995 年 3 月 16 日召开了"轿车与城市发展学术讨论会"，《瞭望》1995 年第 18 期作了报道。

附：鲍世行 1995 年 5 月 4 日信

尊敬的钱老：

您 1994 年 12 月 4 日给我的信拟以文章的形式在《城市发展研究》第二期刊出，可否？现将修改稿寄上，请您过目后尽快寄回，以便排版。

根据您来信的意见，中国城市科学研究会于 3 月 16 日召开了"轿车与城市发展"学术讨论会，《瞭望》杂志 18 期已作了报道，现将记者陈日的文章附上，请您一阅。

此致

敬礼！

鲍世行

1995 年 5 月 4 日

1995 年 1 月 25 日致鲍世行

（关于不会忘乎所以地乐观）

鲍世行同志：

您元月 14 日信①收到。我十分感谢您对我的鼓励！

但我也不会忘乎所以地乐观！对山水城市的说法也一定会有强烈的反对意见。

春节即将来临，我还要祝贺您

节日阖家欢乐！

钱学森

1995 年 1 月 25 日

注释：

① 系指 1995 年 1 月 14 日鲍世行给钱学森的信，该信祝贺钱学森教授荣获首届何梁何利科学基金优秀奖。

附：鲍世行 1995 年 1 月 14 日信

敬爱的钱老：

欣悉您荣获首届何梁何利科学基金优秀奖，特此向您表示最诚挚的祝贺！您是我国广大科技工作者的杰出代表，因此您获此殊荣，不仅是您的光荣，也是广大科技工作者的光荣。您的获奖，说明您已经在发展祖国科技事业和推进我国现代化建设中作出了宝贵的贡献，您长期辛勤劳动已经绽开了奇葩，结出了硕果，特别是您倡导的关于城市学和山水城市的探讨，已经在广大城市科学工作者中引起了回响，取得了积极的成果。您的这些成就必将载入我国科技发展的光辉史册。

鲍世行

1995 年 1 月 14 日

附：鲍世行 1995 年 4 月 6 日信

敬爱的钱老：

今转寄天津城市科学研究会《城市》稿费 30 元，估计不久即可收到。现将《城市》1995 年第 1 期寄上。

同时寄上《城市发展研究》试刊第 1、2 期，请您指正。第 1 期刊出了您给城市科学研究会的函，第 2 期吴良镛先生"无锡市规划建设面临的重大决策"一文谈及山水城市的问题。

1994 年 12 月 4 日来函已收到，拟在下期刊出。因为下期的主题是城市交通。

《城市发展研究》是中国城市科学研究会主办的学术刊物，主要工作是我在搞，您读后请多提宝贵意见。

此致
敬礼！

鲍世行

1995 年 4 月 6 日

1995 年 2 月 4 日致顾孟潮

（关于新建筑一定是充分利用高新技术的）

顾孟潮同志：

春节刚过，今天又是立春，"万象更新"了！

要更新，不能保守。21 世纪即将来临，我们在建筑上也要有准备。如下个世纪的建筑会是什么样的？奉上复制件①给我们启发：新建筑一定是充分利用高新技术的。

这一观点，我国建筑界似讨论得不够。您能促进大家更多重视高新技术的应用吗？请酌。

此致
敬礼！

钱学森

1995 年 2 月 4 日

注释：
① 系指介绍瑞典利用太阳能的节能建筑的文章。

附：顾孟潮 1995 年 2 月 12 日信

尊敬的钱老：

您好！

日前收到您惠赠的尊著《科学的艺术与艺术的科学》一书十分珍爱，立即拜读，特别是有关思维科学和论述科普工作的部分，更使我感到深受启发，逢人便向他们推荐此书。只是昨天去朝内大街 166 号的人民出版社门市部询问，却不出售此书，不知是何原因？学术著作在我国一难出版，二难买到，图书馆又限于资金许多书都不进，这对我国的文化科技发展极为不利。

前两天又收到您 2 月 4 日信和 1 月 28 日《经济参考报》载文的复印件，嘱咐我们"新建筑一定要充分利用高新技术"，并让我促进此事。我一定按您的指示办。只因近日身体不适，故迟复信请谅。

此致
敬礼！

顾孟潮　上

1995 年 2 月 12 日

附：顾孟潮 1995 年 2 月 27 日信

尊敬的钱老：

您好！

今有一事请示您，即：中央人民广播电台，为增强全民族的科学与文化意识，加强科技与文化艺术的交流，该台文艺部综艺节目将于 1995 年 3 月开设"科技与人类未来"栏目，着重介绍本世纪末到下世纪初前沿学科的发展，将对人们的日常生活以及社会文化产生哪些重大影响。

首次播出时，拟采访科技界和社会科学方面的知名人士。他们十分希望请您能在百忙之中抽出时间谈一谈科技发展与社会科学和艺术的关系，让我向您请示一下，能否占您一点时间，录点您的谈话后在首播时播出。如同意，具体时间地点请您定后，请涂秘书通知我，我再告知中央人民广播电台，如何？

另：见今日《人民日报》载您谈沙区开发的最新设想，很受启发。我在新疆工作 17 年，对沙漠和戈壁滩有不少切身感受，从城市建设、规划和建筑方面沙区开发也有不少工作要做，这方面事有机会再向您汇报。

致
敬礼！

顾孟潮　上

1995 年 2 月 27 日

1995 年 3 月 12 日致吴传钧

（关于地理科学大有作为）

吴传钧院士：

我非常感谢您赐的尊作《中国土地利用》及《重负的大地——人口、资源、环境、经济》！

现在我只是大致翻阅了这两本书，但已深感在社会主义中国，我们的前途在于运用现代科学技术和马克思主义科学的社会科学改造我们地理环境，使之成为"人间的天堂"！

中国的沙荒、沙漠、戈壁是可以改造为绿洲的，草原也可以改造为农畜业联营，等等；这样，就是中国的人口发展到 30 亿，也可以丰衣足食！

地理科学大有作为呵！

我向宁淑同志问安！

此致

敬礼！

钱学森

1995 年 3 月 12 日

1995 年 3 月 12 日致张承安

（关于"反吸引体系"实是城市学的一部分内容）

张承安教授：

您近日来信及尊作《反吸引体系——现代城市规划理论》都收到，我十分感谢！

我初读此书认为"反吸引体系"实是城市学的一部分内容，很重要。待我学习后，如有所得，再向您报告。

此致

敬礼！

钱学森

1995 年 3 月 12 日

1995 年 4 月 2 日致高介华

（关于建筑师们同城市专家们的合作）

高介华①主编：

您 3 月 23 日信②及《华中建筑》③1995 年第 1 期都收到，我十分感谢！

既然建筑界已由以往的个人表现主义倾向转到重在解决社会的实际问题，那建筑师们不该同城市学的专家们合作吗？我翻看了所赠刊物，似乎都是建筑师们的发言，那去年的泉州会议就没有城市学家们参加吗？如就在您身边的武汉城建学院张承安教授，他不是著述很丰吗？没有城市学家们参加讨论城市建筑又怎能深入探讨城市建筑的整体美？

此议当否？请示。

此致

敬礼！

钱学森

1995 年 4 月 2 日

注释：

① 高介华，《华中建筑》主编，教授。

② 系指 1995 年 3 月 23 日高介华给钱学森的信。

③《华中建筑》杂志，中南建筑设计院、湖北省土木建筑学会主办的建筑科技期刊，季刊，国内外发行。

1995 年 4 月 2 日致高介华

高介华主编：

附上北京大学城市与环境学系胡兆量来函及论文①，供参阅。

此致

敬礼！

钱学森

1995 年 4 月 2 日

注释：

① 胡兆量论文"对生态城市的探索——深圳华侨城的启示"，刊于《华中建筑》1995 年第 3 期。文前摘登了钱学森 1995 年 4 月 2 日给《华中建筑》编辑部的信，并加了编者注释。论文分 5 部分：(1)生态城市的特征；(2)环境是生态城市的基础；(3)文化是生态城市的灵魂；(4)生态优势促进产业演替；(5)生态城市规划的系统性、宏观性和超前性。

胡兆量"对生态城市的探索——深圳华侨城的启示"文前引了钱学森对当前建筑界讨论城市建筑问题时该同城市学家合作的一些看法。

《华中建筑》编者按：将于 1996 年 6 月举行的"建筑与文化国际学术讨论会"的筹备工作会议已对钱学森先生的意见作了认真的讨论，并将在"讨论会"中予以贯彻。

钱学森先生以科学家的敏锐眼光、洞察力和极大的热忱密切关注着我国社会主义新型城市的建设。他在 1992 年 10 月 2 日给顾孟潮的信中曾提到"山水城市"一说，实际上，在此前与吴良镛先生就城市科学的论谈中早已提出了这一思想。1993 年 2 月 11 日，中国城市科学研究会、中国城市规划学会、中国建设文协环境委员会就"展望 21 世纪中国城市——中国城市模式应是'城乡与山、水、天一色'"这一主题举行了专门的"山水城市讨论会"。在这次会议上，钱学森先生作了以"社会主义中国应该建山水城市"为题的书面发言，对山水城市学说作了精辟的阐释。最后还强调指出："山水城市不该是 21 世纪的社会主义中国城市构筑的模型吗？"诚然，西方学者在本世纪前期已提出过"田园城市"一说，尔后赖特所倡导的"广亩城"实际上就是田园城市。"广亩城"实源于中国老子的"小国寡民"思想，与现代城市的发展甚相径庭。"山水城市"学说具有明晰的科学概念和东方文化色彩，对我国的新型城市建设具有超前的理论指导意义。东方哲学思想在自然哲学、科学哲学领域的回归，不会不对城市学产生影响，无疑，这一学说必将有广阔的深化和发展。钱学森先生转给本刊的"对生态城市的探索"一文是作者在全国市长研究班讲授的教案之一，文中对深圳华侨城从生态学原理出发所确立的规划体系以及该规划实施后所显现的成功，作了详尽的分析、介绍，兹予刊布，以飨读者。

1995 年 4 月 19 日致高介华

高介华教授：

您 4 月 10 日来信及《建筑与文化论集》、《南国名都江陵——它的历史与文化》都收到。我十分感谢！

但我也十分不敢当，您对我过奖了，对建筑我实不在行，今后一定把您送来的书刊好好学习，它是社会主义中国精神文明建设中文化建设的一个重要部分。

再次致谢！

此致

敬礼！

钱学森

1995 年 4 月 19 日

附：高介华 1995 年 4 月 10 日信

尊敬的学公老师：

您老 4 月 2 日手教敬悉，惠赠的《科学的艺术与艺术的科学》一书及所推荐的胡兆量教授的论文（及信）都收到。

捧读您老来信及所寄诸件，不忍释手，深感您老身负国防科技重任，犹对国家人民的普遍建设如此关注，其情其心使学生从心底惊叹而又感动。

您老以科学家察微知著的思维品格和政治性的高瞻远瞩，落笔数语，使我辈后学茅塞顿开，得到极大的启发教导，从而有径可循，深作思考。

"泉州会议"的代表中，虽然也有不少土地规划局长、建委主任，还有戴复东（同济大学建筑城规学院名誉院长）、宋启林（当代土地学者，曾主持深圳等市城市总体规划）……等不少城市规划方面的专家学者，但会议中对于城市规划的讨论甚少，更没有上到城市学的高度来讨论城市问题。问题不在于到会代表，而在于我们对会议的引导就缺乏见解。正因您老此次信中的提示，对于明年的"建筑与文化国际学术讨论会"，我们当首先在议题方面有所扭转，并多邀请像张承安这样的城市学专家出席。

西方学者在本世纪前期提出过"田园城市"一说，赖特（Frank L. Wright）所倡导的"广亩城"实际上就是田园城市。但愚以为"田园城市"是不可能实现的。因为"田"蕴含有面积的量概念，即便是屋顶上的"无土栽培"，也不可谓为田。至于"广亩城"实源于中国老子的"小国寡民"思想，这与人类社会的发展难以合拍。国内近年还出现有"隐形城市"之说，这也不切实际。惟有"山水城市"一说指称明确，具备有内涵和外象表征意义。"山水"可以是顺应天然，也可以是人工创造，既含属和等差，又具有随意性，因而，是一个比较科学的概念。对此，您老亦有所定义："山水城市的设想是中外文化的有机结合，是城市园林与城市森林的结合。"

我认为，"山水城市说"不但立足于科学，概念本身具有科学性，且富有东方文化色彩，蕴含了传承与发扬；由于东方哲学思想（含自然哲学，科学哲学）的回归，不会不对城市学方面产生影响。

我不太赞成"生态城市"的提法，正由于不能从"生态建筑学"引发出一种"生态建筑"来。我对于"生态"的理解是：生物及与生命之源（含非生物）之间的关系所由产生和构成的一种环境形态谓为生态。"生态"可以兼指正、负的两种形态，即和谐的和不和谐——被破坏了的失控的形态，"生态城市"这个概念是混沌的。

城市、建筑、环境虽不如国防那么有直接的利害攸关，但对于人类、国家、民族、地区、城市、聚居所在具有长远的生存、生活方面的意义。因此，我把吴良镛先生强调的"人聚环境"问题视为人类进入新世纪的新课题，而山水城市却带有关键性，因为世界上将有50%以上的人口进入城市。

您老主编的《关于思维科学》一书，我一直珍藏，特别是"关于思维科学"和"技术科学中的方法论"等文使我倍受教益。

从《科学的艺术与艺术的科学》一书中，瞻仰到您老和家庭成员在几个不同年龄时间的风采，十分可贵而又极富情趣。

此书还来不及细读，我只能望文生义地以为：科学具有艺术性，从艺术可以引发科学思维；反之，艺术随科学技术的发展而发展，建筑艺术尤为突出，纯艺术也未必不然。与古代艺术相比，现代艺术之发展，无论在物质（指艺术手段）和精神（指艺术意识）都含有科技因素；甚至纯语言文字的文学也难以与科学技术脱节。

兆量教授的文章，我拟在本刊刊发，今寄呈"三门峡会议"的《论集》和《南国名都江陵》各一本，请您老教正。楚文化之奇谲灿烂与同时代的希腊文化东西辉映，特别是楚艺术之奇谲不可思议，与以模仿为本的希腊艺术相比又别树一帜。今年，《楚学文库》（"第八个五年计划"重点出版物）将面世，我写了其中的《楚国的城市和建筑》，届时亦当寄呈，请您老教正。匆此。

敬祝您老

身体健旺！

阖家康福！

学生

高介华拜

1995 年 4 月 10 日

1995 年 5 月 1 日致顾孟潮

（关于山水城市与现代科学技术）

顾孟潮同志：

今天是五一国际劳动节，我谨向您致以节日的祝贺！我也非常感谢您 4 月 24 日来信①及寄来 1995 年第 4 期《建筑学报》；我也高兴地看到"有知觉的城市"②一文能够与我国读者见面，介绍了高新技术在建筑中的应用。

武汉高介华同志来信说，他不大同意生态城市的提法，他更倾向于用"山水城市"，因为后者更有中国文化的味道。我想讲要有中国文化，并不排除在建筑和城市建设中充分应用现代科学技术；相反，我们应将二者融为一体，构筑 21 世纪的"山水城市"！此意不知当否？请教。

此致

敬礼！

钱学森

1995 年 5 月 1 日

注释：

① 顾孟潮随信寄去刊有"有知觉的城市"一文的《建筑学报》1995 年第 4 期，并祝贺《钱学森论地理科学》一书问世。

② "有知觉的城市"原刊《New Scientist》，15，October 1994，译文刊于《建筑学报》1995 年第 4 期，作者为［美］伊凡·阿马托，译者为顾仲梅。

1995 年 7 月 4 日致顾孟潮

（关于美感和建筑美）

顾孟潮同志：

　　您 6 月 30 日来信①及尊作"建筑美学四题"②均收到，对此我十分感谢！

　　美感是主观的，不同文化的人有不同美感。我记得从前鲁迅先生就说过：老太爷认为美的，长工们就不认为美。所以建筑美是讲对什么人的美？您以为如何？

　　此致

敬礼！

钱学森

1995 年 7 月 4 日

注释：

① 系指 1995 年 6 月 30 日顾孟潮给钱学森的信。

② 顾孟潮"建筑美学四题"一文刊于《世界建筑》1995 年第 1 期。

1995 年 7 月 5 日致顾孟潮

（关于垂直绿化）

顾孟潮同志：

　　奉上一剪报复制件①供参阅。

　　这一发展是大有利于搞山水城市的，希望我国建筑师们能利用它。

　　此致

敬礼！

钱学森

1995 年 7 月 5 日

注释：

　　① 系指刊于 1995 年 7 月 4 日《科技日报》第 7 版的报道"大都市盼望垂直绿化"一文。

1995 年 7 月 9 日致顾孟潮

（关于建筑师应利用灵境技术）

顾孟潮同志：

　　奉上英刊《New Scientist》1995 年 6 月 10 日 34～37 页文的复制件，供参阅。这是讲利用电子计算机创作的灵境技术（virtual reality）[①]可以帮助人设计建筑，我想这是电子计算机辅助人的形象思维，建筑师应利用这一新技术。请酌。

　　此致

敬礼！

钱学森

1995 年 7 月 9 日

注释：

　　① 灵境技术（Virtual reality）也有译作"虚拟技术"。

1995 年 9 月 14 日致鲍世行

（关于"北京市水环境"一文）

鲍世行同志：

又有一段时间未通信了，您好！

昨见《北京日报》第 7 版有谭徐明同志文①讲北京市的水环境问题，颇受启示；因为这也可以作为一篇讲"山水城市"的好文章。为此奉上其复制件供参阅。

您认得这位在中国水利水电科学研究所的谭徐明同志吗？

此致

敬礼！

钱学森

1995 年 9 月 14 日

注释：

① 系指谭徐明"水环境对北京城市的造就——兼论北京城市建设中水环境保护和利用"一文。谭徐明，中国水利水电科学院水利史研究室时为高级工程师。

附：鲍世行 1995 年 10 月 11 日信

尊敬的钱老：

刚从贵州遵义和云南丽江出差回来，收到您 9 月 14 日来信和附来谭徐明同志"对北京城市建设中水环境保护和利用的建议"一文。谢谢您的关心和支持。我当即和谭同志联系请她把稿子的全文寄来，以便在《城市发展研究》上全文刊出（《北京日报》只刊出后半部分）。谭徐明同志是位女同志，她在中国水利水电科学院水利史研究室工作，据说水利史研究室的历史比水利水电科学院还早。

我最近工作较忙，疏于问候，请原谅。不久前我出差浙江金华和湖南长沙，都是关于历史文化名城保护、建设的事情，其中在金华的发言已在《中国名城》杂志刊出，现送上请您指正。九月份我又忙于在南京召开第二届海峡两岸城市发展研讨会之事，会后又陪同他们（台湾同行）参观、考察南京、扬州、上海等城市，大家反映这次接待很成功。最近又去贵州遵义参加全国历史文化名城的学术年会，会后与郑孝燮同志同去云南丽江调查，目的是为了将丽江名城向联合国申报世界文化遗产。

还有一件事要向您汇报。就是最近 10 月 1 日～15 日在日本名古屋举行世界公园节，其间在 3～4 日召开了"世界公园会议"。在会议的宣言中提到了"山水城市"的概念。但会上有位法国代表听到宣读"宣言"后在下面说：从"宣言"上下文联系看，似乎"山水城市"这个概念是日本提出的（"山水城市"的拼音也不正确）。为此出席会议的我国代表就此提交了一份备忘录，说明这个概念是由我国城市规划师和科学家首先提出的，并就此问题已经讨论了两年。回国后又寄去了我写的英文论文"论山水城市"的提要（注：见本书第 704 页）。

不管怎么说，这是一件好事，因为"山水城市"的概念已被国际学术界接受了。前一段时间，国内学术界有一些人对此讨论保持沉默，或有保留意见（国际会议上，国外代表反映倒很强烈），因为建设部提出过"园林城市"，而且已在全国评了几个城市为"园林城市"；林业部提出过"森林城市"；生态学界还提出过"生态城市"，所以有人怀疑还要不要再提"山水城市"。现在国际会议上也提"山水城市"了，有人也就来关心这个问题了。

趁此大好时机，我已向建筑工业出版社提出能不能重印《城市学与山水城市》一书。因为此书印数太少，很多人想买都没有买到。现在出版社正在考虑重印问题。不知您对此事有何看法？

此致
敬礼！

鲍世行

1995 年 10 月 11 日

1995 年 10 月 22 日致高介华

（关于山水城市的看法）

高介华主编：

我近日收到贵刊①1995 年第 3 期，读后深受教益，谨此表示感谢！

明年 6 月将举行的"建筑与文化国际学术讨论会"②是一次有重要意义的会议，所以我也在以下再说几点有关山水城市的看法，供您参考：

1. 这期刊物首篇胡兆量的文章③讲生态城市的问题，我认为也很好。因为生态城市实是我说的山水城市的基础——物质基础。建设山水城市要靠现代科学技术，例如现在正兴起的信息革命就可以大大减少人们的往来活动，坐在家里就能办公，因此有可能在下个世纪解决交通堵塞，空气噪声污染，从而大大改进生态环境。

2. 山水城市则是更高层次的概念，山水城市必须有意境美！何谓意境美？从这期刊物喻学才的文章、史弘的文章可见一斑，意境是精神文明的境界，在文艺理论中有许多论述讲意境。这是中国文化的精华。

3. 附上《北京日报》1995 年 10 月 13 日 7 版讲何镜涵写意楼阁山水画一文的复制件④，我认为何镜涵追求的就是山水城市的意境。

另一复制件是《光明日报》1995 年 10 月 13 日 6 版一篇讲日本设想的未来城市⑤，那真是一点山水城市的味儿都没有了！

以上意见如有不当，请教。

此致

敬礼！

钱学森

1995 年 10 月 22 日

注释：

① 指《华中建筑》。

② 系指 1996 年 6 月 14～16 日在长沙市召开"建筑与文化国际学术讨论会"。钱学森先生对此会非常关心，专门写信，并由鲍世行在会上向大会汇报了钱学森 1996 年 6 月 4 日接见鲍世行、顾孟潮、吴小亚时的讲话。

③ 胡兆量"对生态城市的探索——深圳华侨城的启示"一文。

④ 系指卓成栋"写意楼阁山水第一人"一文。

⑤《光明日报》1995 年 10 月 13 日 6 版载"日本设想的未来城市",周继平文。

附：高介华 1995 年 10 月 7 日信

学公先生尊鉴：

伏维您老身体健旺，时深遥祝为念。

您老所寄北大胡兆量"对生态城市的探索"一文，刊于《华中建筑》1995 年 3 期，上月已寄发，想已达尊案。

您老 4 月手教中对去年泉州会议的看法，摘登于文前，我还写了一段编者的话。

从目前城市规划的情况看，各地规划局莫不强调"容积率"。实际上是把建筑的高密度引向立体化。二三万平方米的建筑物也大搞高层，向香港看齐，这样一来，城市中是混凝土柱如林，还谈什么山水城市！这不是什么失控、而是强化。

为什么别人已在走回头路，而我们仍一味地要重蹈覆辙？

汉口的一座好好的新华饭店，建成没几年，就炸了，至今是一堆废墟。今年又把建国后唯一的一座有标志性和历史文化意义的"中苏展览馆"炸了，这一片废墟什么时候能扫除，谁也不知道。

现在，外商老板的一句话比圣谕还厉害，可是后果已明显地在摆着，真是不可思议！

《华中建筑》历来重国策、国情、民情、民俗，打从它创刊的第一篇文章就对悉尼歌剧院、香山饭店提出了批判。我们将继续持此立场，并亦为山水城市学说的深化和发展作出自己的贡献。

伏望您老珍重。

肃此　敬请

教安！

后学

高介华　泐上

1995 年 10 月 7 日

附：高介华 1995 年 11 月 6 日信

学公先生尊鉴：

10 月 22 日手教奉悉，附寄剪报文章二篇，亦俱收到。您老如此细致，诚令晚惊叹且感动在心。

信中的三点看法和意见，晚考虑如下：

1. 即复印发湖南大学，请在明年的"建筑与文化"1996 国际学术讨论会（1996' International Symposium on Anchitecture and Culture）上列专题（关于山水城市学说及城市学问题）讨论。

2. 三点看法和意见及卓、周二文拟刊于《华中建筑》1996 年第 2 期卷首（第 1 期早已发排）以飨广大读者。此刊可及时发到国际学术会议的代表手中。

晚觉得"三点"实际上是对"山水城市"概念的进一步诠释和完善。

"山水城市"含有广博深厚的文化内涵，其基点又是不断发达的科学技术，具有超前的时代性，得提醒人们别误解为隐士乐园。

卓、周二文，晚已拜读，得益匪浅。书、画、雕刻、建筑，在中国历来可谓一家，互相融汇渗透。王维是诗人，又是画家，且参禅，他的辋川别业的设计全出之于画意，此之谓意境——立意为先。

您老关于发展城市山水画的建议，晚已将之刊于《华中建筑》1996 年第 1 期的卷首。与此同时，刊载了中南建筑设计院高级建筑师张声著绘制的"圆明园四十景图"（以后陆续刊载）。此四十景图系经充分考据后绘制（彩图）。因出自建筑师的手笔，与何镜涵的画风自又不同。

至于日本那些对未来东京建设的设想和计划，以晚之浅见，这些设想和计划自也有其产生的缘由、需要和条件，不如涵盖于山水城市学说之中。至于他们能采取什么途径和方法也赋予"山水"化，那就看他们的需要、条件、本领和技巧。因为"山水城市"可视为是城市人聚环境的全方位优化，而优化可有程度之不同，模式也非一格。如果时代越进步，人聚环境越劣化，也是不可思议的。晚这种理解很可能是错误的，还祈先生教正。

谨此　敬请
颐安！

后学
高介华　泐上
1995 年 11 月 6 日

1995 年 10 月 25 日致鲍世行

（关于要对山水城市作深入的探讨）

鲍世行同志：

您 10 月 11 日①及 13 日②来信及附件③都收到，谢谢！

山水城市的设想能被更多的人所接受和理解是件好事。但我们还要对山水城市作深入的探讨，逐步加深理论。

我于 10 月 22 日曾去信高介华同志论及此事，现奉上其复制件，供参阅，并请指教。

此致

敬礼！

钱学森

1995 年 10 月 25 日

注释：

① 系指 1995 年 10 月 11 日鲍世行给钱学森的信。该信主要说明山水城市的理念正在被更多的人关心、理解和接受，特别是 1995 年 10 月 3～4 日，在日本名古屋召开的"世界公园会议"上通过的会议宣言中引入了"山水城市"的概念。

② 系指 1995 年 10 月 13 日鲍世行给钱学森的信。随信附去《1995 年世界公园大会宣言》和我国出席世界公园大会代表，建设部城市规划司副司长陈晓丽给世界公园大会主持人的备忘录。备忘录称："早在两年前'山水城市'已经成为中国城市规划师和科学家们讨论的热点……我们在翻译山水城市时，通常采用音译的方法，译为'Shan-shui city'。"备忘录还说："按照我国的地理特征和历史传统习惯，'山水'（Shan-shui）两字表达的是我们对于大自然的感受和艺术上的抽象的概括。这个抽象的概括是指自然景观一定要与城市更好地结合或者融于其中。"

《1995 年世界公园大会宣言》是这样表述"山水城市"的：为了创造一个多心社会（Society with multiple cores），新兴的花园城市环境，是把城市的公园和开敞空间与周围乡村地区联结起来，通过物质和社会的二者联系得到实现。这种公园概念不仅是西方国家发现的，而是在传统的日本土地使用体系中既有的。山水城市（Shan-shui city 指有山和水的城市），与周围乡村联结成一个整体的城市，可以认为是亚洲式的一种花园城市。

③ 系指《中国名城》1995 年第 3 期。内有鲍世行"保护名城金华的战略构想"一文，该刊刊登此文时加了编者按：本文为本刊编委鲍世行先生在金华申报名城汇报会上的发言。征得作者同意在本刊发表。文章虽然是针对金华而谈，但很多内容对当前名城保护和发展具有普遍意义。文章涉及的建设山水城市，重点抓旧城，开拓新区，疏解旧城，运用历史文化轴线手法，开辟旧城区为步行区，建设滨江文化带以及开展地域文化研究等问题均有一定理论价值。文章深入浅出，侃侃而谈，可读性很强，相信读者阅后必有裨益。

附：鲍世行 1995 年 10 月 13 日信

尊敬的钱老：

刚刚寄出一信及杂志等谅已收到。

现将建设部城市规划司陈晓丽副司长给世界公园大会主持人备忘录呈上，供您参阅。

此致

敬礼！

鲍世行

1995 年 10 月 13 日

附：陈晓丽给世界公园大会主持人备忘录

再次感谢对我的邀请，使我有机会参加这样一次有意义的成功的会议。我高度评价您们对会议所作的卓越的工作。

在我回中国之前，我应把我的意见留给您们。供您们修改完善此次会议的宣言时参阅。

早在两年前"山水城市"已经成为中国城市规划师和科学家们讨论的热点。按照辞典"山水画"是"landscape painting"，"山水城市"应当是"landscape city"，然而在城市规划术语中我们已经把"landscape city"译为"风景城市"。因此，我们在翻译"山水城市"时，通常采用音译的方法，译为"Shan-shui city"。

按照我国的地理特征和历史传统习惯，"山水"(Shan-shui)两字表达的是我们对于大自然的感受和艺术上抽象的概括。这个抽象的概括是指自然景观一定要与城市更好地结合或者融于其中。回中国之后我将与其他的中国城市规划专家讨论这一术语的翻译问题。我希望以后我们在这一领域将有更多的交流。

谢谢各位。

陈晓丽

1995 年 10 月 4 日

附：1995 年世界公园大会宣言

1. 一个公园必须继承该地域的地方景观与文化。公园在整体上作为一种文明财富存在，必须保持它所在地方的自然、文化和历史方面的特色。

2. 城市都在大自然之中。为维持城市的自然特性必须建设绿廊和绿网。这种开敞的空间网络应当不仅是为了舒适而设，也是预防自然灾害、保护城市生态系统所需要的。

3. 公园发展的持续需要是以现代城市规划理论为基础的，然而，21世纪的城市内容，应把更多的公园设想汇集在一起，这样才能创造新的"公园化城市"。

4. 公园使我们联想到记忆中的许多场景。为了丰富一种"田园风格"的公园的内在素质，必定由公共部门参与，发展具有不同特色的公园。社区参与是非常必要的。

5. 为了创造一个多心社会（society with multiple cores），新兴的花园城市环境，是把城市的公园和开敞空间与周围乡村地区联结起来，通过物质的和社会的二者联系得到实现。这种公园概念不仅是由西方国家发现的，而是在传统的日本土地使用体系中既有的。山水城市（Shan-shui city 指有山和水的城市），与周围乡村联结成一个整体的城市，可以认为是亚洲式的一种花园城市。

6. 当我们回顾田园牧歌内容时发现，在信息革命中这一过程将会加速。公园和乡村地区中的每一个人都能与他的家庭、朋友，自然与文化之间进行交流，而且这种交流将比以往任何时候都更为重要。

7. 按照"地球是一个公园，城市是一个花园"的内容，21世纪的公园必须动员社区参与，即动员公众因素和专业人员参与才能实现。我们相信这次世界公园大会，通过来自全世界的演讲者的接触和讨论，将对于未来公园概念的诞生作出巨大的贡献。（顾孟潮译）

1995 年 10 月 26 日致顾孟潮

（关于要用哲学来开拓视野）

顾孟潮同志：

您 10 月 24 日来信及尊作"关于《中国建筑艺术史》的思考"①都收到。您这篇文章是我学习的好资料，我想其中也一定有您将去东南大学讲授"建筑哲学"的内容，史与哲是紧密相关的！在今天的中国讲"建筑哲学"意义重大，它与我们提倡"山水城市"有关；我们要用哲学来开拓我们的视野，把一个城市作为一座整体建筑来考虑。此意您以为如何？请教。

再版《城市学与山水城市》②确实令我高兴。但我近年没有再写有关文章，写的都是与您、鲍世行同志和高介华同志的信件；这些你们都有，请您和鲍世行同志看看是否可以录用。我近日去信高介华同志讲到生态城市思想与山水城市的关系，并讲到山水城市要有意境美。此信已复制送鲍世行同志。

最后，再祝贺您开讲"建筑哲学"！

此致

敬礼！

钱学森

1995 年 10 月 26 日

注释：

①"关于《中国建筑艺术史》的思考"一文，刊于中国艺术研究院《科研动态》的《中国建筑艺术史》统稿会专辑。

②《杰出科学家钱学森论：城市学与山水城市》（增补版），1996 年 5 月中国建筑工业出版社出版，主编：鲍世行、顾孟潮。

附：顾孟潮 1995 年 10 月 24 日信

尊敬的钱学森同志：

您好！

现有一个好消息报告您，在中国建筑工业出版社现任社长刘慈慰同志的大力支持下，《城市学与山水城市》一书准备再版，并同意增补一部分内容，因为第一版已经销罄。您若对再版有何想法、指正及拟补点什么内容，望及时告诉我们。我和鲍世行同志正在积极为再版和增补内容做准备工作。

另，将我"关于《中国建筑艺术史》的思考"——在《中国建筑艺术史》统稿会上的发言的复印件寄您指正。

第三件事是报告您，东南大学准备开设建筑哲学课，并拟请我担任客座教授开此课，我真有些受宠若惊。因为这是在我讲学时传达了您去年 11 月 4 日给我的信，问及"我们的高等建筑院校是否开有建筑哲学课"后他们决定的。学校非常重视您的想法，我只好从命，特报告您，并望给予指正。

致
敬礼！

顾孟潮

1995 年 10 月 24 日晚

1995 年 11 月 7 日致鲍世行

（关于"中国山水文化精神"）

鲍世行同志：

我近读 10 月 4 日《人民政协报》1 版江溶写的"中国山水文化精神衰落了?"①（附上该文复制件），感到提出"中国山水文化精神"是很有意义的。"中国山水文化精神"不就要求我们的城市应该向"山水城市"去建设吗? 这种思想是进一步提高我们"山水城市"的概念，并将它深化了。

此意是否妥当? 请教。

此致

敬礼!

钱学森

1995 年 11 月 7 日

注释：

① 江溶"中国山水文化精神衰落了?"一文认为：山水文化精神，不仅是中国人文精神的一个重要组成部分，而且在很大程度上体现了中国文化的精神。因此，能否认识和弘扬中国山水文化精神，就关系到国魂的重铸这一重要问题。

1995 年 11 月 14 日致高介华

（关于山水城市为人民的社会主义内涵）

高介华主编：

您 11 月 6 日赐函及"御街行·国魂"词①稿拜读。我非常感谢！但我也很不敢当，我尚须努力！

我们的山水城市还有一个内涵，这和国内同志要多讲，即其为人民的社会主义内涵——要让大家安居快乐，不是少数人快乐，而多数人贫困。在资本主义国家就不是这样，例如美国大资本家都独居于他们各自的庄园，是"山水城市"了，而一般人民大众呢？却是另一样景象！所以说透了，山水城市是社会主义的、中国社会主义的，我们把我国传统文化和社会主义结合起来了。此意当否？请教。

此致

敬礼！

钱学森

1995 年 11 月 14 日

注释：

① "御街行·国魂"原词为：

金元休买炎黄豸。重重阻，仇仇视。鲲鹏奋翅逾重洋，誓报醒狮雄鸷。宏才敏学，物由动力，魂系中华赤。卫星高奏东方智。碧眼拭，人欢炽。腾空火箭射重霄，冉冉功标麟磊。思维贵引，城还山水，烂漫神州市。作者并加题解：学森先生，我国科学泰斗，于国防建设功莫大焉。其于我国城市人居环境之建设高瞻远瞩，首倡具有东方文化色彩之现代山水城市说，影响深远。每多教诲，启迪良多。思先生之德，情不自已，缀此小词以呈。

附：高介华 1995 年 11 月 28 日信

学公老师尊鉴：

11 月 14 日手教奉悉。

信中提到"山水城市还有一个内涵"，"即其为人民的社会主义内涵"，这一点极为重要，从根本上与西方的某些概念作了划分，对此，晚极表赞同。

晚已两次去信湖大，务必要在明年的国际学术会议中列出"城市学与山水城市"这一专题，把对"山水城市学说"的研究在学术领域推向广泛化。

任何学说都有深化、完善和走向发展的过程。今且向台湾一些著名刊物的主编去信，欢迎他们参加明年的会议。晚已将您老本次来信复印了分寄给鲍世行、顾孟潮君，以便纳入再版的《城市学与山水城市》一书，如此，您老对于此说的诠释便益为完善。

我们有一个想法，明年的会议，能否请您老出任"名誉主席"。如此，对会议的全体代表都是一种鼓舞。其所以有这一贸然的想法，是因为您老人家是"山水城市学说"的创始者，不但是众所尊敬的伟大的科学家，而且是思想家，如果能得到您老人家对此会的直接关注，那么，会议的效果和成果一定会有所不同，但必须征得您老人家的同意。

另，晚想，如果您老人家精神许可，又有时间，便希望您老人家就"山水城市学说"对会议写封公开信。将手稿寄晚即可。晚将其打印，发到代表手中。未卜您老尊意如何？

诸事多扰您老清神，实亦出于推进这一学说发展的至诚之心，还望您老鉴宥，伏祈珍摄。本次会议请吴良镛院士领衔。

敬请

教安！

阖家康吉！

后学

高介华　泐上

1995 年 11 月 28 日

1995 年 11 月 19 日致顾孟潮①

（关于"山水城市"提出时间）

顾孟潮同志：

昨接您 11 月 14 日晚的来信，读后对您和鲍世行同志关心"山水城市"事，很感动！

关于 1987 年 6 月的事，我也记不清了，既无文字记录，就算了吧。给吴良镛教授信是文字记录，可靠。其实一个人的思想总有个形成过程，绝非一朝一日事。所以您也不必为此而感到有所失！

此致

敬礼！

钱学森

1995 年 11 月 19 日

注释：

① 此信系对顾孟潮 1995 年 11 月 14 日去信的答复。顾孟潮的信回忆 1987 年 6 月，在钱学森接见他和陈恂清、王化君三人时，曾讲到日本提倡园林城市，当时钱学森已有"山水城市"的说法，但因未作文字记录，故向钱学森询问可曾记得此事？

1995 年 11 月 20 日致顾孟潮

（关于《城市学与山水城市》增补版目录）

顾孟潮同志：

您 11 月 16 日的信及增补版内容目录收到。

我在目录上圈了几条红笔线，是为了（1）不要涉及杭州市的什么 "钱学森旧居"，不为它作宣传；（2）也不说杭州具备 "山水城市" 条件，免得引起争议①。

另外，我的那些信件，本是同志间的书信，现将公开发表，文字上还应郑重②，这就要麻烦您和鲍世行同志二位编辑了。拜恳，拜恳！

此致

敬礼！

钱学森

1995 年 11 月 20 日

注释：

① 为了尊重钱学森这两条意见，在编辑《城市学与山水城市》一书时，把与杭州 "钱学森旧居" 和说杭州具备 "山水城市" 条件的相关材料删除。

② 根据钱学森 "公开发表，文字上还应郑重" 的意见，在编辑钱学森的来往书信时，编者在文字上都作了郑重的核定。

附：顾孟潮 1996 年 1 月 11 日信

尊敬的钱学森同志：

您好！首先给您拜个晚年，并祝春节好！

现将《城市学与山水城市》一书增补内容的目录和再版前言呈您审阅。您有什么指示和意见请批给我们。计划在春节前把增补内容和需更正处全部交出版社责任编辑手里，争取再版本早日和读者见面。

此次再版，除了增补信函、有关文章，剪报并准备将您"社会主义中国应建山水城市"这篇重要文章全文译英，载在英文目录后面，以便使英语读者能够读到，加深国外对"山水城市"构想的理解和交流。

以上安排妥否？请指正。

　　致
礼！

顾孟潮　上
1996 年 1 月 11 日

1996 年 1 月 2 日致鲍世行

（关于"城市环境美"一文）

鲍世行同志：

1996 年元旦刚过，我向您拜个晚年！

写此信也因为近见《文艺研究》1995 年第 6 期上有篇彭立勋①讲城市环境美的文章②，似也是讲"山水城市"的，故复制奉上，供参阅。您知道作者吗？

此致

敬礼！

钱学森

1996 年 1 月 2 日

注释：

① 彭立勋，时任深圳社会科学院院长、深圳市社会科学联合会主席，教授。

② 系指彭立勋"城市空间环境美与环境艺术的创造"一文，刊于《文艺研究》1995 年第 6 期。

1996 年 1 月 2 日致高介华

（关于寄送彭立勋文章）

高介华主编：

我非常感谢您寄来的贺年卡！现在我也向您拜个晚年！祝《华中建筑》在 1996 年有更大的成就！

随信奉上一复制件①供参阅。这是《文艺研究》1995 年第 6 期上的文章，您认得作者彭立勋吗？

此致

敬礼！

钱学森

1996 年 1 月 2 日

注释：

① 系指刊于《文艺研究》1995 年第 6 期的彭立勋"城市空间环境美与环境艺术的创造"一文。

附：高介华 1996 年 1 月 13 日信

学公先生尊鉴：

您老 1 月 2 日手书敬悉，附寄彭立勋所写"城市空间环境美与环境艺术的创造"一文的复印件收到。

彭立勋，晚不熟识。《文艺研究》是我国文艺理论研究方面的高品位刊物，副主编晚熟识。以前晚有文章在此刊发表。

彭文强调空间环境美与社会生活美之的依存性，其观点无疑是正确的。而且也是今天须着力研究和强调的。

您老对喻学才"试论旅游建筑的意境美"一文有所赞赏，晚已告知他，他写了一本《中国旅游文化传统》，说要寄呈您老，可能早已寄到。

学才同志是东南大学中国文化系系主任，刚到不惑之年，是很有才华的。他要我写一篇书评，由于太忙，一直没能动笔。

东南大学寄来一篇博士生学位论文，要晚评阅，题为"创造与评价的人文尺度——中国当代建筑文化分析与评判"。前天方将评阅意见寄去。该文主要从历史、哲学、文化角度对中国当代的建筑现象进行分析批判。强调城市、建筑的人文意义，很有深度和水平，文中的观点与您老倡导的城市学和山水城市学说十分吻合。晚已去信作者，希望他能就您老倡导的学说作进一步的阐释，并写出文章，因为晚感到，任何一种学说提出后，都须不断深化和发展，方具有无穷的生命力，未卜您老以为如何？

6月会议渐已临近，吴良镛院士由于骑车不慎，摔骨折，现已住院，但他答应届时到会。国外的学者，因这样或那样的原因，所请不能都落实，但到会的当还有人。目前收到的论文已近百篇，还是令人乐观的。

深望您老多多注意生活的调息和劳逸结合。

敬祝

新春愉快！

阖家多福！

晚

高介华　敬泐

1996 年 1 月 13 日

1996 年 1 月 11 日致曾昭奋[①]

（关于建设北京一定要保护好故都建筑）

曾昭奋教授：

　　我很感谢您元月 9 日来信，转达了贝聿铭先生的恳切意见。我对贝先生是很敬重的。

　　北京是世界著名的故都，建设北京一定要保护好故都建筑。但此中问题很多，还需建筑界与城市学的专家们多做工作。我是个外行人，发言权不大，只是作为一市民有机会提点意见而已。天坛东边马路的事，我会记在心里，有机会一定要完成您的交代。

　　此致

敬礼！

钱学森

1996 年 1 月 11 日

注释：

　　① 曾昭奋，清华大学建筑学院教授，时任《世界建筑》主编。

1996 年 1 月 13 日致陈洁行

（关于杭州历史文化名城的保护和发展研究）

陈洁行秘书长：

您在年终 12 月 29 日来信①及(1)《杭州历史文化名城的保护和发展研究》、(2)《建设天堂之歌》、(3)"西湖文化研讨会纪要"、(4)《杭州日报》1995 年 11 月 30 日 5 版大作剪报②都收到，对此我十分感谢！也要向您拜个晚年！

对《杭州历史文化名城的保护和发展研究》我读后如有所思，再向您报告。

此致

敬礼！

钱学森

1996 年 1 月 13 日

注释：

① 系指 1995 年 12 月 29 日陈洁行给钱学森的信，此信附去四份资料请他审批。

②《杭州历史文化名城的保护和发展研究》是杭州市城市科学研究会完成的软科学研究项目的成果报告；《建设天堂之歌》是原杭州市建委主任陈继松和市城科会秘书长陈洁行主编的，杭州城市建设文集；"西湖文化研讨会纪要"是指杭州市城市科学研究会和杭州市风景园林学会等六个学术团体于 1995 年 11 月 17 日召开的"西湖文化研讨会"纪要；《杭州日报》1995 年 11 月 30 日 5 版文章，是指陈洁行的"太庙敲响了城市规划警钟"，此文在 1996 年被评为"1995 年度杭州市好新闻一等奖"，已编入陈洁行散文集《天堂旧事》（杭州出版社 1998 年 8 月出版）。

1996 年 1 月 14 日致喻学才

（关于旅游是现代世界的一种社会现象）

喻学才教授[①]：

您元月 4 日自楚雷宁雨轩来信及尊著《中国旅游文化传统》、嫂夫人毛桃青教授文均收到，我十分感谢！书及文章我将好好学习。

旅游是现代世界的一种社会现象。研究旅游是一门社会科学，必须用马克思主义哲学这一普遍真理作指导。我国是中国共产党领导的社会主义国家，又有几千年的文明历史，所以我们讲旅游学自然有中国自己的特色。此意您以为如何？请指教。

我向毛桃青同志问安！

此致

敬礼！

钱学森

1996 年 1 月 14 日

注释：

① 喻学才，时任东南大学中国文化系系主任、教授。

1996 年 1 月 21 日致高介华

（关于老百姓的旅游）

高介华主编：

  您元月 13 日来信收到。喻学才教授也于年前来信并赐其专著《中国旅游文化传统》；我早已去信表示感谢。我在复信中提了一点小意见！书中重点似在中国过去帝王、达官贵人的旅游，对一般老百姓的旅游则很少论及。今日我们讲旅游则与过去百姓家的旅游更相近，所以似不应忽视。我原是杭州人，知道在杭州，百姓家就有清明扫墓、中秋游西湖赏月等活动，这都像今天所谓旅游。

  社会主义的中国不该更突出群众性活动吗？此意当否？请指教。

  此致

敬礼！

钱学森

1996 年 1 月 21 日

1996 年 1 月 31 日致鲍世行

（关于《城市学与山水城市》第二版）

鲍世行同志：

您元月 22 日信及书①都收到；日前也收到《城市发展研究》1995 年第 5、6 两期。谢谢了。为了出版《城市学与山水城市》增补版，您和顾孟潮同志很辛苦，我感激不尽！

至于叫我翻译我写的《社会主义中国应该建山水城市》，我有点为难！这是因为：(1)我对城市学及建筑学中的英文名词不熟悉；(2)我英语多年不用了，也很生疏。因此还是请顾启源同志办吧。可以吗？敬恳。

最后一本一版《城市学与山水城市》我签署后附此信奉还②。

此致

敬礼！

钱学森

1996 年 1 月 31 日

注释：

① 为《城市学与山水城市》一版本。

② 钱学森在该书扉页签署："鲍世行同志说，此为一版本最后一册了。谨志。钱学森 1996 年元月 31 日。"

附：鲍世行 1996 年 1 月 22 日信

尊敬的钱老：

去年 11 月 7 日及今年元月 2 日来信及附来的材料均收悉，迟复为歉。《城市学与山水城市》增补版已于元月 12 日交出版社。这次增补版新增的内容有：您和大家的来往信件 42 封(其中您的信件 24 封)；有关文章 16 篇(大多是您介绍的文章)。由于出版社规定增补版新增篇幅不得超过原书的 20%（即 90 页），所以不少内容不错的文章，也只好割爱了，待正式再版时再收入罢。

　　和第一版一样，这次还是由我编辑来往信件部分，顾孟潮编辑文章部分，最后由我汇总，仍由吴小亚同志任责任编辑。为了便于对外交流，赠送外国友人，除已有英文简介（在封面）和目录外，拟将尊作"社会主义中国应该建山水城市"一文译成英文，收入。本想请目录的译者顾启源来翻译，后来我们考虑再三，还是希望请您自己来译。这样可以更确切地表达您的原意，也可免去不必要的返工。不知这个想法可否？请您定夺。再版前言（初稿）已由顾孟潮寄给您审阅过。

　　这次增补版的出版，中国建筑工业出版社十分重视，十分支持。最初我向刘慈慰社长提出，他就满口答应了。还说只要编辑好稿子交来，即可开印。只是因为最近顾孟潮和我都有点事，比较忙，耽误了一点时间。这次交稿后，我见到刘慈慰社长，请他大力支持。他也说没问题。今年 3 月重庆要召开山水城市研讨会，6 月在长沙举行"建筑与文化"国际学术讨论会，都提出希望要这本书，发给代表，所以我们希望争取能早一点把书印好。总之，一本学术著作能在一年多时间里再版，在今天的情况下，确实是很不容易的事。这主要是由于您的威望，另一方面也从一个侧面说明城市学与山水城市正在逐步为大家所接受。不知对否？

　　另寄上《城市发展研究》1995 年第 5、6 两期，请指正。还寄上《城市学与山水城市》一版本，请您题签。一版本，出版社、书店均无库存，再加上您的题签就会更珍贵了。

　　敬祝
身体健康，万事如意！

鲍世行　敬启
1996 年 1 月 22 日

1996 年 2 月 4 日致鲍世行

（关于城市建设必须是物质文明与精神文明并重）

鲍世行同志：

您元月 31 日来信收读。

我同意您在信中表达的意见。

我想城市建设是文化工作，所以根据党中央的决定，城市建设必须是物质文明与精神文明并重，缺一不可。这也是"两手都要硬"。请酌。

此致

敬礼！

钱学森

1995 年 2 月 4 日

附：鲍世行 1996 年 1 月 31 日信

尊敬的钱老：

元月 22 日寄上一信谅已收到，意犹未尽，再写上几句。

最近我在思考城市的可持续发展问题。联合国环境与发展委员会在《我们共同的未来》中，将可持续发展定义为"既能满足当代人的需要，又不对后代满足其需要构成伤害的发展。"我认为可持续发展的概念可以包括两方面的内容：(1)生态环境的保护；(2)文态环境的保护，也就是历史文化的保护。保护生态环境就是要把一个清洁的地球从我们的手里传给我们的后代；保护文态环境就是要从我们手里把一个丰富多彩的世界交给我们的子孙。山山水水是自然施予我们的，历史文化是祖宗传下来的，我们都有不可推卸的责任把它保护好。有人甚至说，我们生活的世界是从子孙那里借来的。试问我们将拿什么样的世界还给我们的后代。如果我们肆意糟蹋它，我们就将无脸面对我们的子孙。

对于保护生态环境已经召开了全球最高会议，成为全世界的行动了。

因为地球太小了，成了"地球村"。保护历史文化也成了世界性行动，联合国教科文组织设有"世界文化遗产"，我国也是签字国之一。历史文化成了世界人民的共同财富。

人是城市的主体。城市的重要功能之一，就是教育市民。这就是"教育人"的历史任务，要把我们的后代培养成文明的、高尚的人。这能不能称为"心态环境"？总之，城市就像是我们的母亲，不仅有"抚养"的任务，而且还有"教育"的任务。我们的子孙在这个环境里成长，应该得到"身"、"心"两方面的健康发展。

对于城市的发展目标，不同的学科、不同的部门有不同的提法：山水城市、生态城市、园林城市、森林城市……我认为从"双百"方针的角度出发，不妨都可以提，但是，在这些提法中，"山水城市"应该是最高层次的，它涵盖了上面这些提法。而且"山水城市"最具东方文化特色，它继承了我国的传统文化，又包含了现代科学技术的内容。有人认为：建设山水城市就是堆山挖水。我认为如果这样认识"山水城市"，那就太肤浅、太机械了。

山水城市讨论的本质是研究如何科学地认识城市，树立正确的城市观的问题，是研究未来城市模式问题。不知以上看法是否正确，特此向您请教。

专此，敬祝
大安！

鲍世行
1996 年 1 月 31 日

1996 年 2 月 7 日致高介华

（关于为什么不提马克思主义哲学）

高介华主编：

　　您元月 29 日来信①、论文评阅书，以及该论文一大本都收到。对此我很感谢！

　　但我毕竟是建筑学的外行人，对我国今日建筑界的情况也不了解，所以对论文无法置评。我只感到有一个问题：为什么论文中一字不提马克思主义哲学——辩证唯物主义，而一味讲"人文主义"？什么原因？这不背离了我们社会主义中国的建国大道了吗？国家和党中央的方针放到哪里去了？

　　也因为不解，所以将您的信、论文评阅书及论文，加上此信复制件都送顾孟潮同志阅。

　　敬告！并致

敬礼！

钱学森

1996 年 2 月 7 日

注释：

　　① 该信内容主要是寄送论文及请求钱老阅评。

1996年2月7日致喻学才

（关于旅游学学科体系问题）

喻学才教授：

您2月3日信及尊作《论旅游学学科体系亟待建立》都收到。

因我对旅游学没有下过研究功夫，所以上次复您信也只能讲讲一般原则问题。现在写此信也还是这样，只能向您请教了。

我想无论是旅游中介业问题还是旅游学学科体系问题都要遵从马克思主义哲学原理，要联系实际，要结合我国是社会主义国家的实际。例如：导游人一定要看游人这一对象，是中国人？是侨胞？是外国人？哪国外国人？在解说中就应有适当调整，不能一概用一样的介绍说明。这也就涉及一个问题，社会主义中国的旅游是寓教育于旅游，是寓政治于旅游。这也就是要把物质文明建设、精神文明建设一起抓，"两手都要硬"！

就写这些了。

我也向毛桃青同志问安！

此致

敬礼！

钱学森

1996年2月7日

1996 年 2 月 29 日致鲍世行

（关于召开"山水城市研讨会"）

鲍世行同志：

您 2 月 24 日来信收读。

因我对城市科学、建筑学界的情况不甚了了，所以对您在信中说的召开"山水城市研讨会"和"城市美学研讨会"提不出具体意见。只是您知道我体弱行动不便，出席会议是办不到的了。

祝您的计划成功实现！

此致

敬礼！

钱学森

1996 年 2 月 29 日

附：鲍世行 1996 年 2 月 24 日信

尊敬的钱老：

1 月 31 日及 2 月 4 日来函均已收悉。《城市学及山水城市》一书也收到。此书经您签名，极为可贵，我将妥为珍藏。

近日又收到 2 月 6 日函及附来"城市管理现代化初探"和"放眼世界，把握趋势，将北京建成有中国特色的一流现代化国际城市"两篇文章，但尚来不及仔细阅读。

彭立勋教授已联系上[①]，他的职务是深圳市社会科学研究中心主任和深圳市社会科学联合会主席，他对您介绍他的文章表示感谢。此文征得他的同意已编入《城市学与山水城市》增补版本，并分两次在《城市发展研究》上转载。据他的来信，他长期在高等学校从事美学教学与研究。1987年赴英国剑桥大学作为期一年的学术访问和交流，开始接触和了解到国外的城市美学研究成果，回国后在深圳主持社会科学联合会工作。他还建议在深圳举办"山水城市研讨会"，并请您去讲学。为此事他可向深圳市政府提出方案，估计会获得政府的支持。他还说《文艺研究》编辑部也曾提议在深圳举办一次全国性的"城市美学研讨会"。这样两个会可以合并举行。我拟复信对此创议表示赞同，不知您有何意见？

　　在此向您拜个晚年！

　　敬祝

阖家幸福！

鲍世行
1996 年 2 月 24 日

注释：

　　① 参见钱学森 1996 年 1 月 2 日给鲍世行信。

附：鲍世行 1996 年 2 月 26 日信

尊敬的钱老：

　　现寄上"李德洙：山水城市观：中国城市环境保护的一项传统措施"一文，请您一阅。此文原刊《中国都市人类学会通讯》第 11 期。

　　李德洙为中国都市人类学会会长，曾任吉林省副省长、国家民委副主任，现为中共中央委员、中共中央统战部副部长。

　　这篇论文是李德洙同志率中国都市人类学会代表团于去年 8 月赴瑞典林雪平市参加国际人类学与民族学联合会与国际地理学会联合召开的"生活来自资源"研讨会时为大会提交的论文，论文受到与会代表欢迎，引起代表的注意和重视。

　　看来"山水城市"的概念正在逐步为国外学术界所接受。

　　此致

敬礼！

鲍世行
1996 年 2 月 26 日

1996 年 3 月 3 日致鲍世行

(关于"社会主义中国应该建山水城市"英译稿)

鲍世行同志:

看了您 2 月 27 日信及附英译稿后,我只在译稿上用铅笔提了点修改意见,现附还原稿。我意用 10 页上的关于李思训的译文,再加一个注释(请您按需要写)。

我非常感谢顾启源同志的辛勤劳动!

此致

敬礼!

钱学森

1996 年 3 月 3 日

附:鲍世行 1996 年 2 月 27 日信

尊敬的钱老:

2 月 24 日及 26 日的信想必已经收到。

"社会主义中国应该建山水城市"一文已由顾启源同志译好,并将编入《城市学与山水城市》增补版本。现将英译文附上,请您审阅。原文校阅后请寄回。

此书一校已毕,不久即可开印。由于中国建筑工业出版社的重视,此书的编辑进度相当快。

此致

敬礼!

鲍世行

1996 年 2 月 27 日

1996年3月10日致鲍世行

（关于 Urban Planning in Curitiba 一文）

鲍世行同志：

我以前就向您讲过我对轿车文明的疑虑①，今见美刊《Scientific American》1996年3月号有文章②讲巴西东南的200万人口的 Curitiba，很值得注意；故复制奉上供参阅。我国的城市科学应该学习江苏省张家港的经验和巴西 Curitiba 的经验，走出一条中国自己的城市建设道路。

意见当否？请指教。

此致

敬礼！

钱学森

1993年3月10日

注释：

① 参见1994年12月4日钱学森关于"轿车文明"讨论给鲍世行的信。

② "库里蒂巴的城市规划"，乔纳斯·热比诺维兹、约瑟夫·雷特曼文，王晓京译，顾孟潮校。

1996 年 3 月 15 日致鲍世行

（关于给重庆市建设山水园林城市研讨会的函）

鲍世行同志：

您 3 月 12 日信昨天收到，因今天已星期五，所以此信到您那里可能您已出发去景德镇了。因此我给重庆市建设山水园林城市研讨会的信就直接寄李宏林同志了。

我读了您给重庆市建设山水园林城市研讨会的信，我觉得写得很具体，是结合重庆市实际情况的。而我给他们的信，只能从他们寄来的材料出发一般讨论一番，可能不对号。但遵命奉上复制件，请批评指教。

祝您景德镇之行有收获！

此致

敬礼！

钱学森
1996 年 3 月 15 日

附：鲍世行 1996 年 3 月 12 日信

尊敬的钱老：

2 月 29 日及 3 月 3 日来函均收到，附来"社会主义中国应该建山水城市"一文的英译稿与李思训的英文注释已一起交出版社。

重庆将于 3 月 28 日召开山水城市研讨会，重庆城市科学研究会李宏林秘书长来信希望您写封短信，对会议进行指导和引导，促进重庆市山水城市的建设。现将他的来信转给您，同时附上一些参考资料，供您参阅。

我因要去景德镇参加历史文化名城的会议，不能出席会议，专为会议写了一封信，现随信附上，请您提出意见。我 19 日出发去景德镇，如收到这封信较晚，您可把信直接寄李宏林同志，并给我一个复印件，如果时间早，也可由我转寄给李宏林。

　　此致
敬礼！

鲍世行
1996 年 3 月 12 日

附：鲍世行 1996 年 3 月 13 日信

尊敬的钱老：

　　昨日寄上一信，并附上重庆市城市科学研究会李宏林秘书长给您的信，以及有关重庆建设山水城市的资料，谅已收悉。

　　今再寄上有关"重庆精心构建绿色未来"剪报，供您参阅。

　　此致
敬礼！

鲍世行
1996 年 3 月 13 日

附：鲍世行 1996 年 3 月 20 日给重庆市建设山水园林城市学术研讨会信

重庆市城市科学研究会
李宏林秘书长并转重庆市建设山水园林城市学术研讨会：

　　首先感谢你们的盛情邀请，由于我要去江西景德镇参加历史文化名城学术年会，不能到会，敬请见谅。为此特写此短信，聊作大会发言。

　　获悉你们将召开研讨会，专题讨论重庆建设山水园林城市问题。我向大会表示衷心的祝贺。

　　杰出科学家钱学森教授曾在 1993 年 5 月给我来信，说："现在既然明确提出'山水城市'，那中国人就该真建几座山水城市给全世界看看"，来信还嘱我推动此事。我深感责任之重大。现在重庆已经明确提出建设山水园林城市，并开会研讨此事，我当然十分高兴。

"山水城市"这个崭新的概念，首先是由钱学森同志提出，并得到有关各方专家的响应，正在掀起一场讨论的热潮。这个讨论的实质是探讨具有中国社会主义特色的未来城市模式。我国的关于"山水城市"的讨论也引起了国际学术界的广泛重视和高度评价。去年在日本名古屋召开的世界公园大会已把"山水城市"（Shan-shui cities）的概念写入大会宣言，足见"山水城市"模式对于提高城乡环境建设的品质，保证良性生态循环和可持续发展有着不可小视的重要意义。

　　我曾在四川从事城市规划设计、管理工作 19 年，可以说把青春献给了四川省的城市规划事业，所以对四川省的城市发展有特殊的感情。

　　四川的城市广泛地具有鲜明的特色，在城市规划布局中较普遍地采取多中心组团式的布置形式。我曾戏称它为"海椒派"（因为山西的作家有"山药蛋派"之称）；而四川省内各城市布局中，尤以重庆和攀枝花这两个城市最具有代表性，"麻辣味"特别浓郁。这种布局形式使城市寓于真山真水之中，山环水绕，城市与山水自然景色融为一体，最有利于建设成山水城市。重庆作为一个山城，城市空间十分丰富，因此特别要注意屋顶绿化和垂直绿化，形成多彩的立体绿色空间。

　　目前正处在世纪之交，改革开放使我国带来了空前的大好形势。长江是我国经济发展的脊梁。在这个脊梁上，重庆处在尖峰的位置，特别是三峡水库的建设，将给重庆带来千载难逢的极好机遇，同时也会带来前所未有的巨大挑战。重庆将随着三峡水库的建成再度辉煌。但是，是否会带来建设性的破坏，也是人们十分关注的，特别是长江"黄河化"的忧虑，也或多或少地困扰着人们。可喜的是近年来长江防护林带建设的成就，城市中的绿化覆盖率和人均公共绿地均有较大程度的提高，这就使人们建立了信心和决心，看到了曙光。

　　重庆还是一个著名的历史文化名城，在建设中一定要保持和发扬当地的自然和历史文化特色。我们一定要把一个清洁的地球传给我们的后代，要把一个丰富多彩的世界交给我们的子孙。这样才无愧我们这一代的历史重任。

　　最后报告大家一个好消息，《城市学与山水城市》一书的再版本不日即将出版。这次再版，除保持首版的原来风格外，还收入了第一版印刷后钱老与相关同志来往信件 40 余封以及大量信中涉及的材料。一本纯学术理论著作，在过了一年多时间内得以再版，足以说明此书的生命力和受到读者热烈欢迎的情况。

　　最后预祝大会取得圆满成功！

鲍世行

1996 年 3 月 20 日

1996 年 3 月 15 日致李宏林

（关于重庆市建设山水园林城市）

李宏林①秘书长：

您元月 25 日信和 3 个材料②都已由鲍世行同志转来，对此我十分感谢！你们要我在 3 月 28 日召开的"重庆市创建山水园林城市学术研讨会"写一封信对会议"进行指导和引导"，这我很不敢当！我对重庆市的情况并不了解，只是在 1959 年夏日去过一次，大约呆了四五天，所以对会议是没有发言权的！

我只在看了您送来的一些文件后，写点感想，向您请教：

1. 重庆市园林管理局和重庆风景园林学会开展"建设重庆山水园林城市的研究"工作，已有 1 年了，该软课题将于今年年底结束。这在我国是有始创性的！

2. 但从文字看，承担研究工作的都是搞园林绿化的，而且其中两个文件讲的都是园林绿化。这就引起我一个疑问，同志们是否以为搞好园林绿化、风景名胜区，就完成了重庆市的山水园林城市建设任务呢？那可不是我设想的山水城市。

3. 我设想的山水城市是把我国传统园林思想与整个城市结合起来，同整个城市的自然山水条件结合起来。要让每个市民生活在园林之中，而不是要市民去找园林绿地、风景名胜。所以我不用"山水园林城市"，而用"山水城市"③。

4. 建山水城市就要运用城市科学、建筑学、传统园林建筑的理论和经验，运用高新技术（包括生物技术）以及群众的创造，如重庆市的屋顶平台绿化。所以建"山水城市"将是社会主义中国的世纪性创造，它不是建造中国过去有钱人的园林，也不是今日国外大资本家的庄园！

以上这四条不知说得对不对，请指教。

此致

敬礼！

钱学森

1996 年 3 月 15 日

注释：
① 李宏林，时任重庆市城市科学研究会秘书长。
② 三个材料均为重庆市建设山水园林城市的研究材料。
③ 钱学森在后来的信中说：我想我们用"山水园林城市"这个词是合适的。

1996年5月23日致鲍世行

（关于"山水城市"概念获各方欢迎）

鲍世行同志：

您5月20日来信及《城市学与山水城市》（第二版）样书两本都收到。我十分感谢您和顾孟潮同志为此书付出的辛勤劳动！遵命将其中一本签名奉上。

将来书出，请给我10本，让我备用。

您来信中说到，您感到"山水城市"的概念得到各方面的欢迎。我不认为这是我的功劳，这实际是您和顾孟潮同志的引导和启发造成的。我衷心地感谢您二位！

此致

敬礼！

钱学森

1996年5月23日

附：鲍世行1996年5月20日信

尊敬的钱老：

4月28日来函及附来给重庆李宏林同志信的修改稿均收到。李的信已用特快专递寄去。

《城市学与山水城市》第二版样书已出，现寄上两本，先睹为快。其中一本请您题签后寄回，以留作纪念。这只是几本样书，大批的还要过几天才能出厂。您需要多少本？我将按数寄上。书款可在稿费中扣除，不必寄来。

这次增补版本，内容增加不少，全书达666页，较一版本多了200余页，加之改为精装本，书本几乎比一版本厚了一半，也可谓洋洋大观矣。

今日中国科协刘恕同志来电话，说要和我们交换两本书。我将派专人送去。

最近我去上海为同济大学城市规划学院的硕士生、博士生讲课并座谈。当讲及山水城市时，同学们尤感兴趣。

我认为当前关于山水城市的讨论有几个明显的特点，即(1)有城市科学、建筑、园林、交通等多学科的专家参加。多学科的撞击，产生了火花。(2)由于您的威望，使讨论波及面极广，引起众多人士关心，使讨论几乎成为一种社会运动。这种讨论实质上是一次城市科学的普及运动(当然这仅是开始)。(3)物质文明和精神文明并重。讨论中重视东方文化特色的继承和弘扬。(4)理论色彩比较浓。在追求急功近利，崇拜拜金主义、享乐主义的今天，这种讨论实在是一味清醒剂，使人耳目一新。(5)理论与实践相结合。一些城市正在进行关于山水城市的课题研究，并将它列入近、远期的计划与规划。总之，讨论涉及很多方面，本质上是探索未来世纪中国的城市发展模式的问题。以上看法对吗？望赐教。

专此，顺祝

近安！

鲍世行

1996 年 5 月 20 日

附：鲍世行、顾孟潮 1996 年 5 月 30 日信

尊敬的钱老：

您好！

您 5 月 23 日来信收到了，我们将遵嘱送去您需要的 10 本书。

今向您汇报的是拟召开《城市学与山水城市》再版座谈会一事。经我们建议，中国建筑工业出版社刘慈慰社长同意，邀请部分领导同志、有关专家和中央各大新闻单位记者参加座谈。以使您关于城市学和山水城市的宏伟构想为更多人知晓，促进进一步的探索。会议时间定于 6 月 20 日在建设部会议室举行。

现请示您能否派代表到会，或作书面发言，还是给与会者写封信请您定。

另外，我们和吴小亚(该书责任编辑)(三人)送书时恳请拜见您，当面求教，并请您为送与会者的书签上您的名字。此意妥否？何时为宜？请指示。

致

敬礼！

鲍世行　顾孟潮

1996 年 5 月 30 日

附：鲍世行 1996 年 7 月 15 日信

尊敬的钱老：

7 月 4 日大札及附来"阜阳实施'旧村改造'规划"(《经济参考报》1996 年 7 月 3 日)和"撩开紫竹桥的面纱"(《经济日报》1996 年 6 月 26 日和 7 月 3 日)均收到，我已认真阅读。

近接中国城市规划学会风景环境规划设计学术委员会通知，他们今年10 月 10 日将在四川省都江堰市举行以"山水城市"规划研究作为讨论和交流主题的年会。看来山水城市的研讨正在逐步引向广泛和深入。这次会议我将力争去参加，一方面介绍宣传您的山水城市的概念，另一方面也是一个极好的学习机会。

附上中国城市规划学会风景环境学术委员会通知

专此，顺祝

暑安！

鲍世行

1996 年 7 月 15 日

1996 年 6 月 9 日致高介华

（关于建立建筑科学的问题）

高介华主编：

您 4 月 28 日及 5 月 27 日来信早收到，迟复为歉！

刊物用了我给您的一封信，还给稿费，真不敢当！

您见此信时，"长沙会议"①即将开始，您一定很忙。在 6 月 4 日鲍世行同志、顾孟潮同志及出版社编辑吴小亚同志来寓畅谈，我们 4 人说到建立一门现代科学技术——广义的建筑科学的问题②。讨论得很热烈。在"长沙会议"上，鲍世行同志可能提到这个问题，也请您考虑。我们要多交流讨论才是。

此致

敬礼！

钱学森

1996 年 6 月 9 日

注释：

① "长沙会议"系指 1996 年 6 月 14～16 日在长沙召开的"建筑与文化国际学术研讨会"。

② 内容见"哲学·建筑·民主——钱学森会见鲍世行、顾孟潮、吴小亚时讲的一些意见"一文，见本书第 471 页。

附：高介华 1996 年 5 月 27 日信

学公先生尊鉴：

欠疏问候，伏维您老身体康健，诸事愉悦，遥为祷祝。

您老关于"山水城市"的再诠释已刊于《华中建筑》1996 年第 2 期扉页。此刊将于 6 月中发到"长沙会议"，并寄呈尊览。

兹按章寄上稿酬 200 元(甚微薄),望您老收下。

此次会议有美、澳、德、丹麦、日、韩、越、泰等国及台湾地区的学者到会,国内著名高等院校及若干大设计院以及文化、考古、哲学界的代表,还有不少建筑领域的官员,估计可能达到 200 人,论文已到 160 篇,比较盛大,会议由吴良镛院士领衔主持。

您老《论城市学和山水城市》的修订再版一书,承中国建筑工业出版社王伯扬副总编的支持已赶印出来,会议买了 100 本,由桂林市规划院李长杰院长赞助,已由"中国城市科学研究会"用特快件寄出,届时便可发到中外代表手中。并请世行同志在会上就此专题作一专门讲座。

关于会议中的讨论情况,会后,晚当告知您老。

望您老多加珍摄。肃此

敬请

文安!

全家康福!

晚

介华　拜泐

1996 年 5 月 27 日于武昌

1996 年 6 月 12 日致钱学敏

（关于建筑科学是融合科学与艺术的大部门）

钱学敏教授：

读了您 6 月 2 日来信后，知道您对"夏商周断代工程"①也有很高的评价。我曾为此去信给宋健同志，祝贺他办了件综合社会科学、自然科学和技术的大事！将来成果出来了，我们再看是否属大成智慧工程，现在还太早。

至于新儒学，我近读黄楠森教授在《文艺理论与批评》1996 年第 3 期文"马克思主义与中国文化的发展"②，很同意。现复制送上，请参阅，可与"现代新儒学心性理论评述"③比较。

要建立大成智慧④和大成智慧工程⑤需要有开阔的思路。前日奉上那本山水城市的书，其编者鲍世行和顾孟潮就是我的老师；前一位是城市科学行家，后一位是建筑学行家。我同他二位接触就受益良多。不久前（6 月 4 日下午）同他们面谈，我们想到可能要确立一门新的科学技术——建筑科学，这是一门融合科学与艺术的大部门：其基础科学层次包括讲建筑与人、建筑与社会、建筑与技术手段的学问，目前顾孟潮同志称为"建筑哲学"；其技术理论层次才是现在的建筑学、城市学等等；其工程技术层次是现在的建筑设计、城市规划等。上面的部门概括和到马克思主义哲学的桥梁才是真正的建筑哲学。那天我们谈得很开心，这是现代科学技术体系中的第 11 个大部门。此议您以为如何？请教。

此致

敬礼！

钱学森

1996 年 6 月 12 日

注释：

①"夏商周断代工程"及宋健的文章：指国务院决定实施的"夏商周断代工程"及宋健国务委员撰文："超越疑古　走出迷茫"。（见：1996 年 5 月 17 日《科技日报》）

②黄楠森教授系北京大学著名哲学教授，"马克思主义与中国文化的发展"

一文，原为他在台北"当代中国文化的发展系列研讨会：重新面对马克思"这个学术会议上宣读的论文。后发表在《文艺理论与批评》。1996 年第 3 期。

③ 韩强著：《现代新儒学心性理论评述》辽宁大学出版社，1992 年出版。

④ "大成智慧"就是关于人们如何能够尽快获得聪明才智与创新能力的学问。其目的在于使 21 世纪的人们对于变幻莫测、错综复杂的各种事物（包括人自己）能够迅速获得正确的认识、科学的判断和英明的决策。"大成智慧学"与以往关于智慧或思维学说的不同，在于它是以马克思主义的辩证唯物论为指导，利用现代信息网络，人—机结合，以人为主的方式，集古今中外有关知识、智慧、经验之大成，以求快速获得更高明的智慧与创新能力。

⑤ "大成智慧工程"是"集大成，得智慧"的方法，其核心是"从定性到定量的综合集成法"。属思维科学的工程技术，也是系统科学的具体应用。（钱学敏注）

1996 年 6 月 14 日致鲍世行

（关于这是试探，不是结论）

鲍世行同志：

您 6 月 10 日来信及谈话记录稿①都收到。因为那次聚谈是我这个外行向诸位学习的机会，我作为一个学生向您几位老师请教。那个记录也要表示出这个实况，所以我对原稿作了些调整，现寄上一份，另一份也寄顾孟潮同志。至于这个不成熟的东西能否向两会②的代表讲，请您与顾孟潮同志商量。注意这是试探，不是结论。如能向两会的代表讲，配以"十大部门"的图表③会有帮助。

此致

敬礼！

钱学森

1996 年 6 月 14 日

注释：

① 系指 1996 年 6 月 4 日钱学森会见鲍世行、顾孟潮、吴小亚时讲的一些意见，见本书第 471 页。

② 系指 1996 年 6 月中旬在长沙举行的"建筑与文化 1996 年国际学术讨论会"和 1996 年 6 月 20 日在北京召开的《城市学与山水城市》再版发行座谈会。

③ 指"现代科学技术体系构想图"。

附：鲍世行 1996 年 6 月 10 日信

尊敬的钱老：

6 月 4 日的亲切会见使我终身难忘，能亲自聆听您的教导是我最大的幸福，受益匪浅。

回来后立即着手整理您的讲话录音。拟将讲话全文分成三小段，并加了小标题，妥否？整理后总觉得不很满意。主要是第二段，关于建立建筑科学这个大科学部门的这一部分，由于我理解不深，没有真正把您的本意完整、清晰地表达出来，请您多加审改。

审改后请将修改稿寄回。可否向《建筑与文化》①国际研讨会及《城市学与山水城市》再版座谈会代表传达，请酌。或配以十大部门的图表，可否？

此致
敬礼！

鲍世行
1996 年 6 月 10 日

注释：
① 指 1996 年 6 月在湖南长沙举行的建筑与文化国际学术讨论会。

1996 年 6 月 14 日致顾孟潮

（关于"哲学·建筑·民主"一文的修改意见）

顾孟潮同志：

您 6 月 11 日晚来信①及两幅照片都收到，我十分感谢！

6 月 4 日下午的聚谈是我这个外行向诸位学习的机会，我作为一个学生向您几位老师请教。那个记录也要表示出这个实况，所以我对原稿作了些调整②，现寄上一份，另外也寄鲍世行同志一份。至于这个不成熟的东西能否打印发给与会代表，请您与鲍世行同志商量。注意这是试探，不是结论③。

此致

敬礼！

钱学森

1996 年 6 月 14 日

注释：

① 顾孟潮的信寄去他和鲍世行根据 6 月 4 日钱学森讲话录音整理稿，请他审定。

② "对原稿作了些调整"，实为对整理稿的认真审改，约 3000 字的文章审改达 245 处。

③ 信中强调"注意这是试探，不是结论"，这是钱学森一贯的学术民主作风。

附：顾孟潮 1996 年 6 月 13 日信

尊敬的钱老：

您好！

您和龚秘书希加印您那张近影，已放大加印，随信一并寄您，勿念。

　　另外，我在东南大学讲建筑哲学时，根据您有关十大部门思路，对建筑科学作了一些思考，当时打印了一张"规划设计、建筑哲学、科学技术、艺术综合系统结构示意图"，现送您参考、指正。

　　致

敬礼！

顾孟潮

1996 年 6 月 13 日

1996 年 6 月 23 日致鲍世行

（关于"山水城市"的核心精神）

鲍世行同志：

您 6 月 19 日信收到。再版座谈会①也开完了吧？

您说"山水城市"的核心精神主要是：尊重自然生态，尊重历史文化，重视科学技术，运用环境美学，为了人民大众，面向未来发展，对于这一点一定要全面地、正确地理解，并非仅是搞一些具体的挖水堆山，这很好！我想这也是放开眼界，从现代科学技术的体系来看"山水城市"，要站得高、看得远，运用马克思主义哲学、辩证唯物主义！这就需要建立起现代科学技术体系中的第 11 个大部门——建筑科学部门②！

对建筑科学大部门，我们 6 月 4 日谈的还待深入③。顾孟潮同志也对此有很好的考虑，那天他没有来得及谈到。请您二位内行人多研究，你们最有发言权。

此致
敬礼！

钱学森
1996 年 6 月 23 日

注释：

① 系指 1996 年 6 月 20 日在北京召开的《城市学与山水城市》再版发行座谈会。

② 参阅《哲学·建筑·民主——钱学森会见鲍世行、顾孟潮、吴小亚时讲的一些意见》一文。

③ 系指 1996 年 6 月 4 日钱学森会见鲍世行、顾孟潮、吴小亚时的谈话。

附：鲍世行 1996 年 6 月 19 日信

尊敬的钱老：

您 6 月 14 日来信及 6 月 4 日讲话修改稿已及时传真到长沙，今天又收到原件。

长沙的"建筑与文化"1996 国际学术讨论会开得很成功。人们说：这是建筑与文化全方位、多角度交流的一次盛会。我带去 100 本《城市学与山水城市》，很受代表欢迎。会上我传达了您 6 月 4 日会见我们时的讲话，介绍了您提出的"山水城市"的概念，在讲到"建筑科学"时给代表们演示了"十大部门"的图表。对于"山水城市"，我理解其核心精神主要是：尊重自然生态，尊重历史文化，重视科学技术，面向未来发展，对于这一点一定要全面地、正确地理解，并非仅是搞一些具体的挖水堆山。如此理解，妥否？

大会对您的讲话十分重视，代表们反映很好。在大会闭幕词中提及，"有不少单位和个人发来贺信、贺电，特别是我国科学泰斗钱学森先生尤为关注本会，专门致信表达意见和祝贺。"

目前，我们正在紧张准备 20 日举行的《城市学与山水城市》一书再版发行座谈会。详情容会后再向您汇报。

专此，敬祝

大安！

鲍世行

1996 年 6 月 19 日

1996 年 6 月 23 日致顾孟潮①

（关于建立"建筑科学"大部门）

顾孟潮同志：

您 6 月 13 日信及您在东南大学讲过的建筑科学体系图早已收到，因您和鲍世行同志都要参加长沙的会和北京的再版座谈会，所以没有立即复信。现在这两个会都开完了，我才写此信，也要谢谢您送来的照片！

关于现代科学技术体系②中再加一个新的大部门，第 11 个大部门——建筑科学，6 月 4 日我们谈得很好，但当时我还不知道您的"规划设计、建筑哲学、科学技术、艺术综合系统结构示意图"③，原来您已早在两月前就想到这一问题了，我佩服您的预见！

我一直强调马克思主义哲学——辩证唯物主义的指导意义，所以在建筑科学概括为建筑哲学之上还有马克思主义哲学。也就是说：建筑哲学是建筑科学到马克思主义哲学的桥梁。

再就是：在我们现在这 11 个大部门的体系中有许多跨部门的学问。您的"示意图"中的灾害社会学属地理科学大部门，而人际关系学属行为科学大部门。

以上这两点还请您和鲍世行同志讨论，我只是从整个体系看问题，而您二位才是内行人，比我更有发言权。

此致
敬礼！

钱学森

1996 年 6 月 23 日

注释：

① 此信系对 1996 年 6 月 13 日顾孟潮的信的答复。随信寄去鲍世行、顾孟潮二人整理的钱学森 1996 年 6 月 4 日讲话稿，请他审定。

② 现代科学技术体系，指钱学森于 20 世纪 80 年代初构想，以后又不断补充绘制的现代科学技术体系图。1996 年 6 月 4 日讲话后补充为 11 大部门。

③ "规划设计、建筑哲学、科学技术、艺术综合系统结构示意图"，是顾孟潮于 1996 年 4 月 3 日为开设建筑哲学课而准备的。

附：顾孟潮 1996 年 6 月 11 日信

尊敬的钱学森同志：

您好！

6 月 4 日，受到您的亲切接见并聆听到您的谆谆教导，使我们十分激动，获益尤深。日前鲍世行同志已将我们二人一同整理的您的讲话稿寄上，请您最后审改定稿，以免我们有领会不到或整理不当的地方。如您同意，我们拟将您此次重要讲话打印发给与会的代表（专家和新闻单位记者），共同领会您的思路和构想。

那天拍的照片取出来了，效果尚可，今特放大两张寄给您算是个纪念。再次感谢您的亲切接见和谆谆教诲。

致

崇高的敬礼！

顾孟潮　上

1996 年 6 月 11 日晚

1996 年 6 月 30 日致鲍世行

（关于杨国权的函）

鲍世行同志：

　　附上您认得的那位杨国权总工程师的来信及附件①，加上我复他信的复制件，供您和顾孟潮同志阅读并考虑。

　　此致

敬礼！

钱学森

1996 年 6 月 30 日

注释：

　　① 系指杨国权《中国旅游景点写生诗画集》和"马克思主义哲学与总工程师的领导艺术"一文。

1996 年 6 月 30 日致杨国权

（关于"山水城市"也是高技术城市）

杨国权①总工程师：

您 6 月 23 日来信，《中国旅游景点写生诗画集》复制页及大作"马克思主义哲学与总工程师的领导艺术"都收到，我十分感谢！因内容都与城市建筑科学艺术有关，故将来件全部及此函复制件都转寄《城市学与山水城市》的编者鲍世行同志，请他和另一位编者顾孟潮同志阅。我和他们在今年 6 月 4 日谈过一次②，说到建筑科学技术作为现代科学技术体系中一大部门的问题，现将谈话记录稿附呈，请审阅。

我还要说的不多，只两点：

1. 您对"山水城市"的论述很好，我同意。只有一点补充："山水城市"还要充分引用现代科学技术成果，也是高技术城市。

2. 您讲的总工程师领导艺术也很好，我只想补充一点，即：总工程师要会调动一切参加者，包括科技人员和管理人员的积极性，充分发扬民主集中的工作方法。这也是马克思主义嘛！我过去在搞导弹卫星时，对此深有体会。

以上请指教。

此致

敬礼！

钱学森

1996 年 6 月 30 日

注释：

① 杨国权，时任郑州市建筑设计院总工程师，高级工程师。

② 系指 1996 年 6 月 4 日钱学森会见鲍世行、顾孟潮、吴小亚时的谈话。

附：杨国权 1996 年 6 月 23 日信

尊敬的钱老：

您好！1991 年 6 月为拙作"因素辩证分析图法"事承您来函鼓励，并附有关复杂巨系统方面的大作，学之颇受教益。几年来，为考虑您的健康，未便打扰，然时多思念，遥祝安康，以偿心愿。去年阅《城市学与山水城市》尤其近读该书第二版，深为您关心我国城市现代化的合理发展付出的巨大精力所感奋，尤其为您倡导众多专家为此各抒己见、深入探讨，以期逐步达成共识的精神而感佩。看来城市化及其发展是历史的必然，目前尚有加速膨胀之势。的确，人们从现代城市文明中得到不少实惠，但由于事物的两面性，加之，某些片面与短视，急功近利的追求、眼前经济利益的驱动，往往使人们忽视城市与大自然的有机融合、历史文脉的合理继承和创造良好人居环境的努力，其后果是严重的，国内外已有不少深刻教训在启示我们。您为此重大问题高瞻远瞩，深思熟虑运用系统方法，利用现代科技，吸取传统精华，融合人文自然，探索如何建设互补共荣、持续发展，有中国社会主义特色，广大人民群众共享的现代化城市的问题，并提出一系列精辟见解，使我深受教益与启迪。

我理解"山水城市"的真谛在于：利用自然，精心创造；保护生态，融入环境；文脉意境，继承发扬；审美游憩，人民共享；互补共荣，持续发展。1990 年游大连海滨老虎滩公园时，见一宣传牌上书"自然为圣，人工为贤"八个大字，个人颇以为然。人类尊重自然、利用自然，合理地改造自然，使自然与人工美好地结合，这样称圣道贤，几乎也可以了。我这一评价不知当否，请您指教。

我国历来十分重视人与自然的密切结合。为了更好地容纳、融合自然景观，造园中的借景就是一例。天人合一的向往，更赋予人与自然（往往以山水概括自然）的融合深层次的意境美与人文意蕴。例如：

"醉翁之意不在酒，在乎山水之间也"。

"水是眼波横，山是眉峰聚，欲问行人去那边，眉眼盈盈处"。

"高山流水"——古乐曲，内还有伯牙、钟子期一段知音佳话。

"仁者乐山，智者乐水"。

山与水是大自然的典型概括，更与人结成不解之缘——深层次文化之缘。人们聚居的城市，怎能对山水表示淡漠，不尽心尽力去亲近它呢？

您倡导"科学技术中的方法论"，个人十分赞同并深有同感。随函奉上拙作"马克思主义哲学与总工程师的领导艺术"，请您指教。

多年来，我利用开会、出差之机，随手写生，并配以诗文，略有所积，但很不成熟。自 1995 年至今不断在郑州晚报发表，反映尚好。小栏目标题是山水画廊，看来与您倡导的山水城市也有共通之处。这些诗画稿年内拟汇集出版《中国旅游景点写生诗画集》，今将部分复印件随信奉上。2年内适当时间我拟去京将该画集原稿(多数画幅为彩色)请您过目，并盼多提宝贵意见。

庭园绿化、垂直绿化是您倡导"山水城市"的组成部分。我居住在住宅楼的底层，并有一小庭院。院内植玉兰、腊梅、石榴、桂花，我很喜欢它们，但更喜欢的是住宅楼墙上已至五层像绿色巨型壁毯的爬山虎和窗前架上随地而安的牵牛花。1991年随信奉上的拙作散文"牵牛花赞"正是个人为抒发这种感情而作。

写得多了，太打扰您了。您关心大事，勤奋思考，我十分感佩！然您年事已高，炎炎夏日更望多多保重！

敬祝
健康长寿！

杨国权　敬上

1996 年 6 月 23 日

附：杨国权 1996 年 7 月 10 日信

尊敬的钱老：

您好！您6月30日来信以及您在今年6月4日会见鲍世行、顾孟潮、吴小亚三位同志时所讲的一些意见的复印件均已收悉，拜读再三，获益良多，我十分感谢！

您在来信中明确指出："山水城市"也是高技术城市。这一论断，我十分赞同。在6月23日我给您的信中虽然也谈到利用现代科技的问题，但在概括"山水城市"的真谛时，却有所疏漏，您的补充的确十分中肯。为此，"山水城市"的真谛拟初步概括为：利用自然，精心创造；保护生态，融入环境；文脉意境，继承发扬；现代科技，充分运用；审美游憩，人民共享；互补共荣，持续发展。这些粗浅理解，不知当否？请您指正。

几年前，我在一篇文章中曾表述如下论点：传统的精华，随着时代的发展，愈显其光辉，人类在温故而求新中走向未来。善于继承，勇于创新是我们永恒的神圣使命。我坚信您提出和倡导的"山水城市"就是这样一桩我们应负的神圣的历史使命。

综观您的思想、论述、著作、实践，例如您提出的"从定性到定量综合集成法"以及这次"山水城市"的提出与讨论，可以十分清楚地看出您极为重视并始终坚持、贯彻、发挥集思广益、群策群力、民主集中这一马克思主义最基本的思想方法与工作方法。作为一位世界知名的权威科学家，您的这些品德，令我十分钦佩，在这一方面，也是我们学习的楷模。多年的总工程师的实践，使我深有同感。我体会总工程师的"总"字就包含综合、总结之意。同时我也认为：随着时代的发展，整个社会的庞大系统越加众多化、巨大化、复杂化，加之专业分工越深越细。为了众多的重大目标的有效实现，民主与集中的机制越加重要，越需强化，因为这是科技发展的必然，社会进步的需要。而您在这方面的表率与倡导正是促进了这种必然，顺应了这种需要！

　　敬祝

健康长寿！

杨国权　敬上

1996 年 7 月 10 日

1996 年 7 月 4 日致鲍世行

（关于立交桥设计问题的剪报）

鲍世行同志：

　　书出版①的活动暂告一段落了吧？

　　今附呈两个剪报复制件②供参阅：一个是说安徽阜阳改造旧村，集中居民村镇用地，增加耕地；江苏华西村早在 20 世纪 80 年代就将村民集中到高楼，村民生活改善，又不多占地。再一个剪报是说北京市立交桥的设计问题，看来在城市科学中要加一门立交桥学了。

　　这些问题请您考虑。

　　此致

敬礼！

钱学森

1996 年 7 月 4 日

注释：

　　① 系指《城市学与山水城市》增订本的出版工作。

　　② 系指 1996 年 7 月 3 日《经济参考报》中"阜阳实施"旧村改造"规划"一文及 1996 年 6 月 26 日和 7 月 3 日《经济日报》中"撩开紫竹桥的面纱"一文的复印件。

1996 年 7 月 7 日致高介华

（关于不必再发表"哲学·建筑·民主"一文）

高介华主编：

我非常感谢您 6 月 30 日来信、附有您的"潇湘夜雨"、"研究传统是为了今天和明天——略谈民居的研究和创作之路"、"关于'建筑与文化'研究方向的浅见"及《ISAC'96 会议简报》第二期；我也很高兴地知道这次会议很成功！

您信尾问我那个"一些意见"能否发表？我看不必了，因为全文已见《文汇报》，题为"哲学·建筑·民主——我的几点意见"（钱学森）。而且我所说得有点标新立异，一时恐难于为大家接受。已见《文汇报》也就够了。请酌！

此致

敬礼！

钱学森

1996 年 7 月 7 日

附：高介华 1996 年 6 月 30 日信

学公先生尊鉴：

您老 6 月 9 日手书，晚回院后方捧读。晚于 6 月 12 日晨离院赴长沙，先参加预备会议。

"建筑与文化 1996 国际学术讨论会"于 6 月 15～17 日正式举行。

《华中建筑》1996 年第 2 期（扉页刊有您老"再说几点有关山水城市的看法"）已运到会议，分发到代表手中。

《杰出科学家钱学森论：城市学与山水城市》一书，经与世行同志商定，已买了 100 本发到会议代表手中，此书从内容、编排到形式，无疑是第一流的，许多代表索要，但难以都满足，只好由他们自己去买。但凡国外学者和国内的主要代表，特别是城市工作者已都不缺（发放名单是我亲自钩点）。

会前，您老给世行同志的信已在大会宣读，"意见"①刊发在会议《简报》上，以便于大家学习研讨。

会议设了专题讲座，请世行同志就"城市学与山水城市"作专题阐释。

可以这样说，通过这次会议，"城市学与山水城市"学说，已正式推向世界。虽然这还只是发轫，我想，通过国内外的不断传播，会迅速产生影响。它与人居环境问题结合起来，将具有旺盛的生命力。无疑，这是"中国导弹之父"所作出的又一巨大贡献。

"长沙会议"，从其规模之大，出席的中外代表的广泛代表性以及其权威性，在市场经济冲击下的今日，超过了我们的预想，会议是十分成功的，获得了中外学者一致的高度评价，被誉为中国建筑理论界第一次空前盛大的会议。我想，您老闻之，亦会感到欣慰。为了不致多打扰您老的精神，晚仅将有关的《简报》（第2期）寄上一份，供您老浏览。

为了说明晚对当前建筑学术研究的一些思想，晚今将以下所撰论文各寄呈一份，供您老浏览审鉴。

1."研究传统是为了今天和明天——略谈民居的研究和创作之路"

2."关于'建筑与文化'研究方向的浅见"

这些看法，实际上与"城市学与山水城市"学说的深化、完善也不无关系。

晚于6月22日夜返回来后一直在处理会议的善后事及下一步策划以及积下来的事务，故此，到今天方能提笔给您老写信，伏望谅宥。

外寄"会议有感""潇湘夜雨"小词一首，请您老教正。

您老6月4日讲的"意见"，晚想：(1)刊发于《华中建筑》（以《简报》所载为准）；(2)纳入"长沙会议"《论文集》。您老看可否？

深望您老多加珍摄，保持良好的身体健康。

耑此

　　　敬请

道安！

阖家康吉！

　　　　　　　　　　　　　　　　　　　　晚

　　　　　　　　　　　　　　　　　介华　拜泐

　　　　　　　　　　　　　　　1996年6月30日于武昌

注释：

① 系指《钱学森：哲学·建筑·民主——钱学森会见鲍世行、顾孟潮、吴小亚时讲的一些意见》一文。

附：高介华 1996 年 7 月 17 日信

学公先生尊鉴：

您老 7 月 7 日手书奉悉，知上信已达尊览，从信中字迹可看出，您老的精神甚佳，精力充沛，十分欣慰。

得悉您老的谈话——"意见"已刊发于《文汇报》，无疑会引起社会上、学术界的重视。

标社会主义之"新"，立人间正道之"异"，恰恰是当今社会上所急需的，凡正义人士必当欣然"接受"，唯晚以为《文汇报》系面对广大社会，而专业建筑人员并不可能都读到。因此，晚已将"意见"一文刊发于《华中建筑》1996 年第 3 期，以飨广大建筑读者。与此同时，发了新华社记者对会议的长篇报道"在建设中我们遗忘了什么？"。报道中有不少西方学者的发言，发言的中心要义可归结为一句话，说白了，就是一些中国建筑师忘了中国的本，他们实在难以理解。

对于中国的某些青年人来说，他们的话比中国人说的要有力很多。

据晚所知，第二版《城市学与山水城市》已开始产生影响。

深望您老多多注意调息，保持良好的健康状态。

耑此，敬请

道安！

望您老多休息，不必急于作复。

晚

介华　拜泐

1996 年 7 月 17 日

1996 年 7 月 7 日致戴汝为

（关于现代科学技术表是集体创作）

戴汝为①同志：

您 7 月 1 日来信及大作稿《从现代科学技术体系看今后智能系统的工作》都收到。

先谈您文稿 2 页那张体系图的问题：（1）行为科学的哲学概括已和钱学敏同志商定改用现在我国哲学家们喜欢用的"人学"，而这也是声明"人学"要用马克思主义哲学为指导。（2）建筑科学的哲学概括暂用"建筑哲学"，有待今后建筑家们和城市规划专家们定。

这也说明这张表不是我一个人搞的，是集体创作。我在 20 世纪 80 年代首次在中共中央党校讲课时只把原来人们心目中的自然科学和社会科学两大部门扩展到 8 个，加上数学科学、系统科学、思维科学、人体科学、军事科学和文艺理论。过了几年才加上地理科学、行为科学。今年 6 月 4 日才提出建筑科学的设想，而这还是受到台湾叶树源教授《建筑与哲学观》一书的启示；后来又与建筑专家顾孟潮同志和城市规划专家鲍世行同志谈过，请大家研究。这都说明这个现代科学技术体系是我们经过实践经验的累积，用马克思主义哲学作指导总结出来的，是毛主席《实践论》的结果，也是不断发展的。

现在有了计算机信息网络，那我们就该

1）用这个现代科学技术体系来建立这一信息网络；

2）人要用这一信息网络，达到运用自如，真正成为人—机结合的"新人类"。

这样回顾人类的历史，我们就感到第五次产业革命的伟大意义！智能系统的建立及运用就如人开始有了语言文字！

以上供您加工您论文初稿时参考。

此致

敬礼！

钱学森

1996 年 7 月 7 日

注释：

① 戴汝为，中国科学院院士。

1996 年 7 月 9 日致鲍世行

（关于收到《城市学与山水城市》再版发行座谈会上发言稿）

鲍世行同志：

我非常感谢您 7 月 5 日来信及附来照片①1 张、吴良镛、周干峙、郑孝燮、钱学敏 4 位在《城市学与山水城市》再版发行座谈会上的发言稿和 6 月 21 日《中国新闻》、6 月 25 日《中国建设报》、6 月 28 日《文汇报》关于《城市学与山水城市》一书再版消息的剪报。4 位的发言稿还待仔细学习，如有所得，再向您报告。陈光庭同志的发言稿也收到。

出版社的同志是辛苦的，我要感谢他们；所以他们要我在书上签名，我当然乐于从命。具体事情和龚志刚②同志联系。

此致

敬礼！

钱学森

1996 年 7 月 9 日

注释：

① 系 1996 年 6 月 4 日钱学森会见鲍世行、顾孟潮、吴小亚时的相片。

② 龚志刚为钱学森秘书。

附：鲍世行 1996 年 7 月 5 日信

尊敬的钱老：

6 月 23 日及 6 月 30 日两封信均先后收到。

6 月 20 日，《城市学与山水城市》再版发行座谈会后，我即出差广州，参加在当地举行的历史文化名城研讨会，未能及时汇报会议情况，为歉。

《城市学与山水城市》再版发行座谈会开得十分成功。会议由中国建筑工业出版社刘慈慰社长主持，首先由该社王伯扬副主编介绍了该书再版的情况，然后传达了您 6 月 4 日会见编辑人员的讲话，由我和顾孟潮同志介绍了背景情况和体会。建设部部长侯捷同志出席了座谈会并讲了话。他简要地介绍了在伊斯坦布尔召开的联合国人类住区第二次会议的情况。他指出，人类社会面临人口急剧增加、城市化迅速发展的情况。未来的世纪是城市的世纪，因而研究未来城市发展模式有重大意义。会上宣读了吴良镛和周干峙的书面发言，吴良镛院士以"全社会发展人居环境科学"为题的书面发言讲了五个问题。他说：社会需要杰出科学家振臂高呼，推动学科的发展。周干峙院士的发言高度评价了您的讲话。他说：钱老高瞻远瞩，有远见卓识，对于钱老的意见我是完全赞同的，我非常赞赏钱老的见解。王如松和郑孝燮两位分别在会上从生态环境和文态环境角度探讨了"山水城市"，钱学敏教授介绍了您的哲学观，并从科学技术体系框架畅谈了建立建筑科学大科学部门的意义。陈光庭研究员（北京社科院城市问题研究所所长）是从国内外城市学的历史发展轨迹评价了这本书出版的意义，讲得很好。此外发言的还有北京市城市规划设计研究院柯焕章院长、中国城市科学研究会张秉忱副秘书长和中国水科院谭徐明同志。座谈会开得很紧凑，整整开了一个上午。

会后《中国新闻》、《中国建设报》和《文汇报》先后作了报道，特别是《文汇报》在 6 月 28 日的"笔会"副刊上，用了三个"关键词"，中间加了两个圆点作标题，同时用"我的几点思索"作副标题，很有特色，与整个版面也很协调。

随信附上会议有关材料，供参阅，其中王如松的发言录音尚在整理中，待整理完毕后再寄上。

信中附上 6 月 4 日您接见我们时的照片。这是用我的相机照的。

这次《城市学与山水城市》一书的再版和座谈会的召开是和中国建筑工业出版社刘慈慰社长的厚爱和大力支持分不开的，可以说没有他们的鼎力相助，这些事都是办不到的。可是上次您的签字本分发时先满足了到会的专家和新闻单位的代表，出版社的同志都没有拿到。为了留作纪念，他们衷心希望您还能为他们签名一些书。此事特向您请示。不知可否？具体事项我再和龚秘书联系。

敬祝

暑安！

鲍世行

1996 年 7 月 5 日

附：鲍世行 1996 年 7 月 10 日信[①]

尊敬的钱老：

7 月 5 日寄上一信及所附 6 月 20 日座谈会材料谅已收到。

最近即将出版的《中国图书年鉴（1993～1995）》要求各出版社选送 10%～15%优秀图书，分成 1～3 类。《城市学与山水城市》（首版本）已被评为一类图书，将在该书中作 750 字的图书介绍（二类为 300 字、三类 100 字）。现将撰写的初稿呈上，请您提出宝贵意见。

此致

敬礼！

鲍世行

1996 年 7 月 10 日

注释：

① 钱学森阅批：稿件上改了几个字，请酌。退鲍世行。钱学森 1996 年 7 月 16 日。

1996 年 7 月 10 日致瞿宁淑

（关于构筑第十一大部门）

瞿宁淑①同志：

您 7 月 8 日来信收到。

您因另有重要活动，未能去参加 6 月 20 日中国建筑工业出版社的会。我现送上载有我在 6 月 4 日同鲍世行、顾孟潮、吴小亚三位在我家见面时谈话记录的另一次会议简报，供翻看。您要的照片也是那天照的，现送上一张。我在那天提出的意见是构筑一门与地理科学等 10 大部门平列的第 11 大部门—建筑科学，您看对不对？

我向传钧院士问安！

此致

敬礼！

钱学森

1996 年 7 月 10 日

又：所谓"隐形失业"也是两个转变问题。

注释：

① 瞿宁淑，时任中国地理学会秘书长。

1996 年 7 月 14 日致顾孟潮

（关于"建筑科学"大部门的一个重要课题）

顾孟潮同志：

前些日子我得鲍世行同志来信①，知道你们 6 月 20 日的会②开得很成功。对此我也和大家一样感到高兴！我也要感谢您和鲍世行同志的辛勤劳动！

我近读《人民长江》1996 年 6 月期 36～38 页梁漪莉、王家鸿文"大坝景观设计问题浅析"，感到这属"建筑科学"大部门的一个重要课题，故将该文复制奉上，请阅。请考虑此事该不该引起建筑界的重视，并在建设中的三峡工程中体现出来。毛主席"水调歌头·游泳"有"高峡出平湖。神女应无恙，当惊世界殊。"

此致

敬礼！

钱学森

1996 年 7 月 14 日

注释：

① 系指 1996 年 7 月 5 日鲍世行给钱学森的信。

② 6 月 20 日的会指《城市科学与山水城市》再版发行座谈会。

1996 年 7 月 14 日致钱学敏

（关于建筑科学是强调马克思主义哲学的指导）

钱学敏教授：

近日我收到鲍世行同志寄来 6 月 20 日的座谈会材料，我才知道您也去参加并作了发言。您还讲了您对现代科学技术体系的第 11 大部门——建筑科学的看法。此会中其他发言您也听了，好像还都是赞成的。其实我提出第 11 大部门是强调马克思主义哲学的指导，不能跟着洋人跑，也不能迷于中国古代皇宫、富家园林、北京四合院、江南水居……现代社会主义中国要有新时代的建筑、新时代的城市。对此，您已开始协助我，请继续合作。

再一件事是戴汝为同志①在本月初去天津南开大学，见到该校搞美国史的冯承柏教授，谈到信息革命和第五次产业革命，并得到论文"美国的信息社会理论与中国的现代化"。文中提到我们的观点，现奉上冯承柏文和我给戴汝为同志信的复制件，请阅。我认为大成智慧和大成智慧工程的概念还需要深入研究和宣传，这是我们面临的事，第五次产业革命现已开始。在 21 世纪，人口中从事脑力劳动的人数将上升，人口中从事体力劳动的会下降，我们的社会主义中国要有预见并作好规划。

就这么几件事要说。长彬教授②好吗？

此致

敬礼！

钱学森

1996 年 7 月 14 日

注释：

① 戴汝为：中国科学院院士。

② 俞长彬：中国人民大学教授，钱学敏的老伴（钱学敏注）。

1996 年 7 月 21 日致鲍世行①

（关于要迅速建立"建筑科学"大部门）

鲍世行同志：

您 7 月 15 日来信②及附中国城市规划学会风景环境学术委员会的年会通知都收到，十分感谢！通知现退还。

我近读《经济参考报》7 月 17 日、7 月 18 日都有我们关心的文章③，现复制送呈供参阅。我想两篇文章讲的问题都指向如何大大提高我们对现代人居及城市的认识，而目前我们还只是纷纷议论，没有明确而又联系今日客观实际（包括建筑界专家们）的理论体系。对此，只宣传"山水城市"是不够的，要迅速建立"建筑科学"这一现代科学技术大部门，并以马克思主义哲学为指导，以求达到豁然开朗的境地。我想这是社会主义中国建筑界城市科学界同志的不可推卸责任。请考虑。

同一内容的信我也写给顾孟潮同志了。

此致

敬礼！

钱学森

1996 年 7 月 21 日

注释：

① 此信收入杨永生主编《建筑百家书信集》中国建筑工业出版社，2000 年 3 月，第 126 页。

② 系指 1996 年 7 月 11 日鲍世行给钱学森的信。该信主要报告中国城市规划学会风景环境规划设计学术委员会将在四川举行以"山水城市"规划研究为主题的年会。

③ 系指丛亚平"立体音符的困惑——关于建筑与文化的思考"一文，它介绍 1996 年 6 月中旬在长沙召开的"建筑与文化国际学术讨论会"的情况。

附：鲍世行 1996 年 7 月 19 日信

尊敬的钱老：

7 月 15 日寄上一信谅已收悉。

今日又收到您 7 月 9 日来信。

最近各报又陆续刊出您的讲话和《城市学与山水城市》再版消息。7 月 7 日《科技日报》2 版刊出关于《城市学与山水城市》增补版出版的消息；7 月 14 日《科技日报》2 版又以"关于哲学、建筑科学、学术民主的思考"为题发表了您的讲话，同时还刊出 6 月 4 日会见时的相片和我的"与钱老聚谈"及顾孟潮的"启示和召唤"的短文；7 月 12 日《中国日报》（英文）第 9 版（文化版）刊出"Qian's theory"的报道[①]。这些报纸估计您已有了，就不再寄上。

7 月 17 日中央电视台又来拍摄有关《城市学与山水城市》一书的电视，由中国建筑工业出版社刘慈慰社长介绍该书选题的确定，由我介绍城市学与山水城市的概念，由顾孟潮介绍该书的框架，由吴小亚介绍该书出版后国内外的反响。这个节目今后将在中央电视台 7 台（教育台）"科技之光"中的"科技书架"节目中播出。电视是目前影响最大的媒体。可以预计这个节目播出后，将会引起更大的反响。

附上建设部侯捷部长在《城市学与山水城市》再版发行座谈会上的讲话。这个讲稿是根据录音整理已经本人审阅修改。

此致

敬礼！

鲍世行

1996 年 7 月 19 日

注释：

① 关于《城市学与山水城市》增补版出版消息见《山水城市与建筑科学》第 1029～1037 页，"哲学·建筑·民主"，见该书首页；"与钱老聚谈"一文，见该书第 9 页；"启示和召唤"一文，见该书第 10 页；"Qian's theory"的报道，见该书第 1030 页。

1996 年 7 月 21 日致钱学敏

（关于建筑科学这个大部门是科学与艺术的结合）

钱学敏教授：

您 7 月 15 日、16 日两封信及那篇万余字的大作稿① 都收到。我读后深感您辛勤写作阐发我们的研究，真是功不可没！下面我提点想法供您考虑：

文章中既然引用了那张现代科学技术体系表，又说到"建筑科学"，那就应该将建筑科学加进现代科学技术体系表，改 10 大部门为 11 大部门，说明随着我们实践认识的发展，这个体系也会发展。何况建筑科学这个大部门明显是科学与艺术的结合！目前这一大部门中的现实问题很多（见附上的剪报复制件②），要用马克思主义哲学来推进其解决。这点意见我也向鲍世行同志与顾孟潮同志讲了。

还有一个更大的问题是"大成智慧"。您是否在那本《现代科学技术体系与大成智慧学》书中讲透了？我现在想，大成智慧是我们近年来工作的核心，第五次产业革命和科学技术体系的形成造成人·机结合的思维体系，以致要求人人 18 岁达到硕士水平。这是"新人类"了！而社会也将改观、改组，走近共产主义的世界大同！这一点，一定要宣传好！中国共产党领导的社会主义要领先开步走上这条大道！能不能在建党一百周年开始？这才是头等大事！

以上请示。

文稿送还。

此致

敬礼！

钱学森

1996 年 7 月 21 日

注释：

① "万余字的大作稿"，指钱学敏写的 "钱学森关于科学与艺术的新见地" 文稿，后发表在《系统研究》，浙江教育出版社，1996 年 11 月版。

② 附的剪报复制件是：

1. "人居问题仍是中国的大事"（记者专访建设部部长侯捷），《经济参考报》1996 年 7 月 18 日

2. "立体音符的困惑——关于建筑与文化的思考"，发表于《经济参考报》1996 年 7 月 17 日（钱学敏注）。

1996 年 7 月 28 日致钱学敏

（关于中国有很多建筑科学方面的权威和学者）

钱学敏教授：

您 7 月 20 日来信及大作稿"钱学森对建筑科学发展的构思"①都收到。我读后将意见用铅笔写在文稿上，请您考虑。我这么想的原因是：（1）在我提出的这一大部门，中国已有许多有实践经验和学问的权威和学者，而我只是对建筑有兴趣的外行人。这一实际情况是与我提出系统科学、思维科学、行为科学等时，大不一样，我不是大哥，只是小弟弟！（2）"建筑学"的内涵已有千年以上全球各地的发展，我要谨慎。这两条我在 6 月 4 日同鲍世行、顾孟潮、吴小亚谈话中就有所体现，您注意到了吗？

您的文章稿奉还。载有黄顺基②文"试论钱学森现代科学技术体系"的《烟台大学学报（哲学社会科学版）》1996 年第 2 期也附上，供参阅。

比起"大成智慧的'新人类'和'新社会'"，以上都是一个小小的分题了！

再附上 3 个复制剪报供思考。

此致

敬礼！

钱学森

1996 年 7 月 28 日

注释：

① "钱学森对建筑科学发展的构想"一文，原为钱学敏于 1996 年 6 月 20 日参加《城市学和山水城市》一书再版座谈会上的发言稿，后钱老将此发言稿的标题改为"对钱学森提出'建筑科学'的一些思考"，发表在 1998 年 3 月 10 日出版的《华中建筑》。

② 黄顺基：中国人民大学教授（钱学敏注）。

1996 年 7 月 31 日致王寿云

（关于建筑科学作为现代科学技术体系中第十一大部门）

王寿云秘书长：①

  您 7 月 16 日信收到。王颖致力于"山水城市"，我非常高兴！近日来我正在宣传"建筑科学"作为现代科学技术体系中最新的一个大部门，第十一大部门，希望王颖也对"建筑科学"有所作为。

  我昨见《解放军报》6 版有王厚卿文，讲军事运筹学。您是研究军事运筹学的，故复制②送上请阅。王厚卿您认得吗？

  请代我和蒋英问毛幼先同志好！

  此致

敬礼！

钱学森

1996 年 7 月 31 日

  蒋英和我也祝贺您升任正职！

注释：

  ① 王寿云时任国防科工委科技委专职委员兼秘书长。

  ② 所附文章是王厚卿的"为落实新时期军事战略方针服务"，刊《解放军报》1996 年 7 月 30 日第 6 版。

1996 年 8 月 11 日致罗来平

（关于相信社会主义中国一定能建设好）

罗来平[①]**同志：**

您 8 月 2 日来信、附件及尊著《城乡规划建设与名胜环境保护》[②]上、下册两本都收到。对此，我谨在此对您表示衷心感谢！

我也按您嘱咐，先读了序、附录、后记，翻看了诸篇。我认为您关怀人居环境，并做了大量的工作，真令我感佩！

但我对这方面的认识是：只消极地批评、宣传保护环境是不够的，还应提出积极的方案。我的"山水城市"建议就是这个目的。另外还有一本浙江教育出版社 1994 年出版的《论地理科学》也是为了这个目的。我相信我们社会主义中国一定能建设好，您也一定能为此作出贡献！

您一定认识您那里的吴翼同志，他不是宣传并实践了把合肥建设成当代园林城市吗？

此致

敬礼！

钱学森

1996 年 8 月 11 日

注释：

① 罗来平，安徽省建设厅高级城市规划师。

②《城市规划建设与名胜环境保护》（上、下册），罗来平著，海南国际新闻出版中心出版，1995 年 12 月。

附：罗来平 1996 年 8 月 22 日信

尊敬的钱老：

给您的信寄出我就出差去太原了，今日刚从太原到家就收到您的回信，真是喜出望外。

谢谢您老的回信和鼓励，不过我不是消极地提些批评意见，而不提积极的建设性意见。譬如现在水旱灾害这么严重，这么频繁，完全是砍伐森林造成的。我在强烈反对砍伐森林的同时，便提出不要再砍伐原始森林、次森林、水源涵养林、风景林，只能间伐人工林，同时要积极推行以金属、塑料制品代木，尽量把对木材的需求量减少到最低限度。还要大力封山育林，退耕还林，种树种草。

　　您的"山水城市"建议当然很好，对当今我国城市建设极有指导意义（顺寄"要特别珍惜历史文化名城山水环境"文，请赐教），但要拯救我国日益恶化的生态环境仅此而已就远远不够了。因为山水特别是原始森林砍光了，土地失去森林保护，导致水土流失，河床抬高，河湖消失，水旱灾害就来了，还有植物多样性不存在了，动物多样性也就不复存在，最终是威胁人类自身生存。生态环境破坏了，是不可逆转的。污染再严重，随着科学的发展，经济的腾飞，倒是不难治理的。英国泰晤士河、韩国汉江当年都污染严重，鱼虾绝迹，如今已河水变清，鱼虾又回来了。我再次恳请您把我的环保栏目文章看完，再多提宝贵意见。我是多么希望你能理解支持我，如果有您这样的著名科学家帮助我呐喊，那就会有力量得多。我这次到山西晋中南跑了数日，最感慨的就是生态环境糟透了，一言难尽。长此下去，儿孙将会无水吃，最终要被开除出球籍。

　　再见！

罗来平

1996 年 8 月 22 日下午匆匆

1996年8月20日致瞿宁淑

（关于搞建筑与城市的都关心整个建筑科学的建立）

瞿宁淑同志：

您8月6日信早收到。知道您与传钧院士均去欧洲，后天回京，故写此信迎接二位归来！

您信中提到许国志同志编的文集，并说其中有您写的文章，待我见到此书时，一定好好拜读。

您信中重点谈了您也是建筑科学的关心人，并说到鲍世行同志。这使我想起我参加的两本书：《论地理科学》和《城市学与山水城市》。对这两本书，社会发生的反应似乎很不同：对前者冷，对后者热；第二本书出书一年多就因社会需求而编写第二版，这是第一本书所没有的。

为什么如此？我国的地理界同志似乎是各搞各的，对整个学科的发展不关心。相反，搞建筑与城市的却关心整个建筑科学的建立，非常关心。在社会主义中国，目前建设中两个方面都有不少重要课题有待探讨；在地理科学就有环境保护问题、抗地震问题—地震预报问题（环境保护是李鹏总理抓的，地震预报是周恩来总理抓的），都是大问题！见所附复制件。①

您和传钧院士对此现象有何评论？请教！

此致

敬礼！

钱学森

1996年8月20日

注释：

① 复制件是：《国务院关于环境保护若干问题的决定》，刊《北京日报》1996年8月16日第3版；国家地震局地球物理研究所研究员许绍燮的"地震的成因是相关的吗？"一文，刊《科技日报》1996年8月18日第2版。

1996 年 9 月 1 日致钱学敏

(关于把中国的园林艺术结合现代技术引入中国 21 世纪的建筑)

钱学敏教授:

您 8 月 25 日来信及附尊姐学昭的诗文都收到。我读后很佩服她诗中意境之美,如《玉渊潭见乌鸦有感》及几首游西湖的诗。

我想现在我国建筑界已深感建筑环境之重要,日前还召开了建筑环境心理学的会议(见附上复制件①),因此我很希望学昭大师能参加建筑科学这一现代科学技术体系中的大部门,多作贡献!我想她会把中国的园林艺术、盆景艺术、窗景艺术、植物剪接造型艺术结合现代技术引入中国 21 世纪的建筑。这将是件有意义的大事!

此意不知当否?请您和学昭同志指教!

此致

敬礼!

钱学森

1996 年 9 月 1 日

注释:

① 复制件是"国内外专家聚会大连研讨建筑环境心理学"一文,刊《光明日报》1996 年 8 月 27 日第 3 版。

1996 年 9 月 8 日致胡兆量

（关于"山水城市"近日颇受我国建筑界及城市研究界重视）

胡兆量教授：

您 9 月 3 日来信及尊著《开放后的中国》都收到，对此我很感谢！

"山水城市"一说近日颇受我国建筑界及城市研究界的重视，这也是开放后的社会主义中国该完成的一件事吧？请教。

此致

敬礼！

钱学森

1996 年 9 月 8 日

1996 年 9 月 15 日致鲍世行①

（关于山水城市及建筑科学受到重视的原因）

鲍世行同志：

您 9 月 5 日来信及稿费 200 元都收到，《东方视角》杂志②想也即日可见。

经过大家的共同努力，山水城市及建筑科学的确受到重视。这是我深有体会的：早些时候我曾提出要建立地理科学大部门，并列于自然科学、社会科学、数学科学、系统科学、思维科学、人体科学、军事科学、行为科学与文学艺术 9 大部门，形成现代科学技术体系的 10 大部门；但除了少数人之外，反应不很强。但这次提出建筑科学大部门却引起大家的支持，山水城市也如此。什么原因？这是我们该好好反思的。

我想可能有两方面的原因：

1. 居室及工作环境是人们都有日常体会的。您信中说的群众对您广播讲话的反应不就是这样吗？而地理环境却不是群众都有切身体会的。

2. 从科学大部门来看（这是学者们重视的）地理科学只是自然科学与社会科学的交叉结合，而建筑科学则是自然科学、社会科学和美术艺术的三结合，更复杂高超！

从这两方面体会建筑科学和其哲学概括——建筑哲学的意义，令人感到构筑建筑科学这一现代科学技术体系的第 11 个大部门的重要，这是中国建筑界城市科学界的历史任务！我们要以马克思主义哲学来指导，用建筑科学建立 21 世纪社会主义中国人居环境！

我这些想法对不对？请您指教。您也可以同顾孟潮同志谈谈，我也向他请教。

此致

敬礼！

钱学森

1996 年 9 月 15 日

注释：

① 此信收入杨永生主编《建筑百家书信集》，中国建筑工业出版社，2000 年 3 月，第 129 页。

② 指《东方视角》1996 年第 2 期，内有 1996 年 6 月 4 日钱学森会见鲍世行、顾孟潮、吴小亚时的讲话。

附：鲍世行 1996 年 9 月 5 日信

尊敬的钱老：

现寄上《东方视角》1996 年第 2 期(另寄)，内有 6 月 4 日您会见我们的讲话。另汇上稿费 200 元，请查收。

有一事要向您汇报。中央人民广播电台(630、720、855kHz)于 8 月 30 日 11：00～12：00 邀请我在"专家热线"节目中主讲：城市发展新模式：山水城市，主持人是周正，由于我们两人配合默契，取得了较好的效果，在一个小时的时间里，先由我介绍"山水城市"，主要讲了三个方面内容：(1)山水城市讨论的实质；(2)山水城市的内涵；(3)山水城市讨论的时代背景。然后由主持人提问，展开讨论。播出过程中还不时有听众打来电话参与讨论。他们提出的问题有关于北京的交通拥挤、居住、工作地点分离，上下班不便；和一些城市填河填湖影响生态平衡等等，看来山水城市确实是贴近群众的话题，只是由于时间太短未能广泛展开讨论，最后我给大家出了两个题目(这是节目统一要求，称"专家考考您")：(1)山水城市讨论的实质是什么？(2)钱学森同志提出山水城市构想，是要把中国传统文化与现代化城市发展结合起来，那么这些传统文化包括哪些内容？

广播是影响极为广泛的一种大众传播，通过这次活动我深深感到"山水城市"这个崭新的概念正在逐步地为广大群众所接受，产生深刻的影响。这主要是由于您近年来以科学家的敏锐和胆识提出了种种高屋建瓴的见解，已极大地推动了学科的发展，同时由于您的巨大威望，也正在推进社会各方面对学科的理解和认同，使专家的研究与群众的实践广泛地结合起来。我相信一种新的学说只有为人民所理解和接受才能产生无比的力量，唯有如此建设具有中国特色的未来城市模式——山水城市的实践才能在华夏大地实现。

专此，敬祝

秋安！

鲍世行

1996 年 9 月 5 日

附：顾孟潮 1996 年 9 月 27 日信

尊敬的钱老：

您好！节日好！

昨天出差归来，见到世行同志转来您 9 月 15 日信的复印件，确实如您所说山水城市和建筑科学大部门能引起大家支持的原因我们"该好好反思"。

近来，我在新疆、齐齐哈尔、大连等地会上会下，无论是作学术报告还是发言、写文章、言谈之间都在宣传您关于建立建筑科学大部门的思想。我也同世行同志讲：目前建立建筑科学大部门是最迫切的任务，也是非常艰巨的工作，需要更多的人齐心协力才能有所前进。这和城市学、山水城市开始提倡时一样，还是有不少人有不同意见的，需要更艰苦的努力。我想，从我寄给您的剪报复印件，您可能也会感到这一点。但我决不会被困难吓倒，只要认识到这个任务的重要，思路的正确我会坚持下去的。我之所以讲建筑哲学，也是希望通过开课和写文章团结更多的人为此奋斗。习惯，包括学术界维护原有的认识水平和领域的思路和做法不是短时间能改变的，不知您认为如何？

顺便寄上《北京日报》约我并送您阅过的那篇短文的剪报，当否？请指正。

在您 85 诞辰前夕祝您健康长寿！

致礼！

顾孟潮　上

1996 年 9 月 27 日

1996 年 9 月 26 日致顾孟潮

（关于建筑科学基础理论的学问）

顾孟潮同志：

您 9 月 11 日下午来信及剪报等都收到。

对建筑科学这一现代科学体系中的一个大部门，其基础理论层次的学问，可以是多门学问，不必限于一门学问，例如在自然科学这另一个大部门，其基础理论层次就有物理学、化学、生物学……。所以在建筑科学这一大部门，其基础理论层次，也可以有多门学问；广义建筑学当然可以是其中之一，此意请酌。

此致

敬礼！

钱学森

1996 年 9 月 26 日

附：顾孟潮 1996 年 9 月 11 日信

尊敬的钱学森同志：

您好！

谢谢您和涂秘书对我"思考"一文的指正，我将遵循此指正对原文进行修改。关于建筑科学的三个层次的提法，技术科学指现有的建筑学；再上一个层次属于基础科学部分，称之为"广义建筑学"如何？吴良镛教授曾用此词，并有专书。意义与体系中这一含义比较契合。

另，寄上两篇短文剪报的复印件请您指正。

致

敬礼！

顾孟潮

1996 年 9 月 11 日

附：顾孟潮 1996 年 10 月 9 日信

尊敬的钱学森同志：

您好！

10 年前(1986 年)，中国当代建筑文化沙龙成立之时收到了您祝贺和支持的回信，给了我们极大鼓舞。十年来沙龙内外的朋友们，在您的关怀和指导下，为推动中国当代建筑文化艺术发展，理论、科学技术的进步做了许多工作，取得一些成绩。十年后的今天，我们专门组织了这次建筑文化十年纪念活动，包括举行报告会、座谈会和一些展览，借以回顾、评析十年的进步，展望未来，明确今后的努力方向。此刻，我们衷心希望能听到您对发展建筑文化的指示，盼望您百忙之中为参加大会的全体同志写几句话，可否？特请示您。

另：附上这份写了您接见我们之前的，向大会汇报十年简要情况的材料。14 日发言时我将会传达您关于建立建筑科学大部门的有关指示。另一份材料是 10 月 14～16 日三天会议的日程和内容，供参考，不当之处，望您一并指正。

致
敬礼！

顾孟潮　上
1996 年 10 月 9 日

附：顾孟潮 1996 年 10 月 17 日信

尊敬的钱学森同志：

您好！

今天寄出两本《房地信息》杂志，首篇载有您 6 月 4 日的谈话。该刊主编姚凤城同志的信(复印件)随信寄去供您参阅。姚的信中说长春市主管城市建设的几位领导看了您的文章很感兴趣，给予很高评价。政府规划、城建部门也派人来索取刊物。为此他向您表示深深的敬意和感谢，故转呈您。

您关于建立建筑科学大部门的思想，在我们 14～16 日"当代建筑文化十年纪念会"上，也得到与会者高度评价与反响。特此报告。

致礼！

顾孟潮
1996 年 10 月 17 日

附：顾孟潮 1996 年 11 月 7 日信

尊敬的钱老：

您好！

见到 11 月 6 日《人民日报》载钱学敏同志撰写的"钱学森论科学思维与艺术思维"一文非常高兴，也非常感谢您这又一重要贡献，正式把建筑哲学、建筑科学列入您建立的现代科学技术体系。

建筑业在我国作为支柱产业长期立不起来，其重要原因之一便是建筑科学的学科地位未达到支柱地位。您对建筑科学的论述，不仅对中国建筑有意义，对世界建筑界也是一个重要贡献。

另外，由涂元季同志撰写的"钱学森的科普观"（上）、（下）也已见到。但是由于出差始归，杂事很多，还未来得及细读。待细读后再向您汇报我的学习心得。再次祝贺您作出的新贡献！

致

敬礼！

顾孟潮

1996 年 11 月 7 日

附：顾孟潮 1996 年 11 月 30 日信

尊敬的钱老：

您好！

见到《人民日报》11 月 6 日载您近日增补完成的现代科学技术体系图很受鼓舞，同时感到有关建立建筑科学大部门的问题虽然很迫切，但宣传得很不够，故撰此文，拟给《中华锦绣》画报。现送您审阅，妥否？请予指示。

致

礼！

顾孟潮　上

1996 年 11 月 30 日

1996 年 9 月 26 日致钱学昭

（关于现代科学技术能办许多古人实现不了的事）

钱学昭同志：

您 9 月 17 日来信及两册载有尊作《翳杨诗稿》的《辅仁校友通讯》都收到，我非常感谢！

您有建筑工程的科学技术知识和实践经验，又具有文学艺术的修养和理解，所以是一位难得的"建筑科学大部门"缔造者！您一定能取得成功！

现代科学技术是能办许多古人实现不了的事的。为说明这一观点，现随函附上《机器人技术与应用》杂志一册，供参阅。

此致

敬礼！

钱学森

1996 年 9 月 26 日

1996 年 9 月 29 日致鲍世行

（关于 21 世纪社会主义中国）

鲍世行同志：

您 9 月 25 日信及附件① 都收到。

我现在才知道：国家建设部已于 1992 年提出创建"园林城市"，几年来已在全国评审命名北京、合肥、珠海、马鞍山等 8 个园林城市。现在继重庆市之后自贡市又提出要建山水园林城市，很自然，重庆市和自贡市是不是要把城市建设再提高一级，从园林城市到山水园林城市？按此情况，似可把城市建设分为四级：

一级　一般城市，现存的；

二级　园林城市，已有样板；

三级　山水园林城市，在设计中；

四级　山水城市，在议论中。

您是城市科学专家，此意当否？请教。

所以山水城市是 21 世纪的城市。那么 21 世纪的社会主义中国将是什么样的国家？首先是消灭贫困，人民进入共同富裕；然后要考虑到两个产业革命的巨大影响。

一是信息革命，即第五次产业革命，使绝大多数人不用天天上班劳动，可以"在家上班"。二是农业产业化，即第六次产业革命，使古老的第一产业消失，成为第二产业；这也就是您信中说的农村转化集中成为小城镇。这样我国人民将都住在城市：全国大多数人住在小城镇，大城市是少数。上千万人口的特大城市，全中国有几个而已。

中国的城市科学工作者面临的就是这样一幅全景。他们要把每一个这样的城镇、城市建成为山水城市！Garden City、Broadacre City，"现代城市"（L. 柯布西耶）、"园林城市"、"山水园林城市"等等都将为未来 21 世纪的山水城市提供参考。

这就是我现在的想法；对吗？请指教。

您 10 月 13 日的电视，我将设法安排收看。

此致

敬礼！

并祝

节日愉快！

钱学森

1996 年 9 月 29 日

① 指自贡市研究山水园林城市的计划申报表和 1996 年 9 月 23 日鲍世行给自贡市城市科学研究会陈绍先秘书长的信。在这些材料中介绍了建设部开展创建"园林城市"活动的情况。

附：鲍世行 1996 年 9 月 25 日信

尊敬的钱老：

首先报告您一个好消息，中央电视台（七套）将播出关于《城市学与山水城市》一书的节目，由中国建筑工业出版社刘慈慰社长、顾孟潮、吴小亚和我介绍情况，时间安排在 10 月 13 日（星期日）晚 10：00，次日上午 11：50 重播。

9 月 15 日大扎收悉。我十分赞同您关于建筑科学与山水城市受到大家支持的原因的分析。

21 世纪被人称为"城市的世纪"。在世纪之交的今天，城市发展战略的研究已经成为世界性的命题。有十二三亿人口的中国的城市化问题也是国际上关注的焦点。目前，中国的城市正面临新的转折时期：城市化速度加快，城市规模迅速膨胀，城市的经济、社会和空间布局结构正在发生深刻变化，城市面貌日新月异，城市现代化已经提到日程上，与此同时人口膨胀、住宅紧张、交通拥挤、能源、水资源短缺、环境恶化等城市病正在困扰着人们，有识之士正在呼吁应该冷静地分析一下形势，认真地研究城市发展理论。特别是中央提出两个根本转变，一是经济体制，从计划经济体制向社会主义市场体制转变，另一是经济增长方式，从粗放型向集约型转变。在这种新形势下，中国的城市向何处去？此外，国际上的一系列活动，尤其是人居环境活动的进展和可持续发展思想的提出，所有这一切都向人们提出了更高的要求，不能不引起人们的深思。城市学与山水城市的讨论正是在这样的大环境下进行的。

您在学术界的崇高威望，也是工作顺利推进的十分重要的原因。吴良镛先生说："社会需要杰出科学家振臂高呼，推动建筑学术的发展。"他还说："钱老近年来对建筑与城市种种杰出的观点，已极大地推动全社会各方面（包括我们专业工作者）对学科的认识……所有这些讨论，不仅对这门学科的发展有所推动，也让全社会认识这门科学……"

但是，我们在推动工作中也深深感到压力的存在。这一方面是由于急功近利，忽视理论的探讨，忽视远景的谋略，另一方面，部门分隔的体制往往使一些部门带有偏见，而且具有强烈的排他性。我在给自贡陈绍先同志的信中说："千万不要学董仲舒"，就是指上述现象。

随信呈上自贡研究山水园林城市的计划申报表和我给他们的一封信。

这个课题组由自贡城科会会同市建委、规划设计院、林业局、城管局、环保局等17位专家组成，由市政府、建委领导担任顾问，今年6月上旬进行了工作大纲论证，下旬分赴重庆、合肥、马鞍山等地考察学习。看来他们吸取了这些城市的经验教训，工作肯定会更深入些。

中秋、国庆即将来到，我预祝您
节日愉快！

鲍世行

1996 年 9 月 25 日

附：鲍世行 1996 年 10 月 15 日信

尊敬的钱老：

您 9 月 29 日来函收到。

我很赞同您将山水城市分为四个阶段进行规划建设的论断，即：一般城市，园林城市，山水园林城市，山水城市的设想。一般城市可将园林城市作为近期城市环境建设的目标，远期则应按"山水园林城市"的目标来规划、建设，而"山水城市"则作为 21 世纪社会主义中国城市的远景构想。这是最高的奋斗目标，要求应该更高一些。

来信还对 21 世纪中国城市的全景作了清晰的描绘：首先第一步要消灭贫困，实现共同富裕，然后第二步要考虑两个产业革命的巨大影响信息革命和农业产业革命(绿色革命)。就城市的总体布局来说，我国的大多数人将居住在小城镇里；大中城市有一定数量，它们都有合理的布局；大城市，从数量来说是不多的，也应按"山水城市"的要求来规划、建设，不然到时候还要再来一次"城市改造"。总之，到时候我国十几亿人都将居住在环境优美的城镇里，这些城镇每一个都是按照"山水城市"的模式来进行规划建设，到那时可以说我国的城乡差别就真正消灭了。

我刚从成都参加中国城市规划学会风景环境学术委员会 1996 年年会回来。这次会议有两个主题："山水城市"规划研究和风景区规划研究，但是大家感兴趣的是"山水城市"这个主题。会议的论文有不少涉及"山水城市"，这些论文有理论、有实践，都有相当水平，发言多数也是讲"山水城市"。这次会议先由我作了一个主题发言。我在发言中还传达了您最近来信的精神。大家围绕着这些问题开展了热烈的讨论，发言十分活跃。由于我 10 月 16 日将带团赴埃及作历史文化名城保护与建设的考察，因此我只参加了一天会议(会期两天)，次日即回京。会议的详细情况待我由埃及回京后再向您汇报。

此致
敬礼！

鲍世行

1996 年 10 月 15 日

1996 年 10 月 1 日致周肇基

（植物嫁接技术是将来山水城市所不可少的）

广东省广州市天河五山华南农业大学农史研究室周肇基教授：

中秋节刚过，国庆节也来临，我祝您和韦璧瑜同志节日愉快！

您 9 月 8 日信早收到，因想您正忙于写书，所以不打搅，现在我估计您收到此信时写书的事可能已基本完成，才写此信。

我有两件事要说：

（一）近见王兆毅著《果树盆栽与盆景技艺》（中国林业出版社，1995 年版），也是运用了植物嫁接技术的，又是将来的山水城市所必不可少的。您知道这位作者王兆毅吗？他是主持河北保定果树盆景研究开发中心的人。

（二）我在 1996 年 4 期《植物生理学通讯》上见到曹效东、曹孜义的文章《植物试管繁殖的成本与效益浅析》，很高兴。所以我去信这位在甘肃省兰州市园林科学研究所的同志（曹孜义在甘肃农业大学植物生理生化研究室）；现附上此信复制件请审阅。您认得他们吗？

此致

敬礼！

钱学森

1996 年国庆节

1996 年 12 月 22 日致高介华

（关于山水城市要好好探讨）

高介华同志：

您 11 月 8 日信及于海漪文①早收到。您问及的《华中建筑》1996 年 3 期及稿酬亦收到，请释念！尊作《击水词·书·画》②一书也收到，谢谢！

您论及建筑理论，甚好。愿我国建设界同志多努力！

于海漪同志的探讨很值得注意，不知建筑界有何评论？山水城市是现在要好好探讨的问题。

1997 年即将来临，我向您拜年，恭贺新禧！

此致

敬礼！

钱学森

1996 年 12 月 22 日

注释：

① 于海漪文系指"复合城市空间论"。此文原为作者在"建筑与文化"1996 国际学术讨论会论文，后载《华中建筑》1997 年第 1 期。

②《击水词·书·画》，高介华著，陈义伦书、李春富画，江苏文艺出版社，1995 年 12 月出版。

附：高介华 1996 年 11 月 8 日信

学公先生尊鉴：

您老好！

此寄上小作《击水词·书·画》一书，不知是否已达尊览。

您老会见鲍世行等同志时所谈"哲学·建筑·民主"问题，已刊于

《华中建筑》1996年第3期，刊物及稿酬早已寄发，不知是否收到？

最近北京友人寄来了钱学敏先生所写，刊于《中国文化报》（1996.9.4）上的"钱学森关于科学与艺术关系的新见解"，晚已认真地阅读学习了此文，感到"将文学艺术纳入现代科学技术体系"的观点，可以说是划时代的创新见解，而且是极为大胆，极具气魄。这一见解，乍看有点"标新立异"，实际上具有哲学基础，因为"文学艺术与科学一样，同是认识世界和改造世界的科学"。文学艺术在任何时代的作品，从内涵到表现形式、手法技巧，都不能脱离科学技术对文学艺术的研究，实际上是科学性的，至于是否可以别立门类，是另一回事，有的早已立了。

晚拟将此文转刊于《华中建筑》，好让中国以至世界的建筑师从中得到启迪。特别是当代中国的一些年轻建筑师，一头埋入所谓"建筑艺术"，不顾根本，只能误入歧途。

徐千里的论文，拟作修订，由中国建筑工业出版社出版，我今天已给他寄发一信，建议他在修订时务必贯入您老所提的意见，以马克思主义的辩证唯物论和历史唯物论为指导，时刻不能忘记建筑是为人民大众服务的。我想他会认真考虑。

今附寄上去年女建筑师于海漪交给"长沙会议"的论文"论复合城市空间的构想与设计"的复印件一份。她的构想与设计就是以您老的"山水城市"学说为指导思想。当然，是否能很好地体现，还须不断深化和探索。未来的城市设计无疑将会产生革命性的变革。

由于工作太忙，疏于修书请安，请谅宥。望多珍摄。

敬祝您老

身体益健！

阖家欢愉！

晚

介华　沏上

1996年11月8日灯下

1997 年 3 月 2 日致鲍世行

（关于应深入研究山水城市内涵）

鲍世行同志：

您 2 月 26 日来信①及李德洙②文③都收到，对此我谨致谢意！

"山水城市"不能停留在概念，还应深入研究其内涵并做出设计实例。此事要请您推动！

此致

敬礼！

钱学森

1997 年 3 月 2 日

注释：

① 系指 1997 年 2 月 26 日鲍世行给钱学森的信。

② 李德洙，中国都市人类学会会长、国家民族事务委员会主任、中共中央统战部副部长。

③ 系指李德洙"山水城市观：中国城市环境保护的一项传统措施"一文。本文系作者在"生活来自资源国际学术研讨会"上发表的论文。

附：鲍世行 1996 年 12 月 10 日信

尊敬的钱老：

您好！埃及出访回来后一直很忙，疏于问候，请原谅。

从埃及回京后即和郑孝燮、罗哲文去江西乐安流坑考察。流坑是个千年古村，虽元代毁于战火，但明代重建时，经过周密的规划，且至今保存比较完好，建筑风貌依旧，特别是该村文化底蕴深厚，内涵丰富。我们都认为这是我国文物古迹、历史文化村落的一个重要发现。

考察后，我们给建设部和国家文物局领导写了报告，提出了一些具体建议，领导阅后认为这些意见很好。现将此报告送上请您一阅。

此致

敬礼！

鲍世行

1996 年 12 月 10 日

附：鲍世行 1996 年 12 月 24 日信

尊敬的钱老：

由邮局汇上稿费壹佰元。这是天津市城市科学研究会主办的《城市》杂志(1996 年第 4 期)上刊登您会见我和顾孟潮时讲话全文的稿费，杂志社要我将稿费转寄给您，请查收。这一期杂志我已告诉杂志社由他们直接寄给您。

寄上 1996 年 11 月 29 日《安徽日报》上刊登的"钱学森的'山水城市'观"一文(复印件)，供参阅，族弟鲍义来是该报记者，系安徽歙县人。我的祖先是在清乾隆三十九年(1774 年)由安徽迁往浙江，所以我虽是浙江绍兴人，但与义来同志是同宗。本文是作者在阅读《城市学与山水城市》一书后写的。

据悉大作《沙产业》、《人体科学》、《系统科学》、《开放复杂巨系统》已出版，可否惠购？或告知出版单位，以便购买，先读为快。

值新年来临之际，特向您祝贺

身体康泰！

鲍世行

1996 年 12 月 24 日

附：鲍世行 1997 年 1 月 19 日信

尊敬的钱老：

最近《中国教育报》在 1996 年 12 月 18 日和今年 1 月 4 日用了整整两个版面的篇幅，以"钱学森论山水城市"和"各方专家谈山水城市"为题刊出相关文章。这些文章都是从《城市学与山水城市》一书中摘登的。现送上这两张报纸请您一阅。

《中国教育报》是在教育界很有影响的传播媒介，是国内中小学中普遍订阅的一份报纸。这些文章的刊出一定会对介绍和宣传"山水城市"这一概念产生广泛和深刻的作用，而且必将通过教师传播给广大的青少年，产生影响。

顺颂

大安！

鲍世行

1997 年 1 月 19 日

又及：《中国教育报》科技版"科技广角"主编陈宝泉同志要我转寄该报 7 张，请您提出意见。

附：鲍世行 1997 年 1 月 30 日信

尊敬的钱老：

您好！

现寄上《城市发展研究》1997 年第 1 期，供参阅，内第 9 页刊有中国城市科学研究会电贺您 85 寿辰的消息。

另日本专家柴田德卫所写"日本的经济与汽车：它的辉煌与困境"一文，介绍日本在处理汽车工业与城市发展之间关系的经验，内容较好，值得一读。

在此向您拜年！

敬祝

阖家欢乐，万事如意！

鲍世行

1997 年 1 月 30 日

附：鲍世行 1997 年 2 月 12 日信

尊敬的钱老：

寄上 1997 年 1 月 31 日《名城报》，内刊有我给自贡市城市科学研究会秘书长陈绍先同志关于山水城市的两封信。①这些信都是根据您给我来信的精神写的，是否正确，请您提出意见。

今天是初五，已经开始上班。我向您拜个晚年！

祝您

新春快乐！

鲍世行

1997 年 2 月 12 日

注释：

① 鲍世行给陈绍先的信见《山水城市与建筑科学》一书第 587～594 页。

1997 年 4 月 6 日致鲍世行

（关于城市规划、建设与国土的整治、建设的区别）

鲍世行同志：

　　谢谢您 3 月 16 日来信及寄来的《建筑学报》1997 年第 2 期①！我读了来信及吴良镛先生文章后，有以下几点想法，谨向您报告：

　　1. 所谓把城市规划和建设一直扩大到国土的整治和建设是不对的，因为那是又一门学科，地理科学的事。地理科学包括两大部分：（1）防灾建设，包括气象、防震预报，水资源保护与利用，大地保护与利用；（2）交通（公路、铁路、水运、空运、管运等），通信、邮路，能源开发与传输等等。前者是抗御自然灾害，后者是建设环境。

　　城市建设是要讲生态，但不能一讲生态就扩大到地区和整个国家。

　　2. 吴先生文中的图 4 是可以的，但我还要强调"文化"的作用：是封建文化？资本主义文化？还是有中国特色的社会主义文化？在资本主义发达国家，大资本家住在自己的庄园、别墅里，而穷人连住房都没有！

　　以上请教。

　　此致

敬礼！

钱学森

1997 年 4 月 6 日

注释：

　　①《建筑学报》1997 年第 2 期，刊有吴良镛先生"关于建筑学未来的几点思考"一文。

附：鲍世行 1997 年 3 月 16 日信

尊敬的钱老：

3 月 2 日大札收悉。

山水城市的推动，遇到极大的阻力，为此必须承受很大的压力。

吴良镛先生最近在《建筑学报》今年第 2 期发表"关于建筑学未来的几点思考"，现将杂志寄上。文中谈到建筑、城市规划、园林开始逐步融合时说：这已不只是我们建筑专业人员的认识，某些科学家也有自己的看法，如钱学森先生提出应把城市建设成为"山水城市"的设想。

文中吴先生说："今天我们对园林的考虑已不仅是传统概念中的咫尺天地，而是对绿色的呼唤，对生存空间和生态空间的追求，对大地的体察。"在具体规划中，不仅仅要在有限的绿地上建造公园，也不仅仅要规划一个城市的绿化系统，而是要规划一个区域甚至整个国土的大地景物，即所谓大地景观规划（Earthscape Planning），这包括城市农业、城市森林、开敞空间的布局等，我理解这就是您说的超级的大型园林。

吴先生文中还说建筑可分为人工建筑与自然建筑（即老沙里宁所谓的 architecture of man 与 architecture of nature）。如果说人工建筑是小到住宅大到建筑群，自然建筑是小到住宅园林（您认为最小层次是盆景艺术），大到大地景观、生态园林，那么我想城市的规划就应该是人工建筑与自然建筑的结合，它的尺度应该更大，它包括小到一组建筑群、居住小区，大到区域规划，甚至国土规划。

吴先生把建筑、城市、园林三者的融合称为建筑学体系，并提出了人居环境科学的学术框架，把建筑、城市和园林作为学科研究的中心，即主导专业，与其他学科相互交织，联系其他学科中与人居环境有关的内容。在这里吴先生提出"人居环境科学"与您提出建立"建筑科学"有异曲同工之妙。不知这个理解是否正确？请指正。

对于未来城市模式的探讨，已故我国著名园林专家汪菊渊先生在"山水城市座谈会"上的发言代表了园林学界的一些看法。他在题为"大地园林化和园林（化）城市"（《城市学与山水城市》第二版 361 页）的发言中提及 1958 年"大跃进"高潮中毛泽东同志提出的"实现大地园林化"的号召，并且把未来城市的模式称为"园林（化）城市"。去年 5 月建设部在马鞍山市召开了"全国园林城市工作座谈会"，会上首都绿化委员会副主任陈向远发言提出要搞大园林建设，说"大园林与传统园林相比，根本不同点在造园的空间对象上有了极大的发展变化。大园林是以整个城市为整体的，穿插整个城市进行造园，也就是把整个城市加以园林化。显然，这与过去的在城乡一隅以独立空间造园有极大的不同。"这次座谈会将"园林城市"的十条评选标准扩充为十二条。标准不仅要求"城市公共绿地、居住区绿地、单位附属绿地、防护绿地、生产绿地、风景林及道路绿化布局合理，功能齐全，形成统一完整的系统，取得良好的生态、环境效益"，而且也要求充分保护和利用城市依托的自然山川地貌和郊区林地、农业用地，将城市绿地系统同国土绿化紧密联系，把城市当成一个大园林进行规划、建设和管理。在这里，园林的概念已经不仅是叠山理水、营造风景建筑和布置花木，也不仅仅是搞城市园林绿地系统，而是把它扩大到区域以至国土的景物规划(Earthscape Planning)。

众所周知，生态学界将未来城市模式称之为"生态城市"，但是这里的"生态"，也不能简单地理解为生物与生物之间、生物与生存环境之间的动态平衡联系，而是把"人"也包括在生物之内，把研究的重心已逐渐从纯自然生态，向人类活动影响下的生态学过渡。马世骏先生等生态学家把城镇看作是社会—经济—自然的复合生态系统。认为驱动城镇复合生态系统的动力学机制来源于自然和社会两种作用力。自然力的源泉是各种形式的太阳能，它们流经系统的结果导致各种物理、化学、生物过程和自然变迁。社会力的源泉有三：一是经济杠杆——资金；二是社会杠杆——权力；三是文化杠杆——精神。所以有的生态学家把生态学称为"联结自然科学与社会科学的纽带"。

总之，不同学科通过研究、探索，对未来研究的视野正在拓展，认识都在深化、发展。正如吴良镛先生所说的那样，"天下一致而百虑，同归而殊途"。在世纪之交的今天，我国展开的各学科之间对 21 世纪城市的讨论是贯彻百花齐放、百家争鸣的具体体现，是我国学术繁荣的标志。

以上是我最近学习一些材料的体会，特向您请教。

此致

敬礼！

鲍世行

1997 年 3 月 16 日

1997 年 4 月 13 日致鲍世行

鲍世行同志：

您 4 月 4 日来信及戴月①文②复制件都收到。

读了文章后，我认为作者只是把"山水城市"这个词用于常熟市规划而已，还没有深入研究真正如何把虞山和尚湖用现代城市建筑科学技术结合起来，建设常熟山水城市。

由此可见"山水城市"的概念尚待深入研究。

此致

敬礼！

再附上《中国人口、资源与环境》③一册，供参阅，内有关于城市建设的文章。

钱学森

1997 年 4 月 13 日

注释：

① 戴月，中国城市规划设计研究院副总工程师、高级城市规划师。

② 系指"探索山水城市发展之路——以常熟市城市总体规划为例"一文，原载《城市规划》1997 年第 2 期。

③ 系指《中国人口、资源与环境》1997 年第 1 期。

附：鲍世行 1997 年 4 月 4 日信

尊敬的钱老：

您好！

现寄上"戴月：探索山水城市发展之路——以常熟市城市总体规划为

例"一文，供您参阅。此文原载《城市规划》1997年第2期。作者戴月是中国城市规划设计研究院规划设计所主任工程师。

　　此致
敬礼！

鲍世行

1997年4月4日

附：鲍世行 1997 年 4 月 23 日信

尊敬的钱老：

　　您好！

　　4月20日来函及附件收到。

　　寄上深圳市社会科学研究中心彭立勋教授专著《美学的现代思考》，并附上他的来信，请查收。

　　最近我在北京参加"中美城市比较研究座谈会"有机会与著名美籍华人城市规划师卢伟民先生再次见面。我早就听说卢先生正在从事"山水城市"研究，且颇有见地，曾多次在国际学术会议上介绍他的观点。这次我和他会面有机会面对面交谈。据他说，近年来他曾在台湾地区和日本召开的学术会议上作过关于"山水城市"的学术报告。这次他是从夏威夷来北京参加会议的，在夏威夷的国际学术讨论会上，他又一次作了"山水城市"的学术报告，引起与会学者的重视，有16个国家的代表出席了这次会议。卢先生目前在大陆(包括北京)和台湾的一些城市担任顾问。他在台中市"中兴新城"的规划中，就是以"山水城市"的理念来指导当地的规划。在和卢伟民先生交谈中，我也向他介绍了90年代以来，在您的倡导下，大陆学者开展"山水城市"讨论的情况，并向他赠送了《城市学与山水城市》一书。卢伟民先生对此书很感兴趣，爱不释手。他说："如果能早一点看到这本书，我在作学术报告时就可以参考了。"

　　卢伟民先生是一位美籍华裔城市规划专家，曾因参与美国明尼亚波利斯、达拉斯和圣保罗三个城市的规划，而在1985年获得美国里根总统颁赠的"卓越设计奖"。

　　卢伟民先生是著名建筑前辈卢毓骏先生之子。不知您是否认识？

　　专此，顺致

大安！

鲍世行

1997年4月23日

1997 年 6 月 30 日致顾孟潮

（关于要充分发挥高新技术作用）

顾孟潮同志：

您 6 月 25 日寄来的著作"中国当代建筑文化十年（1986～1996）记述"①收到，谢谢！

读了您写的"建筑文化学"多篇著述②后，我心里总有那么一个问题：讲了那么多，但看不到论述科学技术进步对建筑的影响。今天的高楼大厦是用了现代科学现代器材才能建起来的。所以我们说的"山水城市"如果不用 20 世纪、21 世纪的科学技术，就不可能实现。我国新一代建筑师们要充分发挥高新技术的可能作用啊！

此意请教。

此致

敬礼！

钱学森

1997 年 6 月 30 日

注释：

① "中国当代建筑文化十年（1986～1996）记述"，原载于《中国建筑业年鉴（1996）》第 250～254 页。

② "建筑文化学"多篇著述，系指顾孟潮曾先后寄钱学森指正的多篇文章："新时期中国建筑文化的特征"（1989）、"后新时期中国建筑文化的特征"（1994）、"论建筑文化学"（1990）、"建筑美学四题"（1992）等。

附：顾孟潮 1997 年 6 月 3 日信

尊敬的钱学森同志：

您好！

又有一段时间没给您写信了，但我一直按照您的教导思考和研究着建筑哲学和建筑科学的问题。特别是明天(6 月 4 日)是您接见我们一周年的日子。我永远忘不了您深刻的思想和谆谆的教导。特写信衷心感谢您这些重要贡献！

您有关山水城市、城市学、建筑哲学、建筑科学等一系列论述已经引起越来越多的人的重视。我在《中华锦绣》上写的那篇文章介绍您的思想，请画报社直接把那期画报寄给您，收到了吗？最近一期《基建优化》杂志又转载了，主编王宏经认为，您的有关思想和教导对基本建设的优化有推动作用。

有关建筑哲学的讲课稿，最近我还在修改，待改好发表后再送您指正，以节省您的宝贵时间。

祝

健康长寿！

顾孟潮　上

1997 年 6 月 3 日

1997 年 8 月 7 日致朱畅中

（关于山水城市是新世纪的大事）

朱畅中教授：

您 7 月 27 日信及著作 "'山水城市'探"都由鲍世行同志转来了。

您对"山水城市"的理解很好。前几年国家建设部就曾命名几个城市，内有北京市，为"园林城市"，所以"园林城市"是初级的，不够"山水城市"。近年重庆市也在计划建"山水园林城市"，我看了其草案，也不够"山水城市"，只可能比北京这样的"园林城市"高一等级而已。所以我们说的"山水城市"是建设中国特色的社会主义的一个大课题，还待深入探讨。希望您为此多作贡献！

我想"山水城市"也是新世纪的大事，所以它必然也是高新技术建筑的城市。这很重要。您以为如何？

此致

敬礼！

钱学森

1997 年 8 月 7 日

附：朱畅中 1997 年 7 月 27 日信

尊敬的钱老：

您好！

对于"山水城市"，我从城市规划建设角度，有一点初步设想，不知是否合适？请您不吝赐教。今特撰写成文，请鲍世行同志代为呈上，敬请批评指正，不胜感激。

谨此敬颂

暑安！

并祝

健康幸福！

清华大学建筑学院

朱畅中

1997 年 7 月 27 日

1997 年 8 月 7 日致刘慈慰

（关于出版《城市学与山水城市》第二版）

刘慈慰[①]社长：

　　我近听鲍世行同志说[②]，您社前几年出版的《城市学与山水城市》一书，很受社会上关心城市建设的人们的欢迎，报刊上讨论山水城市的文章也不断出现。所以他建议您社再出版山水城市文集的续集。我也想到《城市学与山水城市》一书初版一年后即重印了，可见此书是很受欢迎的。而且山水城市也是建设有中国特色社会主义的一个重要课题，能出版续集是您要考虑的。故写此信，提出此事。

　　以上请考虑。

　　此致

敬礼！

钱学森

1997 年 8 月 7 日

注释：

　　① 刘慈慰，时任中国建筑工业出版社社长。

　　② 系指 1997 年 8 月 1 日鲍世行给钱学森的信。该信主要是转呈朱畅中先生给钱学森的信和朱先生的"山水城市探"一文。以及请钱学森写信给中国建筑工业出版社，以促成《城市学与山水城市》第二版的出版。

1997 年 8 月 31 日致鲍世行

（关于章丘建成山水城市）

鲍世行同志：

您 8 月 21 日来信收到。

将章丘建成山水城市是很值得研究的。为了保护文物，如李清照纪念馆，可能要维持旧城区的外貌和格局，并用现代技术加以维护。而现代化的建筑则宜建在旧城区以外的地区。您意如何？

此致

敬礼！

钱学森

1997 年 8 月 31 日

附：鲍世行 1997 年 8 月 21 日信

尊敬的钱老：

您 8 月 7 日来信收到。朱畅中教授及刘慈慰社长的信已转交。我最近出差章丘(济南附近)，信是回来后才见到的，所以迟交了几天，请原谅。

章丘自然条件优越、历史文化内涵丰富。该市把山水城市作为城市发展的奋斗目标，为此刘尊芝副市长请我去看看，并决定在城市总体规划基础上，再深入做城市绿地系统规划，以搞好城市的生态系统。我请了北京大学地理系的老师去承担此项任务。为了使规划建立在扎实可靠的基础上，这次我先去对历史文化和水文地质(泉水)这些建设山水城市的支持条件作调查研究。

章丘是龙山文化所在地。1929～1931 年发掘出土了黑陶(作为龙山文化的主要标志)，在国内外都有广泛的影响。城子崖遗址至今仍是全国发现最早、规模最大、使用时间最长的龙山城。章丘还是"一代词人"李清照的故乡，在当地已建成李清照纪念馆。章丘的泉水蕴藏丰富。章丘市政府所在地——明水的明水泉域，355km² 范围内多年平均流量达 1.2 亿方（济南泉域也仅 1.8 亿方，但经常断流）。著名的百脉泉（济南七十二泉之一）形成的水面，下面到处都有泉眼喷涌，湖面上像稀饭开锅一样，相当壮观。调查后，我们对章丘建设山水城市的特色，提出了"北泉（本区泉水多）、南林（南面有万亩水源涵养林）、西湖（西市区有串珠式湖面）的构想，对于当地的历史文化和自然环境也从可持续发展的观点提出了保护与开发的要求。关于章丘建设山水城市的规划，下一步还将深入开展，到时再向您汇报。

　　此致

敬礼！

鲍世行

1997 年 8 月 21 日

1997 年 9 月 7 日致鲍世行

（关于山水城市是"入世的"）

鲍世行同志：

您 8 月 26 日来信、金磊①、同志文②及李文初③等著《中国山水文化》④一书都收到，我十分感谢！

书我翻看了，作者们是中文系的老师们，能写出此书是下了功夫的。但我也有以下两个方面的意见，请批评指教。书随信奉还。

1. 作为中国山水文化，此书论述颇广，也有中国园林一章，但作者没有注意到与之有关的盆景与窗景，是个缺点。此二者宜得到重视，因为它是中国文化的一个创造。还有花卉和树木造型也很重要。

2. 关系到我们说的"山水城市"，我认为也应指出：中国的山水文化也是中国古代文化的一部分，因此也只为人口中极少数人所能享受，一般平民老百姓是不能的，所以是大约占人口 1% 的人的文化？而我们说的"山水城市"则是属于广大老百姓的；所以中国古代山水文化是"出世的"，我们的"山水城市"是"入世的"。这是哲学思想上的根本区别，必须注意。再就是"山水城市"的构筑要充分利用现代科学技术！不能忘记现代科学技术的创造力。

此致
敬礼！

钱学森
1997 年 9 月 7 日

注释：

① 金磊，时任北京市建筑设计研究院所长、高级工程师。
② 系指"钱学森与中国城市研究"一文，原载《学会月刊》1997 年 7 期。
③ 李文初，暨南大学中文系教授。
④《中国山水文化》，李文初等著，广东人民出版社，1996 年 9 月。

附：鲍世行 1997 年 8 月 26 日信

尊敬的钱老：

寄上《中国山水文化》一书，请阅。此书由暨南大学中文系撰写，我是从广州购得的。据悉人民大学中文系也在开展这方面研究，将陆续出书，可见关于山水文化的研究已成为多学科研究的热门课题。这是一个好的迹象。

随信附上金磊"钱学森与中国城市研究"一文，是对《城市学与山水城市》一书的反映，供您参阅。关于出续集一事已将您的信转给中国建筑工业出版社刘慈慰社长。我已将您的通信地址告诉了他，估计他会直接给您回信。

此致
敬礼！

鲍世行

1997 年 8 月 26 日

附：鲍世行 1997 年 9 月 8 日信

尊敬的钱老：

8 月 31 日您的来信收到。您对"章丘建成山水城市的研究"给予肯定是对我们研究工作的支持和鼓励。我完全同意您的意见：要维护旧城区的风貌和格局，为此，现代化的建筑宜建在旧区以外。我已将您的意见转告章丘市主管城市规划与建设的(刘尊芝副市长)和在现场的规划小组，嘱他们在规划中认真贯彻，还寄去您信件的复印件。

9 月 1 日，我赴四川成都、重庆参加由中国城市科学研究会与台湾都市计划学会联合召开的第四届都市发展研讨会。据台湾同行说：他们提出把台湾的城市建成青山绿水的"山水城市"，为此，台湾地区建设厅林将财厅长已率领 20 余位专家赴欧洲考察。由此可见"山水城市"的理念已得到越来越多的人的认同，特别是具有东方文化传统的地区和国家。

此致
敬礼！

鲍世行

1997 年 9 月 8 日

附：鲍世行 1999 年 7 月 20 日信

尊敬的钱老：

6 月 30 日函收到否？《山水城市与建筑科学》已如期面世。不知您需要多少本？当按数送上。

中国建筑工业出版社杨永生编审编撰《建筑百家书信集》，已收入您给我的四封信件，1996 年 6 月 23 日、1996 年 7 月 21 日、1996 年 9 月 15 日和 1997 年 9 月 7 日，并要求对有关人、事和名词作必要的注释。

其中 1997 年 9 月 7 日您的来信有"出世"、"入世"两个哲学概念需作适当注解，我翻阅有关词典，请教了北京大学哲学系教授，也和钱学敏教授交换了意见。

任继愈主编《宗教词典》称："世间"就是指世俗世界，包括有生灭烦恼的有情众生和它们所存的周围环境。又称："出世间"原来是个佛教名词，是指超出"三界"六道生死轮回的世界，相当于涅槃。"出世"原是指脱离世间束缚之意。

《南齐书·顾欢传》："孔老治世为本，释氏出世为宗"。

我的理解，"出世"、"入世"表达了两种根本不同的世界观、人生观和价值观。您的来信从哲学思想上根本区别了中国古代山水文化与当今山水城市的不同性质。

中国古代"山水文化"是"出世"的，表明它只为脱离世间群众的封建统治者、达官显贵等少数人享用；我们的"山水城市"是"入世"的，表明山水城市要充分考虑为广大老百姓服务的要求。"出世"、"入世"，这两个哲学概念，揭示了中国古代山水文化与山水城市的深刻本质。

以上注释妥否？盼复。

对您的来信的理解，要用文字表达出来还真不是一件易事。这对我来说也是一次深入学习的过程。

值师母蒋英执教 40 周年之际，特表示衷心的祝贺！

正值暑期　望多珍重

专此，即颂

暑安！

鲍世行

1999 年 7 月 20 日

1997 年 9 月 21 日致鲍世行

（关于从园林城市到山水城市）

鲍世行同志：

您 9 月 10 日、17 日来信及附件都收读。

我写的 1997 年 8 月 7 日①、9 月 7 日信②是否发表请您定，我没有什么意见。我想现在江泽民同志已明确了我国社会主义初级阶段的构想，这是我们全党的决策。按照这一构想，我国要有山水城市想当在 21 世纪建国一百周年之际，我们从现在的园林城市，走过山水园林城市这一段，可能要 40 年时间。我国的城市科学家和建筑师们共同努力吧。

此致

敬礼！

钱学森

1997 年 9 月 21 日

注释：

① 系指 1997 年 8 月 7 日钱学森关于山水城市是新世纪的大事给朱畅中的信。
② 系指 1997 年 9 月 7 日钱学森关于山水城市是"入世的"给鲍世行的信。

附：鲍世行 1997 年 9 月 10 日信

尊敬的钱老：

9 月 8 日寄出的信谅已收悉。

您 9 月 7 日来信及《中国山水文化》一书均收到。

信中所谈关于中国山水文化的观点我很同意，其中关于中国山水文化与中国古代文化的关系、关于中国古代山水文化与当代山水文化的哲学思想上的根本区别，读后颇有启迪。不知此信可否复印后转寄作者——暨南大学中文系李文初教授或在报刊公开刊出以扩大影响。请示。

关于《山水城市》出版续集一事，中国建筑工业出版社刘慈慰社长已将您给他的信件转该社总编辑，正在进一步落实计划，待有新的消息，再向您汇报。

您在学术上的高度敏感和对出版事业的热情关怀是对山水城市讨论的最巨大的支持，也是对我们工作的鞭策和鼓舞。

此致

敬礼！

鲍世行

1997 年 9 月 10 日

附：鲍世行 1997 年 9 月 17 日信

尊敬的钱老：

9 月 10 日给您的信，谅已收到。

浙江金华出刊的《东方视角》，曾多次刊出过您关于山水城市的文章和信件，他们恳切希望发表您 8 月 7 日给朱畅中先生的信，特此向您请示。如果可能，9 月 7 日您谈到"中国山水文化"的信件也一并发表。可否？请酌。

随信寄上建设部部长侯捷同志在全国创建园林城市工作会议上的讲话和第四批园林城市，大连、南京、厦门和南宁的简单介绍。正如您所说的那样，这些"园林城市"达到的只是初步的目标，而作为"山水城市"，则是一个比较高的目标，这就是未来具有中国特色的社会主义的城市模式。

此致

敬礼！

鲍世行

1997 年 9 月 17 日

附：鲍世行 1997 年 11 月 4 日信

尊敬的钱老：

您好！

11 月 6～7 日，中国城市规划学会风景环境设计学术委员会在厦门市举行 1997 年年会，主题是"山水城市与城市山水"。去年 10 月这个组织曾在成都举行过以"山水城市"为主题的年会，这次年会又以"山水城市与城市山水"为主题。它是去年年会的继续与深化。

会议邀请我出席，但因我要去参加另一个会议，只能发去一封贺信。贺信讲到当前山水城市研究的一些动向，现将复印件附上，供参阅。

风景环境设计学术委员会主任是清华大学朱畅中教授，他积极探索"山水城市"，成绩卓著，精神可嘉。

此致

敬礼！

鲍世行

1997 年 11 月 4 日

附：鲍世行给中国城市规划学会风景环境设计
学术委员会 1997 年年会的信

厦门市规划管理局
转风景环境设计学术委员会 1997 年年会：

接到大会盛情邀请，首先表示衷心感谢，我因要到陕西铜川出席并主持一次学术会议不能前来参加，请原谅。

本次年会将以"山水城市与城市山水"为主题，这是去年 10 月在成都召开的以"山水城市"为主题的年会的深化。我预祝大会成功。

自从去年年会以来，"山水城市"的理论探讨与建设实践又取得了长足的进展。

今年 3 月重庆市召开了建设山水园林城市研讨会，建设部城建司发了贺信，说：毛主席早在建国初期就提出了"实行大地园林化"的号召，钱学森先生 1993 年提出了 21 世纪的中国城市应建设成为"山水城市"的目标。建设部于 1992 年组织评选"园林城市"活动，其目的都是在探索富有中国特色的生态健全、环境优美、清洁文明的现代化城市。贺信祝愿会议从理论到实践探讨实现具有山城特色的山水园林城市的措施和步骤，为促进重庆环境建设作出贡献。

继重庆以后，四川省自贡市也提出要建设山水园林城市的目标，并以此开展了研究。对此钱学森教授来信说："他设想山水城市的建设可以分为四个阶段。即一般城市、园林城市、山水园林城市、山水城市。"在研究中他们拟将园林城市作为近期（2000 年）城市发展的目标；2010 年则按"山水园林城市"的目标来规划建设；而"山水城市"则作为 21 世纪社会主义中国城市的远景构想。因为"山水城市"是一个比较高的目标。

目前自贡市已完成山水园林城市研究的中间成果，明年年初将完成研究任务。

山水城市的探索不仅在理论上获得了研究成果，而且一些城市还开展了规划设计。山东省章丘市的城市总体规划明确提出把"山水城市"作为城市发展的目标，最近在绿化系统规划中又充分发挥城市中有丰富泉水的特点，以当地宋代著名词人李清照的诗词意境构思城市园林，将传统文化和现代科技融入城市建设。这是对"山水城市"的有益探索。

与此同时，政府部门也在积极推进城市环境建设。今年8月建设部在大连召开全国创建园林城市工作会议，侯捷部长在会上作了重要讲话，大会还公布了第四批获得"园林城市"称号的城市。

"山水城市"的探索和实践在国内外、境内外正在产生越来越大的影响。今年4月我在"中美城市比较研究座谈会"上和美籍华人著名城市规划师卢伟民先生交谈时获悉近年来他在台湾地区和日本召开的学术研讨会上曾多次作过关于"山水城市"的学术报告。我见到他时，他正从夏威夷来京，据说他在夏威夷的国际学术讨论会上就是作了"山水城市"的学术报告。这个报告引起了与会16个国家代表的重视和兴趣。他在台湾台中市"中兴新城"的规划中就是以"山水城市"的理念来指导他的规划。在交谈中卢先生对国内关于山水城市的讨论产生了强烈的兴趣。他说如果早一点了解国内关于山水城市的讨论情况，早一点得到有关的书籍便一定能大大丰富他关于"山水城市"的构思。

今年9月在四川省成都市召开的第9届海峡两岸城市发展研讨会上我还了解到台湾学界探讨"山水城市"的情况。据台湾同行介绍，他们提出把台湾的城市建成青山绿水的山水城市的口号。今年8月台湾地区"建设厅"林将财厅长率领20余位专家赴欧洲考察，为台湾地区建设山水城市提供经验。"山水城市"的理念正在为越来越多的人所认同。

目前正处在世纪之交，城市化的浪潮正在向我们涌来，人们都正在思索什么才是未来世纪我国城市的发展模式。"山水城市与城市山水"的讨论是符合当前潮流的主题，我相信这次讨论会定会取得圆满成果。

此致
敬礼！

鲍世行

1997年10月30日

附：鲍世行 1997 年 11 月 6 日信

尊敬的钱老：

现寄上 10 月 31 日《名城报》一份，其中第一版右下角"名城基金将向丽江倾斜"一文提到您建议设立"名城基金"一事，特呈上，请您一阅。

专此，即颂

大安！

鲍世行

1997 年 11 月 6 日

附：鲍世行 1997 年 12 月 11 日信

尊敬的钱老：

久未通信，常在念中。

最近广州市社科院顾涧清教授来京谈及他们将开展"广州山水城市建设"的课题研究，并给我一份详细的研究提纲。他让我将这份材料转寄给您，请您阅后提出宝贵意见。这份提纲很全面，它为今后研究打下了很好的基础。这个课题想列入市里的科研计划，这样才有研究经费，因此希望得到您的支持。现将"广州山水城市建设"研究提纲的复印件呈上，请您一阅。

又，广州旧城有一条文化轴线，前些年在一次广州召开的名城保护研讨会上，我提出应该重视这条"广州的文化脊梁"。现在市里很重视这条中轴线，已拨款开始进行研究、规划和建设，特将报纸上有关报导一并复印寄上，供您一阅。

此致

敬礼！

鲍世行

1997 年 12 月 11 日

1998 年 4 月 5 日致鲍世行

（关于缅怀朱畅中教授）

鲍世行同志：

您 3 月 23 日信及所附《东方视角》1997 年 3、4 合订本①、尊作"21 世纪中国城市向何处去"提纲②，还有您 4 月 1 日信③及所附 1998 年 3 月 19 日《城市导报》、1998 年 3 月 25 日《中国市容报》④，都收到，我十分感谢！朱畅中教授是继梁思成教授的一位大建筑学家，他的不幸去世，令人伤感！今后是要您来继承恩师的事业了。

我近见报载国家建设部的新部长是俞正声同志，不知他对"山水城市"有何意见？但我想他近期恐怕将忙于住房体制改革了。

此致

敬礼！

钱学森

1998 年 4 月 5 日

注释：

①《东方视角》1997 年第 3、4 合订本，内有"钱学森、朱畅中谈山水城市"栏目。

② 鲍世行，"21 世纪中国城市向何处去"（提纲）系指鲍世行 1998 年 3 月 20 日在北京市城市规划学会主办的"学术沙龙"，所作学术报告"21 世纪中国城市向何处去——也探山水城市"。

③ 系指 1998 年 4 月 1 日鲍世行给钱学森的信。

④ 1998 年 3 月 19 日《城市导报》、1998 年 3 月 25 日《中国市容报》均刊有朱畅中教授不幸逝世的消息和朱先生最后一篇遗作"山水城市探"一文。

附：鲍世行 1998 年 3 月 23 日信

尊敬的钱老：

您好！

呈上《东方视角》1997 年第 3、4 合订本，内有"钱学森、朱畅中谈山水城市"栏目，请您一阅。本期还发表了朱畅中先生"山水城市探"一文。

我十分悲痛地向您报告，恩师朱畅中先生不幸于 3 月 8 日因突发脑溢血去世。朱先生晚年倾全部心力致力"山水城市"研究，不仅理论上颇有建树，且亲自参加海南通什的"山水城市"规划实践。朱先生的遗作"山水城市探"，是他一生中最后一篇力作，堪称"绝唱"。

朱畅中先生早年以优异成绩，毕业于中央大学建筑系，并获"中国营造学社(我国建筑界最早的学术组织)桂辛奖学金"第一名，因而被梁思成先生赏识，受聘清华大学任教，后赴苏联深造，是建筑界首批留苏生。朱先生以毕生精力献身城市规划教育事业，已桃李满天下。朱先生还是建国初国徽设计小组主要成员。当时梁思成先生生病，他代表梁先生向周恩来汇报方案。改革开放以后，朱先生致力风景名胜区的规划、建设、管理的研究，有很深造诣。

3 月 20 日我应北京市城市规划学会邀请去作学术报告，为了缅怀朱畅中老师，我的报告以"也探山水城市"为题。最后全文朗读朱先生"山水城市探"一文作为结束语。当时会场上鸦雀无声，报告后响起了雷鸣般的掌声，不少人向我索取这篇文章，足见此文对大家的巨大吸引力。

专此，恭颂

春安！

鲍世行

1998 年 3 月 23 日

1998 年 5 月 5 日致顾孟潮、鲍世行

(关于"宏观建筑"与"微观建筑")

顾孟潮同志、鲍世行同志：

鲍世行同志 4 月 10 日信早收到，近日又得顾孟潮同志 4 月 29 日信(两信都附有复制件)。拜读后，我对出书事没有什么意见，因我并不了解建筑出版界的情况，请您二位定。

我近日想到的一个问题是如何把建筑和城市科学统归于我们说的"建筑科学"，同时又提高山水城市概念到不只是利用自然地形，依山傍水，而是人造山和水，这才是高级的山水城市。我建议将"城市科学"改称为"宏观建筑(Macroarchitecture)"，而现在通称的"建筑"为"微观建筑(Microarchitecture)"。这是提高一步，二位以为如何？(人造山即大型建筑)

　　此致
敬礼!

钱学森

1998 年 5 月 5 日

附：鲍世行 1998 年 4 月 10 日信

尊敬的钱老：

您 4 月 5 日来信收到。

鉴于您关注我部对山水城市的看法，我们已将您的来信转呈俞正声部长。不知妥否？俞部长除了重视住房制度改革外，也十分重视城市化的进展，把它作为建设部要在理论上和实践上重点探索的三大问题之一。

一些报刊发表了恩师朱畅中先生的遗作，这主要是为了寄托我们的哀思，缅怀在天之灵。恩师虽已远去，他的思想却长留人间。他的伟大风范

将永远是我们的楷模。

近年来，一些城市重视山水环境的保护和建设，其中福州市是一个典型的例子。这个城市在历史上就形成了"三山鼎立，两塔对峙，一线贯穿，西湖独秀，闽江横陈"的独具特色的城市空间艺术布局。最近他们提出要"显山露水"，使"三山、两塔、一条江"的特色突出出来，做到"城在山中，山在城中；城在水边，水在城里"。最近"显山露水"工程已经启动。他们把福州名胜左海公园西面建的占地 6000m² 的"西游记宫"全部拆除，取代的是青青的绿草地。报纸在报道这件事情时说：如今，"西游记宫"已不复存在，驾车行进在左海西边的马路上，恰如水上行舟，宽阔的马路、大面积的草坪和微波轻荡的湖面连成一体，再向远处望去，湖天连接，青山相衬，画意天成。其实最关心这项"工程"的是广大的市民。住在"西游记宫"对面的一些市民几乎天天都到工地去看工程进度。他们说：拆掉了煞风景的"西游记宫"，真是为老百姓办了一件大好事。"显山露水"工程的提出和实施反映了当地领导"山水意识"的提高。不仅福州如此，其他一些城市，在规划建设中也出现了一些可喜现象。

今年 1 月我去河南南阳考察。南阳是个历史文化名城。这个城市滨临白河。白河是汉江的支流，但近年来也像北方河流一样，平时有很宽的河床，却只有很小的流量。他们在白河上规划了四道橡皮坝，目前已建成两道，造成水面，据说比杭州西湖还要大。这对城市的环境和小气候产生了良好的影响。最引人注意的是在河道上形成了一个沙洲，作为鸟类和其他生物的栖息地。就是说他们在规划中不仅注意了今天的需要，而且也考虑了未来的发展；不仅考虑人类生活的需求，而且也考虑了生物多样性的需要，我认为这是规划思想上的一个突破和提高。

顺颂

春祺！

鲍世行

1998 年 4 月 10 日

附：顾孟潮 1998 年 4 月 29 日信

尊敬的钱老：

您好！节日好！

收您最近给鲍世行同志信后，我与鲍世行给俞正声部长写了报告，再次提出出版《城市学与山水城市》一书续集事，拟书名为《山水城市与建筑科学》。得到俞部长和叶如棠副部长支持，叶批示同意出版续集，请建工出版社考虑。据此，我们又给刘慈慰社长写信，请他支持，待定下来我会及时向您报告。您有何想法和指示也望及时告诉我们。

另，见4月25日《中国环境报》二版全版报道有关园林城市内容，并摘引您有关城市学与山水城市的论述。特复印送您一阅。可见人们对山水城市和园林城市的认识在不断加深。

　　　致
敬礼！

顾孟潮　上

1998 年 4 月 29 日

附：鲍世行、顾孟潮 1998 年 5 月 26 日信

尊敬的钱老：

　　您好！

报告您一个好消息。我们关于出版《城市学与山水城市》续集的报告，已经俞正声部长首肯，叶如棠副部长批示："我赞成出续集，请出版社①考虑。"不久出版社刘慈慰社长正式通知我们：此书选题已批准，列入计划。今天我们和该社副总编王伯扬同志和本书责任编辑刘爱灵同志共同商量确定：

1. 书名定为《山水城市与建筑科学》。

2. 此书与《城市学与山水城市》属姐妹篇，书的体例和风格应有继承性，书的封面装帧应相似。

3. 全书分为书信篇、城市学与山水城市、建筑科学以及附录四个部分。

4. 此书为迎接1999年世界建筑师大会重点图书，出版时间定在明年5月，据此今年9月中要全部交稿。

我们想，自《城市学与山水城市》一书增订版于1996年5月出版以来，山水城市与建筑科学的讨论正在不断推向广泛和深入，特别是有几个城市对本市如何实现山水城市开展了研究，一批城市正在按照"山水城市"的要求进行规划构想和规划设计。在这些理论与实践的基础上，这本书应该比《城市学与山水城市》的质量更高。不知您对此有何意见？

我们已起草了向作者的约稿函，附上，请您一阅，其他编辑工作也同时展开，正在紧张进行。

为了提高该书的质量，我们想在书的前面上几幅彩色相片，特别是江

泽民主席看望您的照片和您的手迹。不知是否能将上述照片寄给我们翻拍，用后立即奉还。手迹用什么稿件？是否用您给我们俩的一封信，或其他稿件，请您酌定。另外，原书封面上有您的名字，我们想用您的手迹比较好，为此，希望您为我们写一个竖的签名。您有什么有关文章，也请推荐给我们。以上内容和安排，您有什么意见，请告诉我们。

　　此致
敬礼！

鲍世行　顾孟潮　同上

1998 年 5 月 26 日

注释：
　① 指中国建筑工业出版社。

鲍世行同志：

您5月12日信、稿费100元①、杨赏丽教授②文③早收到。听到您说外科手术后已康复一个月了，我要祝您保养好，再回到工作！

今又收到您5月20日信及王群生④撰写的文章⑤。

"山水城市"看来还需要深入探讨，杨赏丽、王群生都作出了贡献，是可喜的。我想您应在适当时候作个总结，把"山水城市"从初步设想变为一门建筑科学的学问。可以吧？

此致

敬礼！

钱学森

1998年5月24日

注释：

① 系1998年3月19日《城市导报》刊出钱学森给朱畅中一信的稿费。

② 杨赏丽，北京林业大学风景园林学院教授。

③ 系指杨赏丽"山水城市与城市山水"一文。

④ 王群生，重庆市政协常委、重庆市作家协会副主席。

⑤ 系指王群生"山水城市之我见——对重庆城区整体规划建设的思考"一文。

附：鲍世行1998年5月12日信

尊敬的钱老：

汇上您的稿费壹佰元。这是3月19日《城市导报》刊出您给朱畅中先生一信的稿费，请查收。

寄上杨赏丽："山水城市与城市山水"一文。此文刊《海峡城市》第

11期。杨赉丽教授长期在北京林业大学执教，从事风景园林设计工作。她是我的老朋友。此文从造园艺术的角度谈山水城市，颇有新意。

4月25日《中国环境报》以"园林城市建设喜忧参半"为题，在第二版用整版篇幅刊出一组文章。文章阐述了创建国家园林城市的由来，列举了自1992年以来先后四批获得园林城市称号的12的城市名称，并指出还有一些城市相继提出了申请，同时不少城市纷纷提出建设"生态城市"、"山水园林城市"、"花园城市"的口号，园林城市的建设如雨后春笋般兴起，这是可喜的。

但是，文章也指出了园林城市建设中存在的一些问题

首先是建设园林城市首先是要搞好城市整体规划，要从城市生态的角度规划建设好城市，而不能把园林城市仅仅理解为苏州园林式的城市。一些城市领导对园林城市的认识尚停留在苏州园林式的小农意识水平上，他们不是去认真搞好城市总体规划和城市设计，从健全城市生态系统，发掘城市历史文化内涵，显现城市的个性特色，而是盲目模仿攀比，简单照搬，似乎种了大草坪、建了大广场，有了节日妆点的花坛盆花，有了小桥流水、曲径幽廊的公园，就可以成为园林城市了。文章引用北京大学俞孔坚教授的话："如果没有正确的理论指导，我们的园林城市建设很可能会留下许多历史遗憾。"

其次，制定的园林城市的评选标准并非尽善尽美。现在已评上的国家园林城市，虽然各项水平高于国内其他城市，但城市总体规划和城市设计尚显不足，城市布局并非尽善尽美，公园的布局、功能、管理等方面也存在一些问题，有待进一步提高，更何况污染、交通等问题目前在城市中也还有许多工作要做。总的来说，我国的园林城市创建工作是处于一边做一边完善的过程。原北京市园林局总工程师李嘉乐先生直言不讳地说："目前，我国几乎没有一个城市能达到真正意义上的园林城市。现有的园林城市实际上还是叫'绿化先进城市'比较恰当。"

再次，一些城市开展园林城市建设，出自招商引资的目的。为了吸引投资，城市质量往往成为重要因素，所以园林城市的桂冠就显得很有诱惑力。为此有的城市对城市表面"形象"很注意，绿化覆盖率却并不高。工作都集中在脸面上，"后院"却不行。

在这一版的右上角显著位置上，以"钱学森论城市学与山水城市"为标题，正面阐述了"山水城市"的理论。可见编者的良苦用心。

我最近动了一个小的外科手术，已在家休息一个月了，可能还要休息半个月，才能去上班。

　　此致
敬礼!

鲍世行

1998年5月12日

（关于出版《山水城市与建筑科学》是件好事）

鲍世行同志：

您 5 月 19 日信及所附给陈绍先①信复制件、《中国环境报》4 月 25 日版②，您和顾孟潮同志 5 月 26 日信及约稿函③，都收到。

"山水城市"确尚需深入研究，所以出《山水城市与建筑科学》一书是件好事。你们问我要江泽民主席来寓的彩色照片，这我不好办：因为党和国家领导人的照片是不能随便出现在书刊上的；此事要有正式批示！所以我不能提供照片。至于用我的签名，请您用在我们书信中的签字即可。

此致

敬礼！

钱学森

1998 年 5 月 31 日

注释：

① 陈绍先，时任自贡市城市科学研究会秘书长。

② 系指 1998 年 4 月 25 日《中国环境报》内刊有"园林城市建设喜忧参半"一文。

③ 指编《山水城市与建筑科学》一书时向作者的约稿函。

附：鲍世行 1998 年 5 月 19 日信

尊敬的钱老：

邮汇上壹佰元。这是中国市容报寄给您的稿费（文章刊 1711 号第 9 版），请查收。

前已寄上一信，谈中国环境报（4 月 25 日）"园林城市建设喜忧参半"一文。现在拿到了报纸原件，特寄上，供您参阅。

自贡市山水城市研究课题的四个子课题已评审完毕，正在撰写总报告，大约6月下旬可以结题。我结合园林城市建设中存在的问题，给自贡市城市科学研究会秘书长陈绍先同志写了一封信，主要是谈山水城市研究中应注意的一些问题。现特将这封信件的复印件寄上，请您提出宝贵意见。

此致

敬礼！

鲍世行

1998年5月19日

附：鲍世行 1998 年 5 月 20 日信

尊敬的钱老：

您写给顾孟潮同志和我的信，昨天收到复印件（事先他已打电话告诉我信中内容）。

今寄上《中国市容报》（1998年5月10日）刊出重庆市作家协会副主席王群生撰写的《山水城市之我见》一文。此文是他读朱畅中先生《山水城市探》一文和您给朱先生的信后针对重庆市的规划谈的看法。

此致

敬礼！

鲍世行

1998年5月20日

附：鲍世行 1998 年 6 月 12 日信

尊敬的钱老：

5月24日及31日两封来信均已达到，并已及时将复印件转给顾孟潮同志。

《山水城市与建筑科学》一书，已和中国建筑工业出版社签了约稿合同。根据合同今年9月15日以前送稿件，书籍明年5月15日前出版。

您来信说："山水城市尚需深入研究"，并"应在适当时候作个总结"。我想在书籍编辑过程中，本身就是一个很好的总结的机会，应该抓住这个时机。

自从1996年5月《城市学与山水城市》增订版出版（实际上是1996年2月截稿）以来，在这两年多时间里，城市学与山水城市的讨论不论在理论上，还是在实践上都有很大的发展。特别是近年来关于人居环境科学的提出，更强调了从政治、社会、文化、技术各个方面全面地、系统地、综合地加以研究，研究更侧重于人与环境的相互关系，这就使城市研究大大地深入了一步。山水城市的实践，近年来在广度上和深度上也都上了一个台阶。据资料显示，已有自贡、重庆、章丘、苏州、昆明、长春、武汉、柳州、常熟、肇庆、烟台、婺源、溧阳、益阳、阜新等十余个城市在作这方面的研究和规划。虽然，他的目标模式提法各有不同，有的提山水园林城市，有的提森林城市，有的提花园城市，但是总的来说都是在探索未来城市的模式。上述这些城市规模和性质各不相同，因此经验是很丰富的。我们想应该尽可能地把这些城市的经验收集在集子里。

随信寄上哈尔滨建筑大学唐恢一教授撰写的《城市学》一书。最近我收到他寄给我两本《城市学》的学，特寄上一本。这本书基本上是按照您关于城市学的思想写的，在参考了《城市学与山水城市》一书有关部分的基础上，又有了新的发展。这是可喜的现象。不知您有什么看法？

此致

敬礼！

鲍世行

1998 年 6 月 12 日

1998 年 6 月 28 日致唐恢一

（关于《城市学》一书）

唐恢一[①]教授：

您托鲍世行同志转来的尊作《城市学》[②]我已收到，谢谢您了。

对建筑学我是外行了，只是对"山水城市"有所感而说了些想法。您的《城市学》我将好好学习，如有所思，再向您请教。

此致

敬礼！

钱学森

1998 年 6 月 28 日

注释：

① 唐恢一，时任哈尔滨建筑大学教授。

② 系指唐恢一教授编著的《城市学》一书，此书原系教材后于 2001 年 1 月，由哈尔滨工业大学出版社正式出版。

该书由天津大学著名教授沈玉麟作序，称："城市学作为一门学科，可称得上是"城市规划理论"的理论……我国城市规划界内人士，曾进行过如此深入的、长期的研究工作尚属不多。这项研究工作，既切合新世纪发展的要求，又响应了钱学森院士早在 20 世纪 80 年代中期就已提出的、建议建立城市学作为城市规划学科的理论基础，并要求将全国的城市体系当作一个复杂的巨系统来研究的伟大号召。"

附：唐恢一 1998 年 7 月 5 日信

敬爱的钱学森老前辈：

收到您 6 月 28 日的赐函使我非常感激。晚辈编了一本不成熟的教材，您给予如此垂爱，使我深受鞭策。您的伟大成就与楷模鼓舞了一批批的爱国知识青年与人士，明辨是非，报效祖国，也是我们学校教育的宝贵财富。

自从您发出建立城市学研究的号召以后，我原以为或许会像 Stephen Hawking 每周从邮政收到两三种宇宙统一理论那样，您也收到了许多种城市学吧？我不敢奢望占用您的宝贵时间于翻阅我编的这本拙作。您的健康是全国人民的幸福。

敬礼！

晚辈　唐恢一　敬上

1998 年 7 月 5 日

1998 年 7 月 4 日致鲍世行

（关于山水园林城市）

鲍世行同志：

您转来的唐恢一教授《城市学》早收到，我已去信致谢。您 6 月 23 日信及《重庆市建设山水园林城市学术研讨会论文专辑》也收到。您 6 月 30 日信收到，但武汉市山水园林城市的两本书①尚未收到。

我想我们采用"山水园林城市"这个词是合适的，因为重庆和武汉都有自然山水的基础；在此基础上再加人工建筑整合为"山水园林城市"是可以做到的，这还是比较容易的一步，有了这一步的经验，就可以进而考虑在没有自然山水的地方建人造的"山水城市"了。

这样考虑可以吗？请教。

此致

敬礼！

钱学森

1998 年 7 月 4 日

注释：

① 系指"武汉市创建山水园林城市综合规划纲要(1998～2002)"、"武汉市创建山水园林城市综合规划(1998～2002)"及《建设武汉城市广场暨山水园林城市研讨会专家发言汇编》两本书。

附：鲍世行 1998 年 6 月 23 日信

尊敬的钱老：

呈上《重庆市建设山水园林城市学术研讨会论文专辑》一书，请您一阅。

实践是检验真理的唯一标准。我们这次在编辑《山水城市与建筑科学》一书时将特别注重各地山水城市研究、规划、建设实践的经验，将各地相关的经验尽可能地收集到、编辑进去。我们也准备将这本书中主要的几篇收进集子（要大部分收进去是不可能的）。妥否？

从本书前言来看，这本书是重庆市创建山水园林城市学术研讨会的论文集，也可以说是"重庆市创建山水园林城市"这个软科学研究课题的中间成果。正如在您给他们的信中指出，当时他们的研究工作都是园林绿化方面。"前言"说明这个课题在立题之初，侧重于城市绿色环境工程在山水园林城市中的地位的研究，其本意是想以此为突破口，推动整个"山水园林城市"的建设。为了弥补这方面的不足，研讨会又邀请了规划、建筑、地理、国土、文化、城市科学等方面的领导、专家、教授共50余人，集思广益共商重庆市建设山水园林城市的大事。但是，总的来说，对园林以外的学科虽有涉及，但系统全面研究仍感不足。为此他们准备在课题结题时再全面地收集相关方面的资料，以便使最终成果的内容更加丰富，结论更加科学合理。

此致
敬礼！

鲍世行
1998 年 6 月 23 日

1998 年 7 月 12 日致鲍世行

（关于要用马克思主义哲学的观点来考察城市科学）

鲍世行同志：

您 6 月 30 日及 7 月 2 日来信及剪报都收到，7 月 3 日您和顾孟潮同志信及新书的内容提要也收到。来信讲了我国城市建设的建国后发展，对我有很大启示：我们要用辩证唯物主义和历史唯物主义的观点来考察我国的城市科学与建筑科学。

1. 山水城市的概念是从中国几千年的对人居环境的构筑与发展总结出来的，它也预示了 21 世纪中国的新城市。那时候山水城市的居民是建国 100 周年以后的中国人，是信息技术时代的中国人，他们中绝大多数是脑力劳动者，通过信息网络在家上班工作。

2. 这是一个辩证发展过程，我们的城市建设者要从实践中不断总结经验来提高认识。

3. 建国后城市发展的第一步是园林城市，如北京市、大连市等。

4. 我们现在在计划设计中的是第二步：山水园林城市，如重庆市、武汉市。

5. 有了这些经验才能结合 21 世纪新文化，包括大大发展了的国民经济和信息时代的生活特点，并总结第一步园林城市和第二步山水园林城市的经验构筑第三步山水城市（在没有天然山水的地方也要建设山水城市）。

总之，我们的思维要结合实践，又要有社会主义的目标——共产主义的世界大同。

您和顾孟潮同志写的新书内容提要，我因未见书的内容，提不出意见。只是用了"杰出科学家"一词，我很不敢当！

顾孟潮同志处不再写信了。

此致

敬礼！

钱学森

1998 年 7 月 12 日

关于城市森林两份剪报附还。

附：鲍世行 1998 年 6 月 30 日信

尊敬的钱老：

6月23日寄上一信及《重庆建设山水园林城市学术研讨会论文集》想必已收到。今再寄上"武汉市创建山水园林城市综合规划纲要(1998～2002)"、"武汉市创建山水园林城市综合规划(1998～2002)"、及《建设武汉城市广场暨山水园林城市研讨会专家发言汇编》各一本，请您一阅(阅后不必寄回)。

这些材料是我向武汉市城市规划设计研究院院长陈世平联系、索取的。我粗粗阅读这些材料觉得武汉山水园林城市规划有如下特点：

1. 市委、市政府领导重视。去年年底、今年年初市委和市政府领导分别向市党代会和市人大的报告中都作出了"经过五年的努力，把武汉初步建成山水园林城市"的承诺，而且在报告中也提出了要"坚持可持续发展的战略，不断提高人民生活水平和质量"，"充分利用丰富的山水资源"，"保护好山体、水体和东湖风景区"，"实施以城市绿化、森林公园和生态旅游项目为主的山水园林系统工程"，"尽快形成绿色屏障和江河湖滨防洪绿化长廊"，等具体的战略目标。

2. 在市委、市政府领导下，由规划局牵头编制了武汉山水园林城市综合规划大纲。在这个规划大纲编制过程中听取了政协代表和市内专家的意见。目前这个大纲已经市委原则同意，并印发各区县及相关单位进行讨论，广泛征求意见，因此可以说这个规划是有广泛的群众基础的。

3. 这个规划大纲对武汉城市发展进行了回顾和展望，提出了创建山水园林城市的战略意义、基本原则及主要目标，并对实现山水园林城市的主要任务、战略步骤和实施措施都作了详尽的论述。特别是对于创建山水园林城市提出的"城乡一体，以城为主；尊重自然，以人为本；因地制宜，突出特色；建管并重，标本兼治"四方面基本原则比较全面，切中要害。

4. 综合规划的内容比较全面。这个规划是在 6 个分项规划的基础上综合完成的。这 6 个分项规划包括：(1)总体规划结构与布局；(2)城市园林绿地系统规划；(3)湖泊和山体保护规划；(4)历史文化风貌保护规划；(5)城市空间景观规划；(6)城市环境治理规划。规划对分期实施、组织管理、法制建设、资金筹措和群众参与等都作了细致的考虑。

总之，这个规划的特色是"脑中有山水，眼里有山水，笔下有山水"。对于这一点我们搞了一辈子城市规划的人是深有体会的。50 年代，在当时的城市规划理论指导下，城市选址主要是找平地。当然大规模工业建设，大型工业企业的选址需要工程地质条件较好、用地比较完整，但是也不是所有的城市用地都要有如此高的要求。在这种规划理论指导下占了一些良田好地。在具体城市建设中，我们也走过不少弯路，做过不少蠢事。例如，"文革"前后不少城市填河搞人防工程；在农业学大寨和"以粮为纲"的口号下，大搞围湖造田；一些城市向河滩要地，甚至填掉水面作为建设用地；在房地产开发高潮中，有的城市搞"周边开发"，挤占城市公共绿地，在其周边建房，甚至烈士陵园也不放过；有的工程用推土机搞设计，挖掉山头，填平水面，极不尊重自然。

经过这些曲折的道路，人们开始变得聪明起来，开始重新认识山水，以正确的态度对待山水，保护山水，培育山水使之成为青山秀水。最近北京已决定对中心水系的水环境进行全面治理，包括截污、清淤、护岸、水利工程设备改造、拆迁、绿化美化等工作，解决水系所存在的防洪、供水、水环境等方面的问题(1998年5月31日《中国市容报》)。济南市大明湖完成了清淤工作，清除了20多年来，近两米厚的淤积物，最近八成的污水已进入污水处理厂，大明湖水质趋好，多年不见的"佛山倒影"，即大明湖中见到南郊千佛山的倩影，已多次出现(1998年6月25日《人民日报》)。昆明为了迎接'99年世界园艺博览会，正在大规模改善城市环境，已拆除数百万平方米建筑物以拓宽城市干道，增加河道两岸的绿化。这些都是十分可喜的现象。

关于武汉市山水园林城市规划的经验，陈世平院长正组织人为《山水城市与建筑科学》一书撰写论文，不日即可寄来。

专此，即颂

暑安！

鲍世行

1998年6月30日

附：鲍世行1998年7月2日信

尊敬的钱老：

6月30日寄出一信及武汉建设山水园林城市的资料谅已收到。

昨又收到您给哈尔滨建筑大学唐恢一教授的信，已早转寄，勿念。

今寄上"把森林请进城市"(《中国建设报》1998年6月23日)"'森林兄弟'的报复"(《中国建设报》1998年6月30日)，供您一阅。这两份剪报从正反两方面说明森林在城市中的作用与意义。

在我国，森林正在走进市民的生活，森林在城市中的作用也愈来愈显重要。近年来北京兴起"香山热"，不少市民从10～30公里以外的住处到香山去。早上6时出发，大部分坐公共汽车，有时坐"小公共"，直到下午才回来，参加者尤多离退休老年人。他们爬香山不仅是为了锻炼，更重要的目的在于去户外吸氧，有时也取泉水回家饮用，因为那里有很好的绿化和泉水。他们一般每周去两三次。一清早就出发，一去就是半天、多半天，听说还有专门的爬山队。这种新情况与北京进入老龄社会有关，更重要的是人们的观念在变化，生态意识在加强。

看来在城市边缘营建森林公园已经十分必要了。我去过长春的净月潭，那里有一大片森林，还有贵阳市郊区也有一个森林公园。据说这两处都是"二战"前后营建的人工次生林，现在都已经成了气候。身历其境，感到空气比城区新鲜多了。不仅东北的长春、西南的贵阳如此，而且大西北的兰州，建国后在岚山（南山）也种了不少树。那是在很艰苦的条件下营造的，种植很不容易。可是现在到了山上已能明显地感到小气候的改善。所以只要下决心，有恒心，条件再困难，都可以成功地建起森林公园来。

我认为在建设山水城市时要把森林公园看成是城市主要基础设施之一。城市需要供水、供电、供热设施，需要道路、交通、桥梁、同时也应该把供氧的"氧源"——森林公园的规划建设排上日程，还要像输水需要管道，输电需要输电线一样，输氧也应该建林荫道、绿化带把氧气源源不断地送到城市中心来。这才是造福子孙、造福后代的事。

以上看法妥否？向您请教

此致

敬礼！

鲍世行

1998 年 7 月 2 日

附：鲍世行、顾孟潮 1998 年 7 月 3 日信

尊敬的钱老：

现寄上《杰出科学家钱学森论：山水城市与建筑科学》内容提要，请您提出宝贵意见。

这本书已确定为配合明年 6 月在北京召开的世界建筑师大会而出版的重点书，中国建筑工业出版社决定今年 11 月要举行书展。我们起草的这个"内容提要"就是为了书展而写的。现在这本书的封面也正在设计中。

此致

敬礼！

鲍世行

顾孟潮　同上

1998 年 7 月 3 日

附：鲍世行 1998 年 7 月 8 日信

尊敬的钱老：

7 月 4 日来函及附来《重庆市建设山水园林城市学术研讨会论文专辑》均收到无误。

我和顾孟潮同志 7 月 3 日给您的信及《杰出科学家论：山水城市与建筑科学》内容提要谅已收到。与 6 月 30 日给您的信同时寄出的三本有关武汉建设山水园林城市的材料肯定会收到了。

随信附上《城市学》一书作者——哈尔滨建筑大学教授唐恢一先生给您的信。

此致

敬礼！

鲍世行

1998 年 7 月 8 日

1998 年 8 月 6 日致沈福煦

（关于山水城市要有理论指导）

沈福煦①**教授：**

　　您 7 月 21 日来信及尊作"中国传统的人居环境刍议"都由顾孟潮同志转来。您在信中对我过奖了，又自称为"学生"，这我很不敢当！

　　对中国传统的人居环境因是在封建社会，要区别达官贵人与老百姓，您在文中讲的是上层人物的居室，决不是平民百姓家。这一点很重要。社会主义中国的人民是平等的，因此这个传统决不能照样承继下来，而是取其长，再与现代科学技术成就结合起来，成为中国的现代城市——"山水城市"，要在社会主义中国完成这一任务很不容易，要有理论指导，即我们说的建筑科学，顾孟潮同志近年来正在构筑这门科学技术，您读了他的有关著述吗？

　　以上所陈，谨向您请教！

　　此致

敬礼！

钱学森

1998 年 8 月 6 日

注释：

　　① 沈福煦，同济大学建筑系教授。

附：沈福煦 1998 年 7 月 22 日信

尊敬的钱老先生：

　　您好。

　　久慕盛名，今有点冒昧与您作简单笔谈：我对您的科学成就早在中学时代已知晓，近年来闻您对城市问题也甚关注，更使我感慨甚！这也正是科学家和文化人的最高贵的事业准则：为人。

　　新的世纪的城市是否是高楼林立、车水马龙？我觉得不甚确切，而且要反思。您提出的山水城市理论，就是建立在"为人"这个基点之上，也是新的世纪的学术的一个准则。在此时，我想若是在反思中回顾一下我们中国古代的人居经验，也许多少有些裨益。因此，今托顾孟潮先生呈上我之拙文《中国传统人居环境刍议》，望能在百忙中一阅，并批评指正。谢谢。

　　即颂

华翰！

学生　沈福煦

1998 年 7 月 22 日

1998 年 9 月 28 日致鲍世行、顾孟潮

（关于长江特大洪水对山水园林城市的启示）

鲍世行同志、顾孟潮同志：

鲍世行同志 9 月 16 日信及附件卢伟民①先生的"山水人情城市——再创东方气质城市"和您二位 9 月 21 日信及《山水城市与建筑科学》目录都收到，我十分感谢！

我对《山水城市与建筑科学》一书目录补充稿没有意见，现将该稿奉还。

我现在想到一个问题：今年长江特大洪水对重庆市山水园林城市及武汉市山水园林城市的建设有没有新的启示？请酌。

　　此致

敬礼！

钱学森

1998 年 9 月 28 日

注释：
　①卢伟民，美籍华裔著名城市规划师。

附：鲍世行 1998 年 8 月 14 日信

尊敬的钱老：

汇上捌拾元，这是《东方视角》寄来的稿费，请查收。

最近我去甘肃张掖参加中国城科会历史文化名城委员会常务理事会，同时参加张掖大佛寺建寺 900 周年纪念庆典。

张掖位于河西走廊腹地，南依祁连山脉，北接合黎诸山，自汉武帝开拓疆域，建郡卫戍以来，便成为古丝绸之路上"通一线于广漠，控五郡之咽喉"的要塞重镇。

张掖古称甘州，自古就有融雪山草原，沙漠绿洲于一体的独特的自然风光，古有"若非祁连山顶雪，错把甘州当江南"之说。这里有众众的文

物古迹，与自然环境相映生辉，形成"甘州八景"。古人有"一湖山光，半城塔影，苇溪连片，古刹遍地"之称誉。在河西走廊有这样一个"山水城市"，真是我事先没有预想到的。可惜新中国成立以来对自然、文化遗产的保护重视不够，不少湖泊、水面被占用，"苇溪连片"的景色已不复再见。这实在是个遗憾。最近市里对这方面较重视，名城保护工作抓得很紧。这次大佛寺建寺900周年庆典的举行即一实证。

专此，即颂

秋安！

鲍世行
1998 年 8 月 14 日

附：鲍世行 1998 年 8 月 22 日信

尊敬的钱老：

您 7 月 12 日来信收到，并已送顾孟潮阅。

来信讲到："山水城市的概念是从中国几千年的对人居环境的构筑与发展总结出来的，它也预示了 21 世纪中国的新城市。"这个论断是十分正确的。

附上《杭高校友通讯》供您一读。

暑期届临，望多保重。

专此，即颂

暑安！

鲍世行
1998 年 8 月 22 日

附：鲍世行 1998 年 8 月 26 日信

尊敬的钱老：

接到美籍华人规划师卢伟民先生来信及两篇文章，现寄上请您一阅。卢先生来信称：祝你们此方面的工作(指山水城市)不断展开，而成一世界运动！

"Shan Shui Ren Qing City"（山水人情城市）一文系他应东京大学主编《世界环境大集》而写。此文是他多年来在世界各地所作报告修改而成，有一定理论性。

"山水·人情·气质——再创台北市风貌"一文是他 1995 年在台北国

际都市设计大会上作的学术报告。

两篇文章均拟收入《山水城市与建筑科学》一书，妥否？

卢先生提的"山水人情城市"，"山水"、"人情"分别说的是自然与社会方面的问题，是自然科学与人文科学的结合；但似乎没有"山水城市"的提法更概括、更简明，因为"山水城市"实际上也已包括了自然科学与社会科学的内容。

卢伟民先生曾因参与美国明尼亚波利斯、达拉斯和圣保罗三市规划而获美国里根总统颁赠的"卓越设计奖"。卢先生是著名建筑前辈卢毓骏先生之子。

两文阅后请寄回。谢谢。

此致

敬礼！

鲍世行

1998 年 8 月 26 日

附：鲍世行、顾孟潮 1998 年 9 月 21 日信

尊敬的钱老：

不久前寄上卢伟民先生"山水人情城市"译文，想已收到。

现寄上《山水城市与建筑科学》一书目录，请审阅。

目录（初稿）编成后高介华同志又寄来一批信件，因此目录又作了补充，尚未最后打印，先寄给目录初稿供您一阅，请原谅。

有什么意见请告诉我们。

此致

敬礼！

鲍世行　顾孟潮

1998 年 9 月 21 日

附：鲍世行 1998 年 10 月 17 日信

尊敬的钱老：

9 月 28 日来函收到。来信问及重庆、武汉在今年长江特大洪水中，对山水园林城市建设有没有新的启示？为此，我已将此信的复印件寄重庆和武汉。

我转寄给您的"建设自贡市山水城市研究"课题的材料想必已收到，

我已准备应邀赴自贡，参加课题评审会，周干峙同志因工作忙不能前往。他已写了书面评审意见，对课题作了充分肯定。

周干峙同志说："山水城市"源于我国城市规划的科学理论，是我国城市发展的美好理想。课题对"山水城市"作了结合实际的广泛而深入的探讨。

1. 从持续发展的指导思想，回顾了城市发展的历程，审视了存在的问题，特别是环境退化、文化淡漠、活力衰微等等。从根本上探索未来的正确去向，具有比较全面的理性思考。

2. 密切结合自贡的市情，探讨了自贡在不同发展阶段时实现山水城市的具体目标。

周干峙同志还说：山水城市理论迫切需要有山水城市的实践，课题描绘了一幅山水城市的蓝图，看来有现实性，有说服力，坚持做下去定能为我国的城市发展作出自己的贡献。

同时他还对"形象工程"的提法提出了自己的看法指出：当前有一股"城市形象设计"、搞"形象工程"之风，实际上是为城市搞包装，做表面文章。离开城市规划设计，去搞城市形象是有害的。它恰恰和"山水城市"的精神背道而驰。

　　此致
敬礼！

鲍世行

1998 年 10 月 17 日

附：鲍世行 1998 年 10 月 29 日信

尊敬的钱老：

9 月 28 日您来信问及长江特大洪水对武汉及重庆建设山水园林城市有没有新的启示。我已将信件转去，现武汉市城市规划设计研究院已先寄来该院编印的《城市规划信息》1998 年第 8、9 期共两本，内有不少关于抗洪救灾的报导和文章。现将这些素材寄上，供参阅。详细的总结材料，还要等一段时间后才能写出，到时再寄上。

　　此致
敬礼！

鲍世行

1998 年 10 月 29 日

1998 年 10 月 25 日致鲍世行

（关于“山水城市”要再上一层楼）

鲍世行同志：

您 10 月 20 日信及附件①收读。

“山水城市”能得到研究讨论，令人高兴，但既已有“园林城市”，又将有重庆的“山水园林城市”、武汉的“山水园林城市”。“山水城市”要再上一层楼，这次自贡市的讨论做到了吗？

此致

敬礼！

钱学森

1998 年 10 月 25 日

注释：

① 系指“建设自贡市山水城市研究”课题评审意见。

附：鲍世行 1998 年 10 月 20 日信

尊敬的钱老：

我最近要去自贡主持“建设自贡市山水城市研究”课题的评审。

该课题是四川省首次开展的“山水城市”专题研究课题（重庆已不属四川省了），因此引起省内各界重视；规划、环保、林业、园林……各部门都去了省内知名专家，实际上这也是一次很好的“山水城市”的宣传、推广的机会。大家对“山水城市”思想作了很高的评价，对自贡的课题也作了充分的肯定，现将“评审意见”寄上，请您一阅。如有可能请您来信对课题说几句，以志鼓励。

此致

敬礼！

鲍世行

1998 年 10 月 20 日

附：鲍世行 1998 年 10 月 23 日信

尊敬的钱老：

10 月 17 日我应邀在香山参加了九三学社北京市委员会主办的"面向新世纪的首都园林绿化研讨会。这是我们宣传山水城市的一个机会。我在发言中讲了成绩、差距、问题和对策四个问题。

北京市现状人均公共绿地 7.31 平方米/人，绿化覆盖率 33.65%，是第一批颁布的国家园林城市，城市绿化建设方面的成绩是有目共睹的。但是大家也认为园林城市颁布的标准和 21 世纪的目标以及作为社会主义国家首都的要求比，实在太低了。况且北京的现状绿地指标在全国 12 个园林城市的排名榜中均列在倒数第几位，具体指标均低于平均指标（全国 12 个园林城市平均人均公共绿地为 11.52 平方米/人，绿化覆盖率为 37.63%）。

我认为存在问题主要是，第一，城市绿地正在被不断蚕食，特别是北京作为分散集团式布局的绿化隔离带正在被吞噬。1959 年规划确定"分散集团式"布局时，当时确定的绿化隔离带有 300 平方公里，到 1982 年已减少到 260 平方公里，1992 年又减少到 244 平方公里，事实上其中只有 166 平方公里是有希望成为绿地（吴良镛：《北京旧城与菊儿胡同》第 28 页）。有人呼吁：动物园西端沿西直门外大街，绵延的高楼大厦正在拔地而起。公共绿地被商业大厦蚕食（《城市规划》1998 年第 4 期）。必须指出上述绿地正是城市布局中的绿化隔离带。如果绿化隔离带不再存在，还谈什么"分散集团式"布局了。事实上，1959 年规划时，"中心地区"是被绿地划分为 9 个集团的，而 90 年代规划时，"中心地区"就只有一个集团了。所以同是"集团"，其具体概念已经迥然不同了。第二，接近市民的居住环境正在恶化。北京四区（主要是二环与三环之间）高层住宅如雨后春笋，人口密度不断增加，而相对绿地并未增加。特别是一些零星改造的"危改地区"，并未经过统一规划，往往拆除一片"危房"，修建一幢（或数幢）高层住宅。过去居民宅院里少得可怜的一点绿化，也被作了停车场（停车场是可以有收入的，绿化还需要养护）。这些院子又被用铁栏包围起来（据说为了安全）。现在公园里人满为患。不少人为了晨炼，在路上浪费了不少冤枉时间。还有不少老年人跑到香山去锻炼。这一方面看到老年人锻炼的积极性，但是，从绿化建设的角度，不是值得深思的吗？大家都认为城市绿地是按照服务半径分级设置的，互相不能替换。除全市性的公园外，城市还应该有居住区、小区的公园，甚至居住组团绿地。目前北京最短缺的正是接近市民的居住区和小区绿地（方庄建成后，居住区公园就没人建）。

针对存在问题，我提出两条对策措施。

1. 用立法形式把绿化隔离带的用地固定下去，免遭侵占。

2. 搞好社区调查，作出详细的社区规划。把可能绿化的用地，开辟成开放的绿地，改善居住环境，使居民得到真正的实惠。

附上剪报一则，是上海园林专家对上海绿化建设的意见，供参阅。

专此　顺祝

大安！

鲍世行

1998 年 10 月 23 日

1998 年 11 月 9 日致鲍世行

（关于询问高级研讨班在昆明召开的原因）

鲍世行同志：

您 10 月 31 日信收读。它使我了解到一些情况，谢谢！

既然徐州市建设得很好，城市环境优美，那为什么明年元旦或春节的高级研讨班要到远离陇海兰新地带的云南昆明去开？[①]

请告

此致

敬礼！

钱学森

1998 年 11 月 9 日

注释：

① 鲍世行 1998 年 11 月 24 日给钱学森的信中说：陇海兰新城建联合会主办的山水城市高级研讨班(后因昆明的世界花卉博览会的主题为"人与自然"，因此，研讨会改名为"人与自然·城市可持续发展研讨班")选在昆明主办，主要是昆明将于明年 5 月举行世界花卉博览会。这在我国城市建设部门来说将是一件盛事，参加研讨班的同志将有机会参观世博会，另外在世博会筹备期间昆明进行了大规模城市建设，据说市内沿河、沿路都进行了大量拆迁和绿化，城市面貌发生了很大变化，这些都将是学员们很好的学习内容。

附：鲍世行 1998 年 10 月 31 日信

尊敬的钱老：

我于 10 月 26～28 日应邀赴徐州参加陇海兰新城建联合会的年会。会上作出决定，拟定明年春节在昆明举办"山水城市理论高级研讨班"。

陇海兰新城建联合会是"陇海兰新大陆桥"沿桥城市共同组织起来的

群众社会团体。参加活动的成员主要是各市的市长和建委负责人。这次议决举办"山水城市研讨班"，主要是在世纪之交，他们渴望了解和学习山水城市理论，以便指导新世纪的城市建设实践。

陇海兰新地带(即陇海兰新铁路直接吸引的范围)包括 10 个省、39 个地级市和 36 个地区，面积占全国国土 1/4，人口接近全国的 1/5，设市城市也占全国 1/5。这个横跨东、中、西三个地带的陇兰地带，自然条件复杂多样。在这个地区的城市中，通过研讨班，讲解推广山水城市理论有特殊的意义。

这次我去徐州开会，对这个城市留下了深刻的印象。徐州是国家级历史文化名城，是江苏省最古老的城市。刘邦在这里发迹。该市的汉画像石馆、汉墓和汉兵马俑集中反映了徐州两汉文化的丰厚积淀。因此，目前有"明清看北京，隋唐看西安，两汉看徐州"之说。

徐州不仅区位优越，是仅次于郑州的铁路枢纽城市，而且城市周围有 108 个山头。毛泽东曾在此发出"绿化荒山"的号召，经过多年来植树造林，这些荒山都已披上了绿装，满目郁郁葱葱，植被很好。1958 年该市还修建了水库，云龙湖(面积略大于杭州西湖)湖水晶莹，水质清澈，水光山色，城市环境优美。城市中心有这样的青山绿水实属不易。这个城市山青水秀、环境优美，建设山水城市有很好的基础。

此致

敬礼！

鲍世行

1998 年 10 月 31 日

1998 年 11 月 10 日致鲍世行、顾孟潮

（关于赞成在深圳召开山水城市研讨会）

鲍世行同志、顾孟潮同志：

您二位 11 月 3 日信收到。我很赞成山水城市研讨会在深圳市召开。深圳是我国改革开放后的第一个特区，可以说是我国城市建设的一个样板，在这里召开会议讨论面向未来的"山水城市"是有重大意义的。

此外，对我个人来说，深圳是我滞留美国 20 年后，于 1955 年乘客轮横渡太平洋在九龙登陆后，走上祖国的第一城！我也记得在边界就见到五星红旗和毛主席像时的激动心情！

祝在深圳召开山水城市研讨会成功。

此致

敬礼！

钱学森

1998 年 11 月 10 日

附：鲍世行、顾孟潮 1998 年 11 月 3 日信

尊敬的钱老：

10 月 25 日来函收到。自贡市评审"山水城市"课题的情况前已写信向您报告。

《山水城市与建筑科学》一书已付梓，明年 5 月可望出书。为了进一步深入探索"山水城市"问题，我们拟在出书后召开一个全国性的山水城市研讨会。这个会议应该既有理论探讨，又有规划、建设山水城市的经验交流。这次编辑《山水城市与建筑科学》一书时，收集了 20 余个城市的经验，因此这种经验交流是有一定基础的。这种理论与实践相结合的研讨，会使山水城市的运动向前推进一步。

关于会议的地点，我们初步和部分城市联系，已有一些城市表示愿意

承办这次会议，有的城市积极性很高。

最近，深圳市彭立勋同志说深圳也愿意承办这次会议。他现在担任深圳市社会科学院院长，与市里领导联系和接触较多。这是很有利的条件。我们考虑深圳市领导近年来对环境建设十分重视，在这方面做了大量工作，城市面貌有很大变化。在世纪之交的今天，深圳市也正在考虑如何迎接新世纪。如果山水城市研讨会在该市召开，必然会推动该市的城市发展。因此，我们认为，山水城市研讨会在深圳召开是比较适宜的。

为了使会议能顺利召开，彭立勋同志在电话中提出希望您能给我们写一封信表示深圳市近年来城市环境建设卓有成效，赞成山水城市研讨会在深圳市召开。有了这封信，深圳市领导就会更加重视这次会议的召开。这将对彭立勋操作这次会议给予极大支持。

专此　顺祝

安康！

鲍世行　顾孟潮

1998 年 11 月 3 日

1998 年 11 月 11 日致鲍世行

（关于看了讲长江水灾的刊物）

鲍世行同志：

　　您 10 月 29 日信及两本讲武汉市水灾的刊物都看了。现将两本《城市规划信息》1998 年第 8、9 期①奉还。

　　谢谢！

　　此致

敬礼！

钱学森

1998 年 11 月 11 日

注释：

　　①《城市规划信息》1998 年第 8、9 期内有关于武汉抗洪救灾的报道和文章。

附：鲍世行 1998 年 10 月 29 日信

尊敬的钱老：

　　9 月 28 日您来信问及长江特大洪水对武汉及重庆建设山水园林城市有没有新的启示。我已将信件转去。现武汉市城市规划设计研究院已先寄来该院编印的《城市规划信息》两本，内有不少关于抗洪救灾的报导和文章。现将这些素材寄上，供参阅。

　　此致

敬礼！

鲍世行

1998 年 10 月 29 日

1998 年 11 月 14 日致鲍世行

（关于城市建设要规范化）

鲍世行同志：

您 11 月 9 日信及《城市规划通讯》1998 年第 30 期①都收到。

我以为城市建设在我国要规范化：分一般城市、园林城市、山水园林城市、山水城市。而且要明确不管什么地方，不依靠自然地理条件，都可以人工地建设这四个等级的城市。现在已有一般城市很多，园林城市也有北京市、大连市等典型；更高一层次的山水园林城市可能是规划建设中的重庆市与武汉市；至于山水城市，那还在讨论中。所以不要随便把"山水城市"加在任何在建的城市上，那是太不严肃的。

此见当否？请教。

此致

敬礼！

钱学森

1998 年 11 月 14 日

注释：

①《城市规划通讯》1998 年第 20 期报道了重庆市城市总体规划中把"有山水城市特色的现代化城市"作为城市发展的远景目标，提出"力争在 2020 年内把重庆市都市圈建设成为经济发达、社会文明、生活富裕、环境优美、富有历史传统文化和山水城市特色的现代化城市"。

附：鲍世行 1998 年 11 月 9 日信

尊敬的钱老：

11 月 3 日寄上一信，谅已收悉。

为了加快城市总体规划和省城镇体系规划审查工作，提高规划审批工作的科学性、政策性和时效性，最后经国务院批准成立"城市规划部际联席会"制度，由主管城市规划工作的建设部赵宝江副部长任组长。在 9 月 25 日首次会议上，讨论了重庆、郑州和抚顺三市的城市总体规划，其中重庆市城市总体规划把"有山水城市特色的现代化城市"作为城市发展的远景目标，提出：力争在 2020 年内把重庆市都市圈建设成为经济发达、社会文明、生活富裕、环境优美、富有历史传统文化和山水城市特色的现代化城市。

专此，顺祝

大安

鲍世行

1998 年 11 月 9 日

附：鲍世行 1998 年 11 月 24 日信

尊敬的钱老：

11 月 9 日、10 日、11 日及 14 日四封信均收到。

陇海兰新城建联合会主办的山水城市研讨班（因昆明的世界花卉博览会的主题为"人与自然"，因此研讨班现改名为"人与自然——城市可持续发展"研讨班，学习内容不变）选在昆明主办，主要是昆明将于明年 5 月 1 日至 10 月 31 日举行世界花卉博览会。这在我国城市建设部门来说将是一件盛事，参加研讨班的同志将有机会参观世博会，另外在世博会筹备期间昆明进行了大规模城市建设，据说市内沿河、沿路都进行了大量拆迁和绿化城市面貌发生了很大变化。这些都将是学员们很好的学习内容。至于徐州虽然有水有山，山上都进行了绿化，水体也很干净，可是，在艺术性方面还需更上一层楼。

您 11 月 10 日来信收到，信中提到您很赞成山水城市研讨会在深圳举行。您在信中谈到横渡太平洋，走上祖国第一城的心情，对深圳的深厚感情溢于言表，也深深地感染了我。信中您预祝研讨会成功！说明您对这次会议寄予厚望。我收到信后即时传真给彭立勋同志。昨天他来电话，说他收到信后即向市里个别领导汇报，都说这是件好事。他计划会议在明年春季（可能是五六月）召开。届时他们希望您能光临。因市委书记尚在国外考察，待他回国后，还将作正式汇报，会议筹备情况将及时向您汇报。

您 11 月 14 日信中提到，"不要随便把'山水城市'加在任何在建的城市上"的意见，我是很赞成的。因为山水城市是有很高的要求，是我们努力为之奋斗的城市环境建设的崇高目标，所以这只是我们远景的规划目标。

11 月 18～22 日我应邀去开封为他们的城市规划提供咨询。开封是我国六大古都之一，也是第一批国务院公布的 24 个历史文化名城之一。近年来，他们在名城保护和建设方面做了不少工作。在不同时期，以不同模式建设和改建了御街、书店街、中山路和西门大街四条街。在开封期间我考察了四条街，并作了评价，指出成功和尚待改进之处。我说：有些历史名城在建设中，拣了包裹、雨伞，却把"我"丢了。这些名城虽然发展很快，变化很大，可是却失去了名城的特色。然而，开封在建设中"名城意识"很强，不断探索名城保护的新路子。这种精神是可贵的。在咨询中，我还提出开封有两件宝，在城市建设中要特别珍惜。一是开封尚保存有明代城墙 14.4 公里。过去人们仅知道西安、平遥、江陵、兴城是四个城墙保存完好的城市，现在才知道开封居然也保存着如此完整的城墙（在国内，长度仅次于南京城墙）。最近开封的城墙已被列入全国文物保护单位。还有一项就是开封有很大的水面。这些水面有利于调节雨水的排放和改善当地的小气候。目前，旧城 12.9 平方公里范围内尚有水面 1.45 平方公里，据说建国之初，水面多达 3.0 平方公里，且有河道互相联通，由于人工填埋，水面逐年缩小，且近年还在不断蚕食。提出这两件宝，就是提醒他们要更加认真地加以保护。

在汴期间，我还应邀在河南大学作学术报告，并被该校建筑系聘为兼职教授。河南大学是个历史悠久的学校。这个学校也是用庚子赔款建设起来的，建校年份只比清华大学晚一年。

顺颂

冬安！

鲍世行

1998 年 11 月 24 日

1998 年 12 月 20 日致鲍世行

（关于寄"不叫马路'开膛破肚'"一文）

鲍世行同志：

您日前来信①早收到，谢谢！

我近见《工程院院士建议》（内部刊物）第 8 期（1998 年 11 月 16 日）刘广志同志文"不叫马路'开膛破肚'，倡议大力推广非开挖铺设地下管线技术"②一文，似对城市建设有参考意义，故奉上请阅。

1999 年即将来临，我敬祝您身体健康，工作顺利，对我国"建筑科学"的发展多作贡献！

此致

敬礼！

钱学森

1998 年 12 月 20 日

注释：

① 系指 1998 年 11 月 24 日鲍世行给钱学森的信。此信报告 11 月 18～22 日去开封考察，为城市规划提供咨询和讲学的情况。

② 刘广文："不叫马路'开膛破肚'，倡议大力推广非开挖铺设地下管线技术"一文刊《城市发展研究》1999 年第 2 期和《工程院院士建议》第 8 期。

附：鲍世行 1998 年 12 月 30 日信

尊敬的钱老：

12 月 20 日来函及《工程院院士建议》第 8 期刘广志同志"不叫马路'开膛破肚'，倡议大力推广非开挖铺设地下管线技术"一文均收到。谢谢。城市地下基础设施建设中"填填挖挖"的问题，除了技术问题外，还有投资体制的问题，我们把它称为："条块分割"问题。第一个五年计划时期，实行"有计划、按比例"的配套建设，城市基础设施和生活设施由城市统一进行建设，这个问题解决得比较好一些，后来条条块块分割，各系统的投资不能捆在一起同时建设，加之把城市基础设施作为"非生产性建设"，城市基础设施的投资一直不被重视。改革开放以后，重视了城市基础设施建设，把它作为主要的投资环境来看待，特别是近年来城市基础设施建设的投资规模不断扩大，有可能一条街、一条街地地上地下统一施工。我想今后这种非开挖铺设地下管线的技术一定会大有可为。

寄上"哲学·建筑·民主"一文的英文译稿，请您过目修改，这次英译稿还是请顾启源先生翻译的。顾老做事很认真，他提出其中几个词还要再斟酌，如"上海交通大学"、"国防科委政治部"、"邓小平理论"等名词的译法。

1999 年元旦即将来临，我敬祝您健康长寿、阖家欢乐！

鲍世行

1998 年 12 月 30 日

1999 年 1 月 10 日致顾孟潮[①]

（关于城市山水画）

顾孟潮同志：

您 1 月 6 日寄来的文稿"书信·民主·科学"拜读。我只是以为二位对我过奖了，我很不敢当！我祝出书成功！

近日我想到一个问题：山水城市讨论热烈，山水园林城市也有规划研究，那我们不该提倡城市山水画吗？建设部领导能不能倡导城市山水画展？请考虑。

此致

敬礼！

钱学森

1999 年 1 月 10 日

稿件附还。

注释：

① 此信系对顾孟潮 1 月 6 日信的答复。文稿"书信·民主·科学"为《杰出科学家钱学森论：山水城市与建筑科学》一书的跋，该书于 1999 年 6 月出版。

附：顾孟潮 1999 年 2 月 2 日信

尊敬的钱老：

您好！

现将《山水城市与建筑科学》一书的内容提要英文稿送您审阅。此文仍由顾启源老先生翻译。如您认为有需要修改处请告我。因为这是放在封面上的，尤其要慎重。

致

礼

顾孟潮　上

1999 年 2 月 2 日

附：顾孟潮 1999 年 2 月 24 日信

尊敬的钱老：

您好！春节好！

今天见到《中外书稿》1999 年第 3 期所载的"钱学森构想的'山水城'"一文，复印供您一阅，可见您的构想正在得到更多人的认同与实践。世人将铭记并感谢您这一构想的重大贡献！

另外，寄上一篇光明日报访我的剪报，以城市形象为主题。因为我感到国内在树立城市形象上有"舍本逐末"的倾向、"治标而不治本"的倾向，这将会带来后患。不知道您以为如何？

另，我想到应呼唤人们关注工业建筑这个作为基本建设的主体，在浪费土地、能源，污染环境以及影响人的安全健康、舒适的生活、影响城市环境质量方面的作用，如您讲过的首钢的问题就属此类问题。到正视和认真研究对策的时刻了。如前些时候太湖、淮河污染问题，主要污染源便是工业建筑。我们的许多工业建筑还基本上采用本世纪初或二三十年代的工艺和技术。工业建筑是先进科技的重要载体，在现代化进程中，必须认真对待，不能一窝蜂地只抓信息产业。现在的情况是，一方面在大量地建设工业建筑，另一方面又不重视研究工业建筑和相关的科学理论、科学技术。国外的工业建筑已比本世纪初和二三十年代有了很大的进步，设计和生产中都有生态意识、环境意识、考虑无害工艺、绿色工艺、很需要进行工业建筑的科普，加速中国工业建筑的现代化，提高我国工业建筑设计和运转的整体水平！

以上想法当否？盼望得到您的指正。

致

礼

顾孟潮

1999 年 2 月 24 日

1999 年 3 月 6 日致鲍世行

（关于见到昆明翠湖飞鸥照片有感）

鲍世行同志：

您 2 月 27 日信及附件均收到，谢谢！前几天我已给您去信，报告收到彭立勋院长的信及赐的书。今见"人与自然·城市可持续发展研讨班纪要（摘要）"①也受鼓舞。

见到您赠送的昆明翠湖飞鸥照片使我回忆起在 1987 年暂居伦敦旅馆的后街就有不少鸽子觅食。

此致
敬礼！

钱学森

1999 年 3 月 6 日

照片奉还，请藏。

注释：

①"纪要"称：鲍世行副秘书长就著名科学家钱学森的山水城市理论所作的学术报告内容非常新颖。大家一致认为钱老的山水城市理论代表着中国 21 世纪城市建设的发展方向，其理论内容博大精深，含意深刻，是东方文化与现代文明的结合。

附：鲍世行 1999 年 2 月 7 日信

尊敬的钱老：

您审改后的"哲学·建筑·民主"一文的英译稿收到，已转交《山水城市与建筑科学》一书责任编辑。该书已发排，据说春节后能见清样。

不久前，我去昆明为"人与自然·城市可持续发展研讨班"讲授山水城市。这个班办得很成功，座谈时，学员们反映很好，都说收获很大，希望多办些这样的班(连云港市规划建设委员会陈连生主任说)。有的学员说：一个民族要想站在科学的最高峰，就一刻不能没有理论的思维(恩格斯语)，伟大的中华民族应该根据自己的特点有自己的城市发展理论。(昆明市城科会常务副秘书长张万星说)山水城市的内涵博大精深，内容广泛，含意深刻是东方文化与现代文明的结合。(河南新郑市白保迎副市长说)研讨班布置每一位学员写出一篇论文、心得，在适当的时候交流并准备结集出版。这个班将在7、8月份再开第二期，年底开第三期，规模将在取得经验的基础上逐步扩大。

昆明的世界园艺博览会正在紧张地准备，从机场或火车站下来，到处都可以看到"99 EXPO"的字样，世博会的吉祥物滇金丝猴(珍稀野生动物)"玲玲"手捧花束向人们奔来，世博会绿色标志"手握鲜花"向人们招手，发出充满热情的欢迎。这次昆明世博会不仅是我国第一次主办的高等级世界博览会，还是本世纪内我国举办的唯一一次国际园林园艺博览会，从这点来说，既是空前又是绝后的。

世博会的举办使昆明进入国际性城市行列走出了坚实的一步，同时也是它进入国际城市行列的一次严峻的考验。在昆明的城市发展历程中，他们紧紧抓住了第三届艺术节和这次世博会两个契机，使城市建设大大向前推进了一步。世博会会场选在城市东北的金殿风景区，距城仅4公里，这里有山有水，树木葱茏，绿草茵茵，繁花似锦，生态环境十分优美。博览会后这里就将成为昆明的一个旅游胜地。配合世博会他们建设了盘龙江沿江绿化带。绿带虽然不宽，但在旧城中心实属不易。他们还恢复了"金马碧鸡"牌坊，不久的将来定能再现"日月同辉"的壮丽景象。

在昆明我们还看到了一种在城市中难得见到的奇特现象。这就是在翠湖公园中"海鸥竞飞"的情景。据说海鸥到昆明来越冬已有14个年头了，今年来的海鸥已是当年的子孙了。这些候鸟每年11月末栖息在"翠堤春晓"(聂耳创作的名曲)，直到来年春节前后，听说头一年因为放鞭炮，第二年海鸥有所减少，以后人们自觉不再放鞭炮，这样海鸥逐年增加，目前已达50000余只。这些海鸥(还有几个品种)上下翻飞，与人嬉戏，一边欢叫，一边抢食，目睹此种人与自然和谐相处的场景，不禁使人产生无限遐想。我们在城市发展中不仅应该考虑人类的需要，同时也应考虑生物多样性的需要。如果用这种理念来指导城市规划，这将是规划思想的一大发展、一大突破、一大飞跃、一大革命。鸟类是人类的朋友，它忠实地履行着优化环境、平衡生态的天职。没有了鸟类，也就没有了人类自己，从这个意义上讲，鸟类就是我们人类的明天。如果城市中只有"乌鸦与麻雀"陪伴我们(甚至根本听不到鸟的叫声)，这将是多么可悲啊！

但是，我们也看到了昆明滇池的严重污染。人们如此遭蹋自己的生存环境，等到悔悟时已经为时晚矣！听说为了整治滇池已花费上百亿，仍无起色。人们惊叹为了蝇头小利而忽视生态，实属得不偿失！

此致

敬礼！

在此拜个早年！

鲍世行

1999 年 2 月 7 日

寄上研讨班用教材《钱学森论山水城市》一书，请指正！

附：鲍世行、顾孟潮 1999 年 2 月 23 日信

尊敬的钱老：

最近接到深圳市社会科学院彭立勋院长来函，并附来他给深圳市领导的报告。这份关于在深圳市召开山水城市研讨会的报告已经市委书记张高丽同志批复，市里其他领导也均已圈阅、张书记批示如下：请代向钱老问好。我赞成这样的会在明年(指 1999 年)4～5 月份开，请钱老和著名专家来深检查指导工作。

他们计划这次研讨会由中国城市科学研究会、深圳市规划国土局和深圳市社会科学院三家联合召开，规模 100 人，具体计划将由深圳市人民政府或市规划国土局发文报建设部。

现将彭立勋院长给深圳市委张高丽书记的报告复印件寄上，请您一阅，并提出宝贵意见。

最后向您拜个晚年！祝

身体健康，阖家幸福！

鲍世行　顾孟潮

1999 年 2 月 23 日

附：鲍世行 1999 年 2 月 17 日信

尊敬的钱老：

2 月 7 日寄上一封信及《钱学森论山水城市》书，2 月 23 日又寄上一信及彭立勋给深圳市委张高丽书记的报告谅均已收到。深圳彭立勋院长也有信给您，应可同时收到。

将在深圳市召开的山水城市研讨会正在紧张地准备。这次会议的任务

是要对山水城市作理论探讨，同时还要研讨深圳市的 21 世纪发展问题，邀请的代表由两部分人组成，一是包括自然科学与社会科学的多学科专家学者，二是沿海大城市的领导。时间初步定在 5 月下旬（到时《山水城市与建筑科学》一书已可印就），规模为 100 人。我建议会议最好还邀请中西部地区个别中等城市，可以在会上策划今年下半年再召开一次以中西部中小城市为主的山水城市研讨会。这样的"接力赛"，连续开几次研讨会，会后还要出论文集，在大家的积极推动下，使山水城市的理论与实践不断向纵深发展。以上考虑妥否？请您提出宝贵意见。

2 月 7 日给您的信中已经汇报了昆明研讨班的情况，现在他们的纪要已经写出来了，特附上摘要，请您一阅。

敬祝　　身体健康，万事如意！

鲍世行

1999 年 2 月 27 日

又及：寄上昆明翠湖飞鸥相片数张，由此可见人与自然和谐相处的情景。

附：人与自然、城市可持续发展研讨班纪要

1999 年元月 18 日，由陇海兰新城建联合会举办的"人与自然·城市可持续发展"研讨班在昆明举办。来自陇海兰新有关城市的建设管理工作者和负责同志以及有关专家学者参加了研讨交流。

本期研讨班的举办得到了中国城市科学研究会、中国社会科学研究院可持续发展研究中心等有关部门的高度重视和支持。中国城科会副秘书长鲍世行亲临大会指导；中国社科院可持续发展研究中心秘书长李成勋教授对研讨班的举办打来电话、中国城科会西南五省联系中心发来贺词、都对研讨班的举办表示祝贺。在研讨班开幕式上，陇兰城建联合会常务副会长高云飞代表陇兰城建联合会致开幕词，昆明市建委金主任代表昆明市建委、昆明市城科会致欢迎词并详细介绍了昆明市的城市建设经验。昆明市城科会副秘书长张万星同志向大会介绍了 1999 世界园艺博览会的建设盛况。会议期间代表们还实地考察了昆明世博园，参观了昆明市的一些生态环境建设工程及云南省的部分世界文化遗产保护区，各有关城市的代表分别介绍了本城市的建设发展情况，现将会议期间研究、讨论的有关问题纪要如下：

1. 鲍世行副秘书长就著名科学家钱学森的山水城市理论所作的学术报告内容非常新颖。大家一致认为钱老的山水城市理论代表着中国 21 世纪城市建设的发展方向，其理论内涵博大精深，含意深刻，是东方文化与现

代文明的结合。大家都表示，会后一定还要进一步研读《钱学森论山水城市》一书，深刻领会山水城市的内涵。会议对洪钧教授以大量翔实的资料，通过对比方式，提出的促使我国经济可持续发展必须解决好六个方面问题所作的学术报告反映热烈，大家表示回去后要结合本市的情况认真研究。

2. 期间，代表们实地考察了世博园、昆明市盘龙江绿化带等生态环保工程。即将在昆明市举办的 1999 世界园艺博览会是一次高规格的园艺博览会，也是本世纪内我国举办的唯一一次国际性园林、园艺博览会。世博会的建设选址定在距昆明市 4 公里的东北部金殿风景区，这里有山有水，树木葱茏，绿草茵茵，经过全国园艺专家的精心建设，将国内各地的名花奇草、各种树木植于一园之中。再加上世界上有 80 多个国家和地区的参与。使得整个世博园繁花似锦，争奇斗妍。代表们说，只有通过实地的考察，才能真正体验出人与自然和谐相处的重要，才能产生保护自然环境的紧迫感，这种边学习、边讨论、边参观，让人身临其境去体会人与自然的关系的学习方式，使大家收获很大，感触甚多，大家都说在这里找到了学习钱老山水城市理论的感觉，钱老山水城市理论中所追求的就是这种尊重自然生态、尊重历史文化，重视现代科技、人与自然和谐相处的理想环境。

3. 期间代表们进行了经验交流，同时对本期研讨班的举办和取得的成果给予了充分的肯定。在大会发言中，连云港市规划建设委员陈连生主任特别强调提出，举办这样的研讨班非常必要，可使大家学到许多新的东西，今后这样的班应该多办。还有代表指出：一个民族要站在科学的最高峰，就一刻不能没有理论的思维。中华民族应该根据自己的特点，建立起有中国特色的城市发展理论。钱老的山水城市理论可以说是东方文化与现代文明的结合，应该进行深入研究和探讨。研讨班要求每位学员写一篇学习钱老山水城市理论的论文或心得，并准备结集出版，会议还决定在今年适当的时候举办第二期、第三期研讨班。

1999 年 1 月 22 日

1999 年 5 月 29 日致鲍世行

（关于首都文明工程是我国城市建设的一件大事）

鲍世行同志：

　　奉上首都文明工程基金会① 文件，供参阅。这也是我国城市建设的一件大事。

　　此致

敬礼！

钱学森

1999 年 5 月 29 日

注释：

　　① 首都文明工程基金会章程称：首都文明工程基金会旨在动员社会力量、募集资金，通过社会各界参与"文明工程"，支持首都文明城市建设，特别是文化建设和环境文明建设。本会属社会公益捐助基金，基金的募集与实施全部是为中央和北京市委、市人民政府倡导的首都文明城市建设和战略目标服务，为实现物质文明和精神文明建设的协调发展服务。

　　它以文明工程理论研究和实际运用为先导，以"21 世纪首都形象和首都精神"塑造为主题，运用协同学、政治学、法学、社会学、环境科学、经济学、城市学、哲学、美学、艺术学、教育学、心理学、建筑学等多学科综合调研方法，认识北京、了解北京、发展北京。对首都文明城市建设进行科学可行性、可操作性均很强的应用理论研究和实践决策研究，研究成果供有关部门决策参考并付诸实施。通过文明工程项目实践，积极促成各种社会力量共同参与首都文明城市的建设。

附：鲍世行 1999 年 5 月 12 日信

尊敬的钱老：

接到哈尔滨建筑大学建筑系唐恢一教授 5 月 8 日来信。信中说：钱老近年来为建立建筑科学与山水城市，如此活跃地进行思考和组织活动，好像他为我国研制导弹和卫星进行组织研究那样，我既高兴又敬佩。来信还衷心祝愿您健康长寿。

现将他的来信附上，请您一阅。（此信不必寄回）

顺颂

大安！

鲍世行

1999 年 5 月 12 日

附：唐恢一 1999 年 5 月 8 日致鲍世行的信

鲍世行先生大鉴：

收到您赐赠的书《钱学森论山水城市》，我非常高兴，也很受感动。我立即连夜翻阅，看到钱老近几年来为建立建筑科学与山水城市，如此活跃地进行思考和组织活动，好像他为我国研制导弹和卫星进行组织和研究那样，我既高兴又敬佩。去年承您转来钱老给我的信，使我受到很大的激励和鞭策，决心集中精力在城市学方面继续深入研究。两年来我除在学校为研究生和本科生讲授《城市学》课程外，并试图用系统动力学方法建立电子计算机模型，对我国的农村城镇化系统进行分析研究。如果能申请到研究经费，我还可以再带几名研究生。我订阅了您们主编的《城市发展研究》双月刊，这对我很有帮助。这些新学科的建设和研究，对我国迎接 21 世纪的挑战、振兴中华是具有关键意义的。不知中国城市科学研究会在相关学术活动与科学研究的组织与开展方面有什么新的安排？

衷心祝愿敬爱的钱老健康长寿。

顺颂

春安！

哈尔滨建筑大学建筑系

唐恢一　敬上

1999 年 5 月 8 日

1999年6月3日致鲍世行

（关于山水城市有了开端）

鲍世行同志：

敬祝您推动章丘和自贡两地山水城市成功①！我们提倡的山水城市有了开端了！

《绿色城市》②一书早收到，谢谢！

钱学森

1999年6月3日

注释：

① 此信写在鲍世行1999年6月1日给钱学森的信上方。

②《绿色城市》，韩强著，广东人民出版社，1998年11月。

附：鲍世行1999年6月1日信

尊敬的钱老：

5月25日寄奉一信及《绿色城市》书一本，想必已收到。

去年我着力推动了章丘和自贡两地的山水城市工作，章丘是规划设计，自贡是规划研究。经过一年的时间考验，这些成果都已得到社会的认可，获得较高评价。章丘的规划成果在省内获奖。章丘市政府给我寄来不菲的一笔奖金。物质方面我是受之有愧的，但精神上却得到莫大的安慰。在此，向您报告这个消息，共享这份幸福。自贡的山水城市研究，在评审时评委们给予高度评价。最近，市委、市政府批示要将成果转发市里有关单位和部门执行。这样就可以山水城市的研究成果来直接指导自贡城市的发展和建设，将自贡真正建成名副其实的山水城市。他们还拟将26万字的研究成果（包括四个二级课题的成果）正式印刷出版，以便向省、部请奖。周干峙同志已为这本书写了"序言"。

专此　顺颂

大安

鲍世行

1999年6月1日

附：《建设自贡市山水城市研究》课题评审意见

　　《建设自贡市山水城市研究》是自贡市科委的重点软科学研究课题和自贡市社科重点研究课题，课题组从 1996 年 6 月起，开展了广泛的调查分析和多学科的综合论证研究，提交了《建设自贡市山水城市研究》综合研究报告及四个子课题研究成果。自贡市科委于 1998 年 10 月 10 日至 11 日在自贡邀请了省内外有关专家和学者参加的课题评审会。评审意见如下：

　　1. 该课题是四川省首次开展的"山水城市"专题研究课题，选题和研究方向正确，技术路线恰当，基础工作扎实，研究报告思路清晰，目标明确，重点突出，达到了课题研究的预定目标，同意通过评审。

　　2. 建设自贡市研究以"可持续发展"的理论为指导，紧密联系自贡市的实际，着重研究了"山水城市"理论的内涵、定义，提出了评价标准，研究工作具有开拓性，其成果具有系统性、科学性和超前性。

　　3. 对自贡市建设"山水城市"的时序、目标作了系统、全面研究，提出了对策措施，切合自贡实际，具有较强的针对性和可操作性，为自贡市政府跨世纪城市发展提供了重要的决策依据。

　　4. 课题研究采用系统工程的方法，理论与实践相结合，定性与定量相结合，进行了多个课题的整体优化，既突出了自贡市的个性，又研究了城市的共性问题，在研究和建设"山水城市"的思路和方法上有鲜明特色，可为省内外同类城市提供借鉴和参考。

　　综上所述，该课题研究具有较高学术水平和应用价值，达到国内同类研究领域的先进水平。建议课题组根据专家意见，对研究报告作进一步修改完善后上报。

　　专家们评审中还提出了不少具体建议，如：

　　1. 鉴于自贡市中区建筑密度过大，建议多留一些绿地与广场，西秦会馆旁侧拆建的空地希望作为市民广场用地。

　　2. 自贡市实现山水城市，要求很高，难度很大，关键是市政府领导和全体市民要有实现山水城市的自觉意识，切实加强管理，加大投入，严格执行规划，具体落实措施。

鲍世行

1998 年 10 月 11 日

1999 年 6 月 9 日致鲍世行

（关于《绿色城市》宣传发挥了"山水城市"观点）

鲍世行同志：

您 5 月 25 日来信及韩强著《绿色城市》①一书都收到，我十分感谢！

此书宣传发挥了我们的山水城市观点，很好。

书我翻看了，现奉嘱将书寄回。

此致

敬礼！

钱学森

1999 年 6 月 9 日

注释：

①《绿色城市》，韩强著，广东人民出版社，1998 年 11 月。

附：鲍世行 1999 年 5 月 25 日信

尊敬的钱老：

5 月 12 日寄上一信，谅已收悉。

今寄上韩强著《绿色城市》一书，请您一阅。此书由广东人民出版社该书责任编辑董真同志（笔名深蓝）寄赠给我。据说作者韩强是她的同学，在广东省社会科学院工作。

该书第四章理想城市的模式有一节专门论述"山水城市"（第 87 页），书中多次阐述您的观点（176 页、183 页、191 页、220 页、224 页、241 页）。

此书从城市化谈到城市规划、城市管理，实际上也是一本关于城市学的书籍。

书阅后请寄回，谢谢。

专此，顺颂

近安！

鲍世行

1999 年 5 月 25 日

附：鲍世行 1999 年 7 月 22 日信

尊敬的钱老：

昨日寄上一信想必收到。

今日接到广东省社会科学院哲学研究所、《绿色城市》一书作者韩强副研究员写给您的信，现转上。《绿色城市》一书他会另寄给您。

此致
敬礼！

鲍世行

1999 年 7 月 22 日

附：韩强 1999 年 7 月 1 日信

尊敬的钱老：

您好！

您 6 月 9 日写给鲍世行同志的信，已由他转给《绿色城市》一书编辑再转给了我。您对拙著的评价"此书宣传发挥了我们的"山水城市"观点，很好"，使我深深感受到您对后辈工作的积极扶持和鼓励。原来觉得寄书给您过于冒昧的想法打消了。毕竟从少年时代起，您就是我心目中民族的知识英雄，多少带点神秘的色彩，现在我想应该奉寄拙著给您。

您的系统论思想，"山水城市"观点及其构成的城市体系，这些真知灼见对我写作《绿色城市》一书助益良多，特向您表示深深的谢意。如您于百忙中有时间再翻看，应可看出拙著的稚嫩、疏漏甚至严重错误，方便的话能向我提出，我将十分荣幸。

顺信奉寄名片一张。

此致
深深的敬意！

韩强　上

1999 年 7 月 1 日

1999 年 6 月 9 日致顾孟潮、鲍世行

(关于《山水城市与建筑科学》将如期出版)

顾孟潮同志、鲍世行同志：

二位 6 月 4 日信收到。

您信中提到的好消息，令人高兴，谢谢了！

此致

敬礼！

钱学森

1999 年 6 月 9 日

附：顾孟潮、鲍世行 1999 年 6 月 4 日信

尊敬的钱学森同志：

您好！

您 19 日、22 日前后两信均收到了，勿念，因尚未明确项目审定情况，待定后再向您报告。我决心已定，不管批与不批，有关建立建筑科学大部门的研究要继续开展下去，我给朱光亚写信也说明这一态度，因为这是值得献身的事业。

今天是 6 月 4 日，3 年前的今天您会见我们，提出建立建筑科学大部门的问题，这是一重要贡献，再次向您致敬和感谢！

并报告您一个好消息：在各方努力下，《山水城市与建筑科学》一书将如期出版，现将封面复印件送您一阅。有何指示也望及时告诉我们。

顾孟潮　鲍世行

1999 年 6 月 4 日上

附：鲍世行 1999 年 6 月 30 日信

尊敬的钱老：

6 月 19 日给您的信谅已收到。

报告您一个好消息：《山水城市与建筑科学》一书已如期在世界建筑师大会期间出版，这本书共有 95 万字，定价 60 元，也可算是"大部头"了，此书会议期间在"百店千书"书展中与读者见面。我看到书展中翻阅该书的人很多，足见读者对这个热门话题的关注。

早几日我已把这个消息电话告诉龚秘书。不知您总共需要多少本？以便我们一次把这些书送上，可否？盼复。

专此 顺颂

暑安！

鲍世行

1999 年 6 月 30 日

附：鲍世行 1999 年 7 月 4 日信

尊敬的钱老：

6 月 30 日寄上一信，想必收到。

6 月 22～26 日在京召开世界建筑师大会，26 日我去天津参加城科会第四届全国会员代表大会，接着又去长沙参加一个居住小区的设计竞赛评选工作（顾孟潮同志同往），昨晚回京，今天才给您写信。

世界建筑师大会期间的 26 日我拜访了美籍华裔规划师卢伟民先生。他看到我们出的《山水城市与建筑科学》一书，十分高兴。他要我代向您问好！他很想知道您对他的文章有什么看法。他说：我对山水城市很有感情，虽然理解还是粗浅的。他又说：我把山水城市加了"人情"和"气质"，人们生活的空间要有人情和气质。气质也就是风格。还表示要把"山水城市"运动推向世界，要让国外同行知道，使之成为一世界运动。

他的论文"山水人情城市"同时收入《世界环境大集》（日文）一书，该书在日本最大的书店出版，据说已发行五版。

卢先生 6 月 22 日在北京城市规划设计研究院作学术报告，讲的也是山水城市。他说：我们的祖先在营造北京时很有想法，开三海，堆景山，目前北京正在开展旧城改造，能不能继承遗产，并有所发展，把山水延伸出去，再开拓些山和湖，把它引入城市，和城市里的绿带联系起来。

当天下午北京市政府向他颁发了聘书，聘请他担任北京市城市规划顾问。（附上《北京日报》6月23日剪报）

他在世界建筑师大会的学术报告上也讲到关于山水城市问题，据说会上不少外籍专家对此很感兴趣。

他在接受记者专访时也谈到：理想中的北京城是一个充满山水、人情，具有东方气质的城市。还说：山水是说山川之美，天人合一的境界；人情包括居住空间、社会环境、民风民俗、服装、节日、生活习惯等；东方气质是指风格独特，让人感觉到传统的延伸以及勃勃生机。（附上《北京青年报》6月26日剪报）

同时吴良镛先生在6月25日所作题为"世纪之交——走在十字路口的北京"的报告中，也谈到要把北京"建成依山傍水、环境优美的山水城市"。并提出：国家行政中心东移，疏解北京市区功能。在大北京地区的"绿心"选址建设国家行政中心，缓解北京旧城压力，带动区域发展……。

此致

敬礼！

鲍世行

1999 年 7 月 4 日

1999年6月12日致鲍世行

（关于总结城市建设经验是城市科学的重要内容）

鲍世行同志：

您6月7日来信及尊作"攀枝花城市规划的历史回顾"①都收到。现在回顾那个时代真令人感慨千万！但现在我们要认真总结那样拔地而起、从无到有地建设一座工业城市的经验，这是城市科学的重要内容。所以您的文章很重要。

但我现在也想：攀枝花市能建成为一座山水城市吗？我们应该这样去探索！请考虑。

此致
敬礼！

钱学森

1999年6月12日

注释：

① "攀枝花城市规划的历史回顾"一文，刊《东方视角》1999年第3、4期，《华中建筑》2000年第1期。

附：鲍世行1999年6月7日信

尊敬的钱老：

6月1日寄奉一信谅必收到。

6月4日我和顾孟潮同志寄上一信及《山水城市与建筑科学》一书封面复印件也一定收到。这次书籍封面的设计人和我们共同商量，设计中既考虑了与《城市学与山水城市》一书封面的连续性，又一次采用了中英文双封面的做法，同时又把您的签名改用亲笔手迹。封面的颜色采用富有生活气息的鲜亮的蓝色，和上次的红色形成对比，相信印成后一定会比上次效果更好。

您 5 月 29 日来函及首都文明工程基金会文件和《首都公厕革命的调研与实施报告》及《中外公厕文明与设计》两本书均收到，正如您来信所说：文明工程的建设也是我国城市建设中的一件大事。但是，由于我正在赶写一个材料来不及细细阅读，待我详细阅读后再向您汇报体会。

呈上我最近撰写的拙文"攀枝花城市规划的历史回顾"请您指正。这是我应中国城市规划学会之邀，作为建国 50 周年献礼的《新中国城市规划理论与实践》一书撰写的。为了三线建设的需要，我曾从北京建设部下放大西南进行城市规划近 20 年，曾亲自参加了攀枝花市的规划建设。正如文中所说：这是一个在特殊的时代背景下，在特殊地理环境中，以特殊的规划思想指导下编制的一个比较具有特色的城市。这一点已为建国后城市规划实践所肯定，在规划同行中也已取得共识。当然一个城市规划和建设的成功，这是集体合作和劳动的成果，决非某一个人的功劳。

专此，顺祝

近安！

鲍世行

1999 年 6 月 7 日

附：鲍世行 1999 年 6 月 19 日信

尊敬的钱老：

6 月 12 日来函收到，谢谢您对拙文的审阅，并提出宝贵的意见。

同时我也收到建设部曹洪涛顾问的一封信，讲及拙文"攀枝花城市规划的历史回顾"一文的评述（复印件附上）。曹老原是我在建设部城市规划局工作时的老领导，粉碎"四人帮"后担任国家城建总局局长，是城市规划界的元老。他的来信称："自从国家计委在 1960 年提出三年不搞城市规划以后，直到 1976 年搞唐山震后重建的规划，全国的城市规划就停顿下来了，只有攀枝花是唯一进行规划的城市。全国没有其他城市进行规划。我为能在这样一个"从无到有、拔地而起"的城市里工作过，并为之贡献青春而感到无限幸福。

您来函说，"回顾那时真令人感慨万千！"我深感这句话厚重的分量。从 1960 年宣布三年不搞城市规划，到 1976 年搞唐山震后重建规划，总共有 16 年时间，我国的城市规划是处在停顿的状态，也就是说共和国建国 50 年来，共有 16 年时间对城市规划来说是一片空白。这对我们国家和民族是多大的损失啊！因此，我们在回首往昔、回忆往事时，就不仅要想想我们作出的成绩，也要总结一下可以吸取的教训，可供后人借鉴的经验，更要认真分析造成这些得失的原因，只有这样才不致使惨痛的历史重演

（当然不会是简单的重演）。我觉得当年作出"三年不搞城市规划"错误决定的原因，主要是：认识上的缺乏辩证唯物主义和没有根据科学规律采取民主决策，而是个别领导武断。这就使我想起您会见我们时讲的哲学和民主两个问题，也就是要多学点马克思主义哲学和发扬学术民主。

回忆当年，我们是在"极左"思潮的压力下工作的，要贯彻正确的规划思想相当困难。当我们在规划中，每个片区考虑了一个公园时，就有人公然反对说：现在是阶级斗争白热化，哪里还有闲心逛公园。可是最后我们还是到现场选择了公园的用地，在图上作了标示。同时在规划中还考虑了在金沙江两岸和垂直金沙江的冲沟进行绿化，形成鱼骨状的全市绿化系统。当然当时思想上还不可能有"山水城市"的认识，但是，我想攀枝花有山有水，荒地荒坡还很多，攀枝花应该是具有建设社会主义山水城市的条件的。不久前我被邀到攀枝花回访，我高兴地看到该市城市建设发展很快，生态环境不断改善，规划目标正在逐步实现，所以我想只要大家坚定不移地努力，一个具有中国特色的社会主义现代化的城市一定可以在攀枝花建成。

专此　顺祝

安康！

鲍世行

1999 年 6 月 19 日

附：鲍世行 2003 年 2 月 24 日信

尊敬的钱老：

不久前寄上郑州市建筑设计院前总工程师杨国权托我转交的他的《杨国权论文、作品集》一书，谅已收到。

今再寄上攀枝花市规划建筑设计院总工程师陈加耘嘱我转交的该院院刊《规划与建筑》（2002 年号）。这期杂志刊有您关于攀枝花规划建设给我的信，请您一阅。有关稿费，我请他直接寄给您，估计也可收到了。

遵照您"要认真总结建设攀枝花城市经验"的指示，我正在与他商量、策划编撰一本相关的书籍，将收集有关的资料，包括三代国家领导人对攀枝花建设的指示、历届城市规划方案的资料和一些权威书刊上发表的相关文章。对此您有什么指示，我向您求教。

见到 2003 年 1 月 27 日《人民日报》上的"喜看新松高千尺"为题，关于您"盛赞我国航天科技成就"的报道，得悉您"精神很好"、"思维清晰"，我们都十分高兴。您的身体健康是我们知识分子的幸福。请多保重，珍惜！祝

健康长寿！

鲍世行

2003 年 2 月 24 日

附：鲍世行 2006 年 1 月 26 日信

尊敬的钱老：

遵照您的来信关于认真总结建设攀枝花经验的指示，在攀枝花建市 40 周年之际，我编撰了《攀枝花开 40 年》一书。

此书系统地总结了攀枝花规划建设 40 年的历史经验，其中"伟大决策、艰辛历程"一文阐述的资料是近些时候解密的、鲜为人知的当年攀枝花建设的决策过程，弥足珍贵。书中收集了规划历史资料和中央领导视察攀枝花的照片。特别是遵照您的指示，攀枝花市开展了"山水园林城市规划"以及攀枝花建设中一些书刊对它的评述，均一并收入书中。现呈上，请您指示。

恭祝

春节快乐、健康长寿！

鲍世行　敬上

2006 年 1 月 26 日

1999 年 6 月 20 日致鲍世行

（关于寄送给陈绍先的复信）

鲍世行同志：

您 6 月 9 日信及附来陈绍先同志信都收到。

遵嘱已复信陈绍先同志，现附上其复制件请阅。

此致

敬礼！

钱学森

1999 年 6 月 20 日

附：鲍世行 1999 年 6 月 9 日信

尊敬的钱老：

现将自贡市城市科学研究会陈绍先秘书长给您的信及《建设自贡市山水城市研究》课题成果（另寄）转呈上。

他们拟将成果正式印刷出版。周干峙院士已同意将他的书面评审意见（详见成果材料，但不包括最后一段）作为该书的"序言"。干峙同志的这个材料对山水城市给予高度的概括，对课题给予充分的肯定。

鉴于您对自贡城科会的山水城市课题的高度重视和关心，他们衷心希望您能以短信的形式说几句话（复信陈绍先同志）。妥否？请酌。

专此　敬祝

近安！

鲍世行

1999 年 6 月 9 日

附：鲍世行 1999 年 6 月 15 日信

尊敬的钱老：

6 月 9 日来函及寄还《绿色城市》一书收到。

寄上中国建筑工业出版社扬永生编审 6 月 10 日给我的信及您给我的 1996 年 6 月 23 日、7 月 21 日、9 月 7 日、9 月 15 日四封信的复印件，供参阅(如无改动均不必寄回)。

扬永生同志正在编撰《建筑百家书信集》一书，将与已出版的《建筑百家言》组成"百家"系列。该书已搜集书信 60 余封，其中就有您给我的 4 封信。现寄奉这 4 封信，征求您的同意。至于信件中有关人和事的注释工作，就由我代劳了。

这 4 封信都谈及山水城市与建筑科学。这些信被编入该书，足见学术界对这些问题的关注和重视，同时也会对扩大山水城市与建筑科学理念的影响起很好的作用。

专此　盼复　顺颂

近好!

鲍世行
1999 年 6 月 15 日

附：鲍世行 1999 年 6 月 18 日信

尊敬的钱老：

6 月 9 日您给顾孟潮和我的信已由老顾转给我。

近日偶读《人民日报》(1999 年 6 月 11 日)载画家张汀的一席话：中国山水不负中国画家，中国画家却有负中国山水。我觉得有压力，有愧疚，但还是觉得很幸福。这辈子能做个中国山水画家，很幸福。

这是中国山水画家发自肺腑的心声。中国山水画家有如此认识，作为中国城市规划工作者也应有如此认识，中国城市规划师难道能不愧对祖国的大好河山吗？

我们的祖先是十分重视山水的(包括自然山水和人工山水)。以广西桂林为例，桂林以奇山秀水名甲天下，象鼻山、叠彩山、伏波山耸立城中，榕湖、杉湖、桂湖、铁佛塘坐落城区，漓江、桃花江回环相通。那年我去考察过浙江楠溪江流域的古镇，那里至今还遗存不少文化品位很高的古镇，例如苍坡镇把小镇规划构思为"笔墨纸砚"的形象，把它融入城市体形之中。整个小镇犹如一张"方纸"，街道是纸上的方格。笔直的主要干道正对笔架山，道路顶端还有尖尖的笔尖。镇的中心广场象征"砚台"，一侧的水池代表水盂，水池边有一大石条，代表"墨"。足见我们的祖先在规划城市时，心中有山水，眼前有山水，笔下有山水，把山水融入城镇之中，中华民族对山水如此敏感，可能与"风水"理论有关。我国国土上有众多名川大山，中华民族自古以农立国，依赖自然，我国也是多灾的国度。中华民族对山水的感情由敬畏转向亲合。皇室对名山的祭祀，把山神化，把古树名木人格化，文人墨客对山水的吟咏，甚至老百姓也有春日的踏青、夏日端午的龙舟竞渡，秋日重阳的登高、冬日的踏雪寻梅，山水文化成为中国传统文化的重要组成部分。

中国建筑本身并不复杂，功夫侧重在与环境的协调和建筑群体的组合。建筑的功能可以互相转换，私宅可以变作寺庙。中国古代各种功能的建筑物，建筑本身没有太大差异，以不变应万变，这一点和西方很不一样。还有一点中国古建筑重视环境、重视文化，黄鹤楼、岳阳楼、滕王阁无不与著名诗文有关。对于这一点今天的中国建筑师真应好好继承。说了这些感想，不知对否？顺颂

近好！

鲍世行
1999 年 6 月 18 日

附：鲍世行 2000 年 3 月 29 日信

尊敬的钱老：

现将自贡市城市科学研究会寄来的《建设自贡山水城市研究》转呈上。这个文集是自贡市科委的重点软科学研究课题和自贡市社科重点研究课题"建设自贡山水城市研究"课题的研究成果。

这本书的前面是您给自贡城科会陈绍先秘书长的一封信(手迹)。这是他们课题研究的指导思想和技术路线。紧接着是周干峙院士作的"序"。这原是周干峙同志对课题的书面评审意见。这个序对课题作了高度评价。他在序中还说："山水城市"是源于我国城市规划的科学理论，是我国城市规划的美好理想。这是对我国山水城市运动的充分肯定。

集子的主体是课题的总报告和四个二级课题的报告，最后是您对山水城市的论述和有关背景材料。总之，集子显得很充实、有一定分量。这个材料将对自贡山水城市建设起指导作用。

我最近因右膝患急性关节炎，休息了一段时间，康复后又忙于《论宏观建筑与微观建筑》一书的编撰工作，疏于问候，请见谅。

专此　顺颂
春安！

鲍世行
2000 年 3 月 29 日

1999 年 6 月 20 日致陈绍先

（关于建设山水城市是件大事）

陈绍先同志：

您 6 月 4 日来信已由鲍世行同志转来。

我前几年提出建设现代化有中国文化特色的山水城市。后来国家决定授予北京市等城市园林城市称号；前年更得知重庆市、武汉市正计划建设为山水园林城市，是比园林城市更上一个层次了——最高层次是山水城市。现欣悉你们要把自贡市建设为山水城市，这是件大事！祝你们成功！

此致

敬礼！

钱学森

1999 年 6 月 20 日

附：陈绍先 1999 年 6 月 4 日信

尊敬的钱学森同志：

您好！

最近，我收到鲍世行同志赠的《钱学森论山水城市》一书，从中看到您对自贡建设山水城市研究的关注。我们对此深表感谢。

现将《建设自贡山水城市研究》的成果送上，请予指教。

此项研究成果经自贡科委邀请国内多学科专家评审通过，评审意见认为："该课题研究具有较高学术水平和实用价值，达到国内同类研究领域的领先水平。"周干峙同志在其书面评审意见中认为：《建设自贡山水城市研究》对"山水城市"作了结合实际的广泛而深入的探讨。其突出成果有两点，一、"具有比较全面的理性思考"。二、是"密切结合自贡的市情，实事求是地探讨了自贡在不同发展阶段时实现山水城市的具体目标，山水城市理论迫切需要有山水城市的实践。自贡市描绘了一幅山水城市的蓝图，看来有现实性，有说服力。坚持做下去，定能为我国的城市发展作出自己的贡献。"

此项研究成果，已在今年《城市发展研究》第 2 期摘要发表，标题是：自贡，从园林城市到山水城市。3 月，由自贡市城科会、自贡市建委正式上报市委、市政府供决策参考。市政府领导当即批示：将成果送有关单位执行。

我们为了认真贯彻落实市政府的指示，更进一步做好科技成果的转化，扩大成果的应用，正组编辑出版《建设自贡市山水城市研究》一书，周干峙同志已为该书作序。预计建国 50 周年前出版，到时当再送呈。

正如您指出的"山水城市是新世纪的大事"，"是建设中国特色的社会主义的一个大课题，还待深入探讨"；"山水城市，不能停留在概念，还应深入研究其内涵并做出设计实例。"我们也正是响应您的倡导，结合新世纪自贡城市发展探讨和实践，建设山水城市，落实《自贡市国民经济和社会发展"九五"计划和 2010 年远景目标纲要》中，将自贡市建设成为"经济较为发达，功能较为齐备的大城市"和"独具特色的历史文化名城、山水园林城市和综合工业城市"的战略目标，从理论到实践进行一次新的探索，从理论到实践，再从实践到理论，为我国城市建设作出一点贡献。

祝您健康长寿！此致
敬礼！

陈绍先
1999 年 6 月 4 日

附：鲍世行 1996 年 9 月 23 日给自贡市山水园林城市研究组的信

自贡市城市科学研究会
陈绍先秘书长：

来函及附来《城市科学研究》（自贡 1996 年 3 期）、"建设自贡山水城市研究"项目计划申报书均收到。我很赞同申报书观点。你们的研究在理论上是很有价值的，在实践上也一定会对自贡城市现代化的建设作出应有贡献。我认为这个课题研究具有很好的条件。

第一，自贡市委、市领导对此十分重视，在《自贡市国民经济社会发展"九五"计划和 2010 年远景目标纲要》中已经明确地提出了建设"山水园林城市"的战略目标。如果说环境保护是政府行为，这一点已经取得世界各国的共识的话，那么城市规划、管理何尝不是政府行为，它不可能是企业行为。对于这一点应加以充分肯定。城市建设的密度（容积率）管理、城市绿化的建设与保护、城市基础设施的规划与实践……都必须有强有力的政府机构来贯彻执行。因此，市里领导的重视是城市规划执行成功与否的关键。最近李瑞环同志在参观全国城市规划成就展览会时说："城市规划成在领导，败也在领导"（参见《城市发展研究》1996 年第 5 期）这句话真是切中问题的要害。

第二，课题提出了一个明确的、高屋建瓴的目标。这就是要把自贡建成山水园林城市。研究城市发展目标，实质就是研究未来城市发展模式问题。处在世纪之交的今天，世界上有不少城市都在研究自己城市的发展战略，因而这个课题是世界性的主题。

不久前在伊斯坦布尔召开的被称为"城市高峰会议"的联合国人类住区第二次大会，会议代表们认为 21 世纪将是"城市的世纪"，在今天世纪之交，世界人口已有 50％进入城市，预计到 21 世纪初中国将近一半人口居住在城市里（侯捷部长 1996 年 6 月 20 日发言）。十二三亿人口的国家，有几亿人将要进入城市，这在世界上确是史无前例的大事。那么如何来迎接城市化高潮到来？中国未来城市到底应该建成什么样子？这是世界关注的事物。这就是为什么山水城市的讨论引起国际学术界关注的原因（见《城市学与山水城市》第 106 页）。

在研究中国未来模式中，不同学科、不同部门会提出不同的看法，生态学界提出"生态城市"，建设部门提出"园林城市"，林业部门提出"森林城市"，土地部门提出"田园城市"……。不同学科、不同部门从不同角度研究城市，提出不同观点，这本来是正常的现象，特别是学术界不同观点的争论，可以使问题的研究引向深入。它是学术繁荣表现，是学科建设的需要。最近，侯捷部长又说："城市如何建设，除需要政府解决问题外，更重要的要靠科学家提出一些好的科学论断，从理论到实践上推动我国的城市建设。"（1996 年 6 月 20 日在《城市学与山水城市》再版座谈会上的发言）吴良镛先生说："天下一致而百虑，同归而殊途。"我很欣赏你们对未来城市模式的不同提法进行对比研究。如果有可能还可以对国外这方面的理论，像 E·霍华德的"田园城市"（Garden city）、F. L. 赖特的"广亩城市"（Broadacrecity）、L. 柯布西耶的"现代城市"，还有当代规划师、建筑师提出的规划理论进行梳理和探讨。总之，我们在研究中一定要广泛吸取营养，博采众长，与其他学科共同合作，协调关系，千万不要学董仲舒，排斥其他。

中华民族是一个善于容纳多元文化的民族，只要看一看我国除京剧外还存在如此众多的地方戏曲，在京剧中还有那么多流派存在，就很容易得出上述结论。自贡人民也善于学习别人长处。我是目睹自贡灯会发展壮大的。自贡灯会的发展就是不断学习、提高的结果。我相信只要有这种善于学习的精神，一定能把自贡建设成为有优美人居环境的城市。

第三，山水城市有极为丰富的内涵，绝对不能仅仅理解为只是挖湖堆山，如果只理解为建设城市园林绿地和风景名胜区，这也是不够的。关于这一点钱老已有阐述。对于"山水城市"的含义，大家还在讨论、探索，我的体会也不深。我最近把山水城市的实质概括为"尊重自然生态，尊重历史文化，重视现代科技，重视环境艺术，为了人民大众，面向未来发展"，并就此给钱老写信求教。如果按这个意见来要求。我认为除了你们列的专题外，研究还应涉及现代科学技术对自贡未来城市的影响，至少摆在眼间的交通和通讯问题就是十分现实的问题。

自贡是一个分散布局的组团式的城市，这是自贡鲜明的特色之一。我希望自贡在今后城市发展中能保持这个特色。组团之间能保持绿化空间的隔离，同时组团之间也必须有便捷的联系，在规划中应该有完整的高速公路网络，用高速公路把城市组团联系起来，组成空间上加以分割、交通上联系紧密、功能上有机结合互补的新型现代化城市。至于每个组团（或片区）内部的道路则可以不一定再拓宽（有的道路拓宽也不可能）。有一个问题值得重视，这就是快速道路系统（Express Way System）与常规的道路系统（Normalway System）的衔接。现在很多城市都吃了这个苦头，快速道路网建了，但是与常规道路网衔接处常常堵车。这是一个教训。

对于汽车发展与城市发展这个主题，国内正在开展讨论。但是不管怎么说汽车总是要发展的，轿车早晚要进入家庭，大中城市按人口平均汽车拥有量，可能比特大城市的比例要高。作为城市规划工作者不如早作准备，多作准备。国外的经验，重要的是要建立一种机制（主要是通过立法手段），使汽车的发展与城市道路的建设同步进行。对我们来说还应多一条，这就是要重视公共交通系统的建设，以公共交通建设来抑制私人交通。还有一个问题，就是静态交通（停车场）规划与建设要尽快提到议事日程。交通问题如此，通讯问题（信息高速公路）、历史文化保护也是如此。至于其他问题你们都已作了安排，就不再赘述了。

第四，山水城市的研究应该有多学科参与，你们课题研究组成员的学科比较齐全，有一批在理论和实践上都有较高的造诣的人参加，同时在研究过程中还可以吸收其他学科的专家参加。由于参加的专业已超过了建委系统的范围，所以由城科会来作为牵头单位之一，这也是顺理成章的。

自贡市有很好的自然环境和人文环境，近年来市领导对城市规划很重视，工作很有起色，我相信你们的研究工作一定也会取得成功。我期待着你们的最终成果完成。工作中需要什么支持，我们一定做好服务。

顺致
敬礼！

鲍世行

1996 年 9 月 23 日

附：鲍世行 1996 年 11 月 26 日给自贡市山水园林城市研究组的信

自贡市城市科学研究会
陈绍先秘书长：

　　来函及寄来（自贡）城市科学研究（1996 年 4 期）及自贡城市科学研究会文件城科研（96）字第 8 号均收到，我因长期外出未能及时函复，请原谅。

　　我最近接到钱学森同志来信，他得悉你们在开展山水园林城市研究，要把城市环境建设再提高一步，很高兴，他设想山水城市的建设可以分为四个阶段，并按此进行规划，即：①一般城市；②园林城市；③山水园林城市；④山水城市。我认为，一般城市可将"园林城市"作为近期城市环境建设的目标，远期应按"山水园林城市"目标来规划建设，而"山水城市"则作为 21 世纪社会主义中国城市的远景构想。作为最高的奋斗目标，要求应该更高一些。

　　钱老来信还说，山水城市是 21 世纪的城市。那么，21 世纪的社会主义中国将是什么样的呢？首先是消灭贫困，人民进入共同富裕，然后要考虑两个产业革命的巨大影响。

　　一是信息革命，即第五次产业革命，使绝大多数人不用天天去上班，可以在家"上班"。二是农业产业化，即第六次产业革命，使古老的第一产业消失，成为第二产业，农村兼并集中成为小城镇。这样我国人民（当然自贡也在内）将都住在城市里，大多数人住在小城镇，大城市是少数，上千万的巨大城市在全国只有几个而已。

　　我国城市建设者的光荣而又宏伟的任务就要把每个这样的城镇都建设成为山水城市！Gorden City（田园城市），Broadacre City（广亩城市）、"现代城市"（L. 柯布西耶）、"园林城市"、"山水园林城市"等都将为未来 21 世纪的山水城市提供参考。

　　这就是钱老为我国描绘的一幅城镇的全景图。

　　以上意见是否正确，我向你们求教。

　　顺致

敬礼

鲍世行

1996 年 11 月 26 日

附：鲍世行 1998 年 5 月 19 日给自贡市山水城市研究组的信

陈绍先同志：

　　欣悉自贡山水城市研究的 4 个子课题已评审结束，其中 2 个评为国内领先，另 2 个为省内领先，十分欣慰。这是你们一两年来辛勤劳动的结果，我向你们致贺！

现寄上 4 月 25 日《中国环境报》二版关于园林城市建设的报导参阅，这份由该记者撰写的大块文章，为我们山水城市研究、规划、建设提供了许多可以借鉴之处。

第一，山水城市研究要有正确的理论指导。要认真研究古人、洋人的有关理论和实践，古为今用，洋为中用。我国古代的山水思想、山水文化我们要继承，国外的相关理论我们要学习，山水城市的推进，不能仅靠组织的力量，更重要的靠理论力量。只有在正确的理论指导下，才不致使山水城市的实践进入误区，才能使山水城市的建设持续永继向前发展。所以我始终认为山水城市的讨论应该贯彻百花齐放、百家争鸣的原则。理论只有通过广泛深入的讨论才能愈辩愈明。人们的认识是随着历史的发展而发展，随着实践的深入而深化。今天认为正确，明天也许认为不那么正确了，而今天认为是错误的，可能明天倒认为正确的了，历史上这样的教训难道还少吗！为此，我们在编辑《城市学与山水城市》一书时就始终注意贯彻钱学森同志谈的"多家言"的原则，把大家在讨论山水城市中的不同意见都尽可能地包容进去。我认为这就是相信历史、相信群众的辩证唯物主义和历史唯物主义的观点。

第二，山水城市的建设要有正确的目的，山水城市建设的核心是要正确对待自然，正确对待历史、文化(也就是正确对待山水)，要尊重自然、尊重历史文化，人和自然要和谐相处，即所谓"天人合一"。不能认为建设山水城市的目的只是为了吸引投资。这种急功近利的思想往往容易把人引入误区。最近联合国的一位官员在苏州一次保护历史城市的会议上告诫地方政府的领导，不能只考虑经济发展，而忽视保护历史遗产的工作，要防止仅是为赚取旅游收入而保护历史城市的倾向。他说"保护历史城市的真正目的是提醒人们不要忘记过去，更好地建设未来。"(《参考消息》1998 年 4 月 10 日)保护历史城市的目的如此，建设山水城市的目的也是如此。

第三，建设山水城市要有一个远大的理想。山水城市是我国 21 世纪有中国特色的社会主义城市的理想模式，这是我们要长期奋斗的崇高目标。因此，具体的建设标准一定要科学合理，不能随意降低标准。目前，我国有关部门公布了评选园林城市标准，一般说这些标准的要求比较低，并非尽善尽美。朱畅中先生在他的遗作"山水城市探"一文中说："我国有一批城市已被列入'园林城市'，然而，这些城市有很多问题并未得到解决。"因此，如果以"园林城市"作为我们远景奋斗目标，则容易使人们误解为我们的崇高理想可以一蹴而就，而无足称道，山水城市应该既有远景理想，又有分期实施的步骤。因此，是否可以认为，园林城市的条件是山水城市的近期奋斗目标，也就是说园林城市的实现也就实现了山水城市的初级阶段。朱畅中先生在"山水城市"一文中写道："山水城市"的涵义，虽然目前有待于进一步明确，但正因其概念上的模糊，才显得其博大精深，需要我们努力探索。

第四，建设山水城市要做扎扎实实的工作，切忌只图表面。在《中国环境报》的文章中，揭示了一些城市只求建大广场，种大草皮，节日摆设盆花，似乎有了苏州那样一个小桥流水、曲径幽廊的公园就可以成为当之无愧的园林城市了，这实在是一种误解。这样把建设园林城市的认识只停留在把城市"包装"一下，让它绿起来、亮起来、美起来，这是远远不够的。我认为建设山水城市至少应该有一个科学合理的城市综合规划和一个好的城市设计，建成完善的城市生态系统，还要深入发展城市历史文化内涵，展示城市的特色和个性，城市发展中实际存在的一些主要问题也应该有个答案，这些意见是否正确？我向您请教。

前年我去埃及考察，看到雄伟的金字塔和神奇的阿布辛贝神庙周围竟是如此浩瀚的沙漠。这种强烈的反差发人深省。我惊叹这些奠定了世界文明基石的历史巨人留下的足迹却是如此干涸、令人悲凉的荒漠。我不禁要问，那些创造了世界奇迹的法老人，今天在何方？导游小姐说，只有在埃及的南部，那些最贫瘠的地区，还能找到当年法老人的后裔。历史的教训提示我们，在经济飞速发展取得辉煌成就引为自豪的时候，怎能不注意生态环境的日益恶化和自然资源加速枯竭。

同时，我们也可以发现，我国还存在着不少建城已有千余年、两千多年，且城址从未变迁的城市。如果研究他们的共同点，那就是这些城市都是以山水城市的思想来选址、规划、建设的。在大力宣扬可持续发展的今天，我们真应该为有这样一批城市而自豪。我们应该为这些寿星城市祝寿。我相信只要我们继承发扬祖先留给我们的山水城市的思想，我们的城市一定会健康长寿！

鲍世行

1998 年 5 月 19 日

2000 年 10 月 20 日致鲍世行、顾孟潮

（关于广州山水城市建设论坛）

鲍世行同志、顾孟潮同志：

　　喜闻召开"广州山水城市建设论坛"①，我谨表示祝贺，祝会议成功。并请你们转达我对会议筹备委员会名誉主任吴良镛②院士和主任周干峙③院士、范以锦④总编、黄夕原⑤总经理，以及与会全体同志的敬意和问候。

　　此致

敬礼！

钱学森

2000 年 10 月 20 日

注释：

　　① 广州山水城市建设论坛，由中国城市科学研究会、南方日报报业集团主办，广州"山水庭苑"承办，于 2000 年 10 月 29 日在广州举行，其目的是探索山水城市理念，为广州山水城市规划的建设集思广益。

　　② 吴良镛，中国科学院院士、中国工程院院士，广州山水城市建设论坛筹备委员名誉主任。

　　③ 周干峙，中国科学院院士、中国工程院院士，广州山水城市建设论坛筹备委员会主任。

　　④ 范以锦，时任南主日报总编辑、广州山水城市建设论坛筹备委员会主任。

　　⑤ 黄夕原，时任广州伟成房产开发有限公司总经理，广州山水城市建设论坛筹备委员会主任。

附：鲍世行 2000 年 4 月 7 日信

尊敬的钱老：

　　寄上剪报两则：杨鲁豫"创建新世纪园林城市"，鲍义来"合肥离山水城市有多远"。杨鲁豫同志是建设部城建司司长。城建司是目前部里主管园林城市的司局，此文是他在一次园林城市评议会上的讲话。

园林城市的建设又有了新的发展，去年又命名了青岛市、濮阳市、十堰市、佛山市、三明市、秦皇岛市、烟台市为"国家园林城市"，命名上海市浦东新区为"国家园林城区"。这样国家园林城市和园林城区就有20个单位了。

我认为"园林城市"和"山水城市"是我国21世纪城市环境建设的两个阶段（中间可能还有"山水园林城市"的过渡阶段）。园林城市，目前已经进入实施阶段，而山水城市尚处在探索、研究阶段。没有正确的理论就很难有正确的实践，所以这种理论探索是十分必要的，往往是超前的。

我国目前尚处在社会主义发展的初级阶段，经济尚不发达。城市化进程才开始进入高速发展阶段。城市正处在转型期，各个方面都还没有定型，城市人口在不断膨胀，生产在调整和发展，资源还在遭到破坏，总体环境还在恶化，因此，总的来说建设山水城市的时机尚未来到。有人认为，人口、资源、环境的零增长的实现，以达到持续发展的目标，是21世纪30～50年代以后的事，因此，山水城市的实现可能也要30～50年后才能实现。

山水城市是我国城市发展的崇高理想。它是奋斗的目标和规划建设的原则。山水城市代表着人们的期望和向往，为此需要我们几代人的努力；而园林城市是我们正在踏踏实实地建设，看得见、摸得到的，它有样板，有实例。所以，是否可以说，山水城市是理想，园林城市是桥梁，通过园林城市的台阶，山水城市的目标是一定能实现的。

山水城市，作为理想的境界，标准应该是很高的，但是也并不是高不可攀的。我想园林城市中必然有山水城市的萌芽，譬如科学合理的城市布局、优良的生态环境、历史文化的丰富内涵、新技术的利用……。总之，透过园林城市我们一定可以看到山水城市的雏形，为此我们应该重视园林城市的研究。

以上请指教

此致

敬礼！

鲍世行
2000 年 4 月 7 日

附：鲍世行 2000 年 5 月 10 日信

尊敬的钱老：

您好！

现转呈上王铎同志给您的信和他的学术论文"山水城市的哲学思考"（载《城市发展研究》2000 年第 2 期），他给我信的复印件也一并呈上。

王铎同志是洛阳著名建筑师，近年来他潜心研究古代园林史，在这一领域颇有建树。这篇论文从哲学高度论述了"山水城市"的概念，是一篇有很高学术价值的文章。我认为这篇文章有两个观点值得重视：

1. 中国的山水建设自秦汉至隋唐，无不重视从城市总体的"法天象地"，与山水的融合、统一。当时的山水建设是大尺度、宏观的，气魄很大。但是自两宋以后直至明清，私家园林有了发展，园林的建设逐渐由自然趋向人工，艺术追求也转向"小中见大"、"壶中见天"、"芥子纳须弥"。总的来说，自秦汉至明清，我国的山水建设始于整个城市与山水的结合，侧重统治阶级的宫苑、林苑，而逐渐发展到侧重私家园林的庭园、宅院（当然也有邑郊园林和风景区的寺庙园林，但已非重点），所以规模愈来愈小，工作却越做越精细。这种发展趋势当然是与中国经济、社会和文化思想的发展紧密相关的。但是应该看到这种发展趋势和当时城市建设要为广大市民服务是不一致的，所以我们必须从城市发展与自然分离走向与自然的回归，使城市的发展重新回到山水之中。这是历史发展的辩证法，是城市发展的必然。

2. 作者认为，人类文化的发展有三个里程碑，即第一个里程碑是宗教文化时代，当时信仰是最高的价值尺度，第二个里程碑是科学文化时代。这个时期崇尚理性、崇尚物质，以理性取代信仰的价值尺度。第三个里程碑是艺术文化时代。这个时期审美是最高的文化价值尺度。作者认为宗教文化求神，科学文化求真、求实，都是客体文化，而艺术文化是追求情感享受，以艺术美的满足为最高文化价值尺度，所以是人本主体文化。山水城市不是一个具体的美化城市的建设操作规程，而是人类社会城市发展的方向，是人类理想城市的目标。它不仅是 21 世纪，而且是更远的未来城市发展的方向。

以上意见对否？特向您求教。

专此，顺颂

大安！

鲍世行

2000 年 5 月 10 日

附：顾孟潮 2000 年 7 月 31 日信

尊敬的钱学森同志：

您好！近日我去广州开会得知：

广州城市规划目前正处于调整修改阶段，林树森市长正式宣布，在广州"要启动山水城市的建设"，并争取"三年一中变"。广东省和广州市的领导和当地规划建筑界的专家们，对于您倡导的山水城市构想理论十分重视，并准备付诸实践，十分希望得到您的指导。您能否写几个字给论坛，让涂元季同志到会传达您的意见，再听听大家意见，以便更细致地向您汇报有关情况。

为促进广州市山水城市建设，加深对山水城市理论的理解，进行科学合理的城市规划，南方日报报业集团与中国城市科学研究会将举办"山水城市建设论坛"。现将此活动计划方案寄您指正。

正式邀请函将随后寄去，能否请涂元季同志出席，请便中告知为盼（目前报业集团领导参与"三讲"，盖不成公章，故迟，请您谅解）。

此致
敬礼！

顾孟潮　上

2000 年 7 月 31 日

附：鲍世行 2000 年 10 月 17 日信

尊敬的钱老：

您给"广州山水城市建设论坛"的信已经收到。我立即用特快专递寄往广州论坛筹备处。因为信中提及吴良镛、周干峙两位院士，我又将信的复印件转寄给他们。鉴于他们对山水城市的支持和对广州城市建设的关心，相信他们定能出席此次会议。

您的这封信是对此次论坛的关心、支持和期望，是开好这次会议的强大支持力量。我们一定全力搞好会议，以进一步推进山水城市运动。

8 月下旬，我应邀参加高介华主持、在成都召开的"全国第六次建筑与文化学术讨论会"。这次会议的主题之一是山水城市。作为大会两个主题报告之一，我在会上作了"钱学森与山水城市"的报告。我把您的山水城市思想与实践的发展分成三个阶段加以论述。这三个阶段，即（1）思想孕育阶段（1958～1990 年），（2）概念形成阶段（1990～1993 年）和（3）理论发展和推动实施阶段（1993 年以后）。现将发言稿随信附上，恳请您指正。高介华先生认为这次会议"把山水城市学说推向了广泛大众学术论坛"。

9 月下旬，我又去江苏常熟参加该市古城详细规划评审。常熟是国家级历史文化名城之一。在这个城市的街头，刷着"把常熟建成山水园林城市！"的大幅标语。市里领导确实在一步一个脚印地按这个要求在搞。"七溪流水皆入海，十里青山半入城"是这个城市的特色之一。现在"十里青山的虞山，绿化得郁郁葱葱，还把包围山体周围的违章建筑都拆除了。青翠的虞山敞开胸怀拥抱城市，使城市变得生机盎然。可是规划中对"七溪流水"的恢复决心不大。我提出请他们在规划中应该充分考虑琴川河的恢复，具体办法可以通过长期的"控制"来实现。相信我们认定的目标一定能实现，这个意见得到与会评委的认同。总之，常熟的城市建设在山水城市建设的道路上已走出了坚实的一步，这是十分可喜的现象。

《论宏观建筑与微观建筑》一书正在杭州出版社紧张地编辑中大概不久就可以见书。

此致
敬礼！

鲍世行

2000 年 10 月 17 日

附：鲍世行 2000 年 11 月 2 日信

尊敬的钱老：

寄上报上有关"广州山水城市建设论坛"的报道的剪报复印件，请您一阅。

这次会议我和顾孟潮同志都出席了，大会宣读了您给会议的贺信。会议对山水城市的理念又作了进一步的阐述，会议开得十分成功。

会议认为这次论坛可称为是一次高规格、高水平、高效率的会议。

1. 高规格：这次会议集中了许多高水平的专家、学者。有 5 位院士在会上发言（周干峙院士出席作了主题报告，吴良镛院士因出国未能到会，但作了书面发言），到会代表共 51 个单位（其中有 5 所大学的教授），130 余人（其中记者 50 人）。

2. 高水平：会上有 22 人次发言，其中上午有 5 位院士和 2 位专家（即孟潮和我）作主题发言，下午是多学科的专家从多角度发言。

3. 高效率：会议前作了认真的策划和充分准备，真正开会的时间只有一天，内容却十分丰富。会议期间媒体对有关专家作了专访。会后《南方日报》、《南方都市报》、《花鸟报》将用大量版面作系统报道。

这次会议由南方日报报业集团与中国城市科学研究会主办，伟成房地产集团承办。这种学术团体与媒体结合是很好的形式，企业承办会议，对会议赞助，说明了他们对学术活动的重视，并企图通过这种形式提高企业的素质和学术形象。

专此　即颂
大安！

鲍世行

2000 年 11 月 2 日

附：鲍世行 2000 年 11 月 9 日信

尊敬的钱老：

近日寄上 11 月 2 日在深圳写的一封信，向您汇报"广州山水城市建设论坛"的情况，并附有论坛相关的剪报复印件，谅已收悉。

会后，我去珠海、深圳两地，串联明年举行"山水城市论坛"的事。深圳市委书记张高丽同志对此十分重视，对报告早已有明确的指示。经商议，决定"山水城市论坛"明年秋季在深圳、珠海两地举行。深圳近年来建设发展很快，珠海城市环境建设得好，是个宜于居住的城市，在这两地召开将会相得益彰。今年的论坛主要研究广州的山水城市建设问题，明年拟在国内邀请十余个正在实践山水城市的城市，同时还邀请香港、澳门的同行一起讨论，总结山水城市实践的经验。这次去珠海、深圳还落实了会议的主办单位、赞助单位和会议参观的内容，以上安排当否？请您指正。

专此　即颂
大安！

鲍世行

2000 年 11 月 9 日

附：鲍世行、顾孟潮 2000 年 12 月 11 日信

尊敬的钱老：

您好！

今天是 2000 年 12 月 11 日，是您即将进入九秩高龄的时刻。请接受我们对您的衷心祝贺，崇高敬意和深深的感谢！

祝您健康长寿，胜利跨入新的世纪；由于您对中国和世界科学的巨大贡献，获得了国内外广泛的尊敬；在此我们还要特别感谢您对城市科学和建筑科学的深切关注和指导。

您的山水城市学说和关于城市学、建筑科学、建筑哲学的许多教导，使我们深受启发和鼓励。您的学术思想对于城市建筑的科研、教学与建设实践，有着重要的指导意义和深远的理论价值。

您的专著《论宏观建筑与微观建筑》一书，将集中您有关城市科学、山水城市与建筑科学的书信、论著与言论。这是您的又一重要贡献。作为编者我们的愿望也是想以此书献给您的 90 大寿，献给中国和世界的城市建筑学界。祝您生日快乐！

望您多多保重，祝您健康长寿！

鲍世行　顾孟潮

2000 年 12 月 11 日

附：鲍世行 2000 年 12 月 11 日信

尊敬的钱老：

上午传真上我和顾孟潮的贺信，谅已收到。

在您 90 寿辰之际再次祝贺您健康长寿，祝您生日愉快！

在您的关心和支持下，山水城市的运动取得了长足的发展。这里向您报告最近的一些活动情况，相信您一定会高兴。

今年 10 月 29 日由南方日报报业集团和中国城市科学研究会在广州召开"广州市山水城市建设论坛"后，广州的媒体作了多次广泛的报道，影响很大（所有这些内容我们都将结集出版）。

首先，一些媒体抢先以这个主题作为报道热点。11 月 26 日我应河南日报报业集团的邀请去郑州为"2000 年河南省城市建设与房地产业发展战略论坛"作学术报告。这个论坛由中共河南省委宣传部、河南省建设厅与河南日报报业集团共同主办。由媒体主办这样一类论坛，这是和广州的论坛有共同的特点。我在会上主讲"21 世纪社会主义中国的城市发展模式"，主要讲解山水城市。因为结合了河南省和郑州市的城市发展的实际情况，很受与会代表欢迎。讲授后留出 10 分钟和代表共同讨论大家感兴趣的问题。有代表说：当听到讲解郑州的城市发展中的问题和解决措施时，真是太好了！我简直想站起来鼓掌。

其次，山水城市的理念正逐渐为房地产开发部门所接受。广州和郑州的论坛都是由当地的房地产开发公司支持。这主要是住宅由福利分房转为货币分配，由集团购买转变为个人购买，住宅建设中开发商的观念正在发生质的变化。素质高的开发商已经主要不是去追求提高容积率，追求出房的多少，而是转向搞好环境建设，提高科技含量，创造精品，闯出名牌。

通过上述活动，房地产开发部门敏感地感觉到："山水城市的理念是我国城市建设理想目标的新的、正确的哲学概括"（参见广州市房地产协会金贻国秘书长："为新理论鼓与呼"一文）"是在新世纪建设有中国特色城市的一面旗帜"（原广州市建委主任、省人大环资委陈之泉主任的发言）。因此，广州市房地产业协会已决定 12 月 27～28 日在广州召开以"山水城市·山水楼盘"为主题的年会。我和顾孟潮同志都已被邀请到会上作学术报告。

第三，通过房地产业开发，山水城市的理念有可能在实践中得到逐步贯彻。12 月 1 日我赴广州参加番禺"锦绣金江花园"的房地产开发项目方案的研讨活动。广州城市今后主要向南发展，番禺将成为开发重点地区，所以这里房地产活动热度很高。这里建房"市场"已经起着主导的作用，环境要素已经是居民选择住房普遍关心的重点，因此规划方案中的环境质量成为开发商的关注焦点。在会上我介绍了山水城市的理念，希望居住区提高现代科学技术含量，注入传统山水文化内涵，不要再去追求"欧陆风"。这些发言得到与会评委的认同。

第四，有关山水城市的活动明年可望有持续发展。除前已报告计划明年下半年在深圳、珠海召开山水城市研讨会外，广州市房地产业协会计划明年上半年再搞一个关于山水城市的活动。这次我去广州已和他们初步交换了意见，12月下旬赴穗时将再作进一步讨论落实计划。这样除了出版您的专著《论宏观建筑与微观建筑》以外（还计划召开首发式），明年还可搞一系列活动，以作为您九秩寿辰的一份厚礼。以上考虑，当否？请来信指示。

敬礼
健康长寿！

鲍世行

2000 年 12 月 11 日

附：鲍世行 2000 年 12 月 22 日信

尊敬的钱老：

现将美籍华裔著名城市规划专家卢伟民先生给我的来信（复印件）送上，请您一阅。

他的来信说：山水城市的构思实在值得推广，尤其将中华文化传统继续发扬光大，创立有东方气质的城市，有人情味的城市。

卢先生在美国和中国大陆、台湾地区都有很广泛的影响。他希望参加明年在深圳、珠海的山水城市讨论会。我们当然应该欢迎。

此致
敬礼！

鲍世行

2000 年 12 月 22 日

附：鲍世行 2000 年 12 月 29 日信

尊敬的钱老：

您好！

12 月 26 日我去广州参加广州市房地产业协会和广州市房地产业会召开的以"山水城市和山水楼盘"为主题的年会，27～28 日开会，当日即回京。这是我参加的今年最后一次学术会议了。

10月底召开的"广州山水城市建设论坛"和这次召开的"两个会"，开得很成功，其共同特点是理论与实践相结合，两次会议都有理论性的学术论文，前一次会议主要结合广州山水城市建设，后一次会议则结合房地产业发展。

　　我认为这两次会议的功绩有三点：

　　1. 总结了10年来山水城市开展的经验，使山水城市的理念得以进一步拓展。

　　2. 澄清了一些不同的看法。

　　(1) 您从建筑哲学观出发认为建筑科学是一门融合科学与艺术的大部门。建筑是科学的艺术，也是艺术的科学。当然城市也是一样。所以，城市不仅要注重生态，注重环境；而且还要注重文化(特别是我国的传统文化)，注重艺术。为此，光提生态城市就不够了，城市还要讲求整体美，特色美和意境美。特别是城市要有特色，要因地制宜。

　　(2) 山水城市是一种理念，一种学术思想。它不同于政策，不同于方针。方针、政策是由党提出来的，由政府制定的，在一定时期内相关的部门必须认真执行、认真贯彻；但是，理念、思想应该贯彻百花齐放、百家争鸣的方针，要允许大家讨论，只有通过讨论才能使它更接近真理。另一方面，正确的理念、思想也会影响方针政策的制定。随着时间的推移，客观情况的变化，方针政策也可能进行调整，但是，一种理念，一种学术思想，却有它的相对稳定性，当然随着研究的深入，也会有所发展。

　　(3) 山水城市是我们城市发展的理想和方向，努力的目标。既然是理想，它就不是一朝一夕可以实现的。但是，也应该相信经过我们长期不懈、脚踏实地地努力，这些目标是一定可以实现的。

　　3. 推动了广州山水城市建设的发展，近年来广州正处在高速发展的城市转型期，城市的建设量很大，城市中的各种矛盾和问题不断涌现，特别是最近广州的行政区划进行了调整，并正在进行"概念规划"和城市总体规划修订，广州市委市政府、市人大领导不失时机地提出了要以山水城市的目标来进行建设，在这样关键的时期开了这样两个以山水城市为主题的学术会议当然是十分及时的，十分必要的，它的影响也将是深远的。以上意见，对吗？

　　祝

新年好！

鲍世行

2000 年 12 月 29 日

附：鲍世行 2001 年 3 月 5 日信

尊敬的钱老：

最近在《科技导报》2000 年第 8 期上读到吴良镛先生"严峻生境条件下可持续发展的研究方法论思考——以滇西北人居环境规划研究为例"一文。这篇文章是将滇西北人居环境作为您所提出的开放的复杂巨系统进行研究和规划。为了把此文介绍给广大城市研究工作者，我拟将它在《城市发展研究》上转载。

今接吴先生回函，对此表示同意。据说因怕使您费神，未曾寄给您文章，还让我代转，并向您问安，故特将文章复印奉上，供参阅。

此致

敬礼！

鲍世行

2001 年 3 月 5 日

附：鲍世行 2001 年 8 月 19 日信

尊敬的钱老：

今奉上莫伯治《关于山水与山水城市》一文，供参阅。

此文原为去年年底他在广州举行的"山水城市论坛"上的讲话，现才在《建筑学报》2001 年 6 期刊出。文章高度评价您提出的"山水城市"的科学构想。

莫伯治先生系中国工程院院士，出生于 1914 年，是广州著名建筑师，他的作品有广州泮溪酒家、广州白云山山庄旅舍、广州白云山双溪别墅、广州白云宾馆、广州白天鹅宾馆、广州西汉南越王墓博物馆，曾多次得奖。

顺祝

安康！

鲍世行

2001 年 8 月 19 日

2000 年 11 月 7 日致顾孟潮

（关于中国人民将能建设好"山水城市"）

顾孟潮同志：

您 10 月 31 日信①收到。

我很高兴您和鲍世行同志赴广州开了一个高效率的会议②，并感谢您二位这些年在宣传和推动"山水城市"问题上所作的努力。目前党和国家正在制定"十五"规划。我相信，在 21 世纪我国城市规划和建设会有很大发展，中国人民将能建设好"山水城市"。

您在广州会议上的发言很好③。您起草的《论宏观建筑与微观建筑》一书的"前言"我同意。

祝您和鲍世行同志继续取得成功，也祝您们二位身体健康！

此致

敬礼！

钱学森

2000 年 11 月 7 日

注释：

① 该信向钱老简要汇报了"广州山水城市建设论坛"开会的情况。

② 系指广州山水城市建设论坛 2000 年 10 月 29 日于广州鸣泉居举行。

③ 系指顾孟潮题为"山水城市——知识经济时代(高科技时代)的城市建设模式"的发言。

2001 年 3 月 14 日致鲍世行、顾孟潮、涂元季

(关于《论宏观建筑与微观建筑》一书出版)

鲍世行、顾孟潮、涂元季同志:

由鲍世行同志代表您们三位就《论宏观建筑与微观建筑》一书给我的两封信和所附材料:"前言"、"序"、"钱学森简历"、"关于建筑科学的大事记"、"后记"等我都看了。书的目录顾孟潮同志在去年 11 月份也送我阅过,后又经涂元季同志补充。这些材料我都同意。周干峙院士为本书所写序言很好。在此我要对您们表示感谢,并祝本书顺利出版。也请您们转达我对广州市房地产业协会和杭州出版社的谢意。

此致

敬礼!

钱学森

2001 年 3 月 14 日

附:鲍世行 2000 年 11 月 15 日信

尊敬的钱老:

寄上 11 月 9 日的信谅已收悉。

《论宏观建筑与微观建筑》一书排版已经结束,开始校对工作,今寄上目录一份,请指正。这次出书我们尽力收集您的有关文章和信函,使书的内容更加丰富。唯 1993 年 4 月 7 日您给吴良镛先生关于建设发展山水城市的信尚未收集到,因为吴先生处已无法找到。

这个目录是按学科分类,然后再附一个按时间顺序的索引,可否?请您提出意见。

此致

敬礼!

鲍世行

2000 年 11 月 15 日

附：鲍世行 2001 年 3 月 7 日信

尊敬的钱老：

报告您一个好消息：从去年以来我多次去广州找一些单位游说，寻求对《论宏观建筑与微观建筑》一书出版的支持，现经与广州市房地产业协会商谈，他们已同意赞助 5 万元，其中 3 万元支持该书的出版，另 2 万元作为在广州召开该书首发式的费用（当然也给他们以相应的回报，实现"双赢"）。由于经费没有最后落实，出版社积极性不高，该书出版的进度一直很慢。现在有了经济支持，书的准时出版就不成问题了。而且有了钱，就可以在广州召开该书的首发式，以扩大影响。3 月 9 日我有事赴广州，届时将代表杭州出版社和广州市房地产业协会签订协议。为此，特向您报告喜讯。

敬祝

春安！

鲍世行

2001 年 3 月 7 日

附：鲍世行 2001 年 3 月 8 日信

尊敬的钱老：

昨日寄上报告《论宏观建筑与微观建筑》一书得到广州房地产业协会资助的信谅已收到。

《论宏观建筑与微观建筑》一书的编辑工作已接近尾声。今奉上"前言"、"后语"和"关于建筑科学的大事记"、"钱学森简历"以及周干峙写的"序"，请您审阅。

这几个材料都是我们经过反复修改补充后完成的。可以说这是集体创作的成果。

此致

敬礼！

鲍世行

2001 年 3 月 8 日

附：鲍世行 2001 年 3 月 21 日信

尊敬的钱老：

最近我去杭州给杭州出版社送去序言、前言、后记附录等最后一批稿件，并和出版社正式签订了关于《论宏观建筑与微观建筑》一书的出版合同，还会见了该社钟高渊社长。钟社长对送去的稿件质量表示满意，还感谢为该社寻找到赞助（广州市房地产业协会赞助 5 万元，其中 2 万元用于在广州召开该书首发式）。他表示一定要高质量地出好此书。他还让我向您转达谢意，现将该书出版合同复印件附上，供参阅。

此致
敬礼！

鲍世行
2001 年 3 月 21 日

附：鲍世行 2001 年 3 月 25 日信

尊敬的钱老：

3 月 21 日寄上一信谅已收悉。

今年 4 月是梁思成先生诞辰 100 周年，4 月下旬，清华大学校庆之际，建筑系将举行隆重的纪念活动，并将筹划出版《全集》。

在编辑《论宏观建筑与微观建筑》一书时，我曾致函梁思成先生遗孀林洙先生，收集您给梁先生的书信。可是她回电话说：梁先生的全部书信，均在"文革"中被毁。这是十分遗憾的。在您的文章和书信中，曾多次提及您和梁思成先生的交往。不知有没有当时梁先生给您的信件？对梁先生诞辰 100 周年活动，您有什么看法和意见？

顺祝
春祺！

鲍世行
2001 年 3 月 25 日

附：鲍世行 2001 年 5 月 2 日信

尊敬的钱老：

我最近去江苏吴江市盛泽镇参加城市规划咨询，经苏州回京，参观了苏州城市规划建设，留下了深刻的印象。这个国家级历史文化名城，改革开放以来发展很快，城市布局发生了根本性变化，城市西部建了新区（高新技术产业开发区），东部建了工业园（中国、新加坡合作苏州工业园），最近南部吴县又合并为苏州的一个"区"。城市形态由方形的古城，发展为十字形。四角又有自然湖山绿地楔入：东北有阳澄湖，东南有独墅湖，西北为虎丘、阳山，西南为上方山、石湖。当地称之为："古城内是假山假水，城中园（指传统古典园林）；古城外是真山真水园（指自然山水）中城。"目前市区东部已紧靠金鸡湖，西部已抵狮子山山麓，灵岩山、天平山等构成绿色屏障，城市与自然山水结合很密切，布局科学合理，城市景观与湖光山色融为一体，很有特色。

古城路网河道基本保持了路河平行的双棋盘格局，还保持了城市原有的骨干水系及小桥流水的小巷特色。当地称之为："古城内，路河平行，呈双棋盘格局；古城外，路河相错，呈套棋盘格局。"

市区组团之间规划有井字形快速干道通过与市域道路连接。

古城内控制道路宽度、建筑高度、建筑体量和建筑风格的工作做得很好，大部分建筑是粉墙黛瓦（较少用彩色琉璃瓦），朴素无华，保持了苏州的历史文化特色。

只是相当一部分河道水质仍不理想，看来水环境整治还要下工夫。

以上向您汇报苏州山水建设的一些情况。我觉得咱们山水城市的宣传能在一些城市的建设中起作用，您听了也一定会高兴的。

专此　顺祝

春祺！

鲍世行
2001 年 5 月 2 日

附：鲍世行 2001 年 5 月 9 日信

尊敬的钱老：

5 月 2 日的信谅已收悉。

今寄上重庆大学（即原重庆建筑大学）城市规划与设计专业博士生龙彬的论文"中国古代山水城市营建思想研究"，请指正。

最近有不少博士生、硕士生选择山水城市作为研究方向，说明山水城市研究已为年青学者关注。他们的介入使山水城市研究增加了新生力量，注入了新鲜血液。他们在导师的指导下运用新的观念、新的方法（电脑的运用），他们思想活跃、精力充沛，将使山水城市的研究上一个新的平台。

龙彬同志的研究题目是：我国古代山水城市的营建思想。在研究过程中，他查阅了大量文献，进行了梳理，分析了典型的城市实例，总结了我国古代山水城市营建的思想精髓，是一篇质量较高的论文。

六月初我将去重庆参加他的论文答辩。他的导师黄光宇先生长期从事山地城市研究，对山水城市研究有很高造诣，他是我的好朋友。您对论文有什么意见，请告我。

专此顺祝

大安！

鲍世行

2001 年 5 月 9 日

附：鲍世行 2001 年 7 月 25 日信

尊敬的钱老：

最近北京大学为了祝贺您的 90 华诞，正在举办"钱学森与现代科学技术"研讨会，共 19 讲。我应邀作关于"钱学森论建筑科学"一讲。现写就初稿，呈上，请您提出宝贵意见。

文中在讲到建筑科学大部门的三个层次时，我提出其基础理论，总的是否可以称为"人居环境学"，其中包括广义建筑学、广义城市学和广义园林学三部分。

由于您把建筑科学置于现代科学技术体系之中，是从体系的全局来看建筑科学，就必然加强了建筑科学这个大部门与其他大部门之间的联系，所以应该建立建筑、城市、园林与这些大部门的交叉研究。这种横向联系的加强，提供了建筑科学学科体系发展的巨大空间。为此需要建筑科学的学生与其他学科学生的共同努力。以上意见对吗，特向您请教。

专此，敬祝

暑安！

鲍世行

2001 年 7 月 25 日

附：鲍世行 2001 年 8 月 9 日信

尊敬的钱老：

样书已收到，先奉上，作为您 90 华诞的贺礼！近日将在广州召开该书首发式，正在筹划中。

出版社不日也会给您寄书。您需要多少书（包括涂秘书）可再向出版社索取。这是在订合同时说好的。

您的《手稿》托永刚带上。我冒昧地提出：可否请您在扉页上签个名。这本书将作为礼物转赠杭州市市长。书上有很多人题签。它已是一件珍贵的文物了。

　　敬祝
健康长寿！

鲍世行　敬贺

2001 年 8 月 9 日

附：鲍世行 2001 年 8 月 14 日信

尊敬的钱老：

　　这几天我一直沉浸在兴奋和幸福之中。

　　北京大学为了祝贺您的 90 华诞，召开了"钱学森与现代科学技术研讨会"，举行了系列讲座，收获匪浅。大家说：我们没有蛋糕，没有花篮，没有寿宴，可这是一次丰盛的科学与艺术的大餐。这次有机会在各学科之间举行学术交流，从而建立起了一座座大跨度的学科之间的桥梁，也使我们从中更进一步体会到您的学术思想的博大精深。

　　8 月 9 日收到了您题签的《钱学森手稿》一书，真使我喜出望外。我一定要将这一丰厚的礼品，通过杭州市仇保兴市长转赠给杭州人民。

　　最近，《论宏观建筑与微观建筑》一书出版。这也是近年来大家的劳动成果，心中得到无限宽慰。

　　谈到这一本书，我想到了几个人。首先是杭州市仇保兴市长。原来这本书计划在其他出版社出版，后来仇市长知道这个情况后，就说：这本书理应在杭州出版社出版，因为杭州是钱老的故乡。可以说没有仇市长的支持，这本书也不会在杭州出版。仇市长是我的朋友，早年他在金华市任书记时，我们就认识了。他对金华的历史文物保护十分重视，曾多次邀请我去该市进行城市规划咨询。后来他调杭州任市长，对杭州的名城保护多有建树，在杭州市民中口碑颇好，他现在正在为西湖申报世界文化遗产而努力。

　　还有两位，一位是广东省房地产业协会会长陈之泉同志。他原是广东省建设厅厅长，现任广东省人大资源环境委员会主任。他对山水城市建设十分重视，目前正在积极筹划在深圳召开的"山水城市论坛"。另一位是广州市房地产业协会金贻国秘书长。为了出版《论宏观建筑与微观建筑》一书，广州市房地产业协会资助了 5 万元，其中 3 万元赞助出版，2 万元用于在广州召开该书的首发式，所有这些事都由他来操办。

所以，我想到是否可以请您为仇保兴市长、陈之泉会长、金贻国秘书长三位同志签名赠书，以示感谢？妥否请示。如获同意，我将和涂元季秘书具体联系。

　　敬祝

康健!

鲍世行

2001 年 8 月 14 日

附：鲍世行 2001 年 12 月 11 日信

尊敬的钱老：

　　正值您 90 寿辰之际，我衷心祝愿您健康长寿！

　　最近媒体的一系列关于您 90 大寿的报道，使我沉浸在无比幸福之中，得悉您身体十分健康，也使我由衷地高兴。

　　在您生日前夕，特寄上《攀钢日报》上关于攀枝花市建设山水城市报道的剪报。我想您了解到您所关心的消息，得悉您的山水城市思想正在各地落实、生根开花结果，您一定会高兴的。这也算是我对您最好的生日礼物。随信寄上《攀钢日报》2001 年 8 月 18 日剪报及《攀枝花史志》2001 年第 3 期(内有拙文"攀枝花城市规划的历史回顾")。这些资料都是攀枝花市规划建筑设计研究院陈加耘总工程师寄来的。他要我转达对您的问候，并祝您生日快乐，健康长寿！

　　敬祝

大安!

鲍世行

2001 年 12 月 11 日

附：鲍世行 2002 年 3 月 15 日信

尊敬的钱老：

　　久疏问候，常在想念中。

　　今寄上拙稿"山水城市：21 世纪中国人居环境"一文，供参阅。这是应第二届世界养生大会之邀，将在 4 月 10 日大会宣读的论文。中央电视台十台知悉此消息后，拟来会场同步拍摄，将在"百家论坛"播出。我想这也是咱们宣传"山水城市"的极好机会。世界养生大会会有不少国外学者参加，这是一次多学科交流的机会。如能在电视台播出就会有更多的观众看到此节目。（百家论坛首播为中午 12：30，当日 16：40 重播，节目长40 分钟）。为此，我对论文作了专门考虑，以便能使广大观众和其他学科的专家理解。

此文第一部分讲述山水城市的内涵，除了正面阐述山水城市的核心精神外，还阐述了不同学科、不同专业，从不同角度对山水城市的理解。第二部分讲山水城市提出的时代背景和文化背景。最后，我从人体科学与人居环境科学的学科交叉的角度谈了一点看法。这些意见妥否？请您提出宝贵意见。

专此　即颂
大安！

鲍世行

2002 年 3 月 15 日

附：鲍世行 2002 年 2 月 5 日信

尊敬的钱老：

现将哈尔滨工业大学建筑学院唐恢一教授寄来的《城市学》修订版书稿转呈上。他遵循您的教导一直潜心研究城市学，看到这些成果您一定会高兴的。

我最近一直在参加北京大学现代科学与哲学研究中心举办的复杂性探索中的哲学问题研讨会（2002 年 1 月 27 日～2 月 7 日），收获不小。

春节快到，先向您拜个早年。

敬祝
阖家幸福！

鲍世行

2002 年 2 月 5 日

附：鲍世行 2001 年 4 月 8 日信

尊敬的钱老：

现将哈尔滨工业大学建筑学院唐恢一教授寄来《城市学》一书寄上，并附上他给您的信和给我的信的复印件。

唐恢一教授曾于 1997 年编写过《城市学》讲义，现在又在此基础上，不断修改、充实，才由哈尔滨工业大学出版社正式出版此书。

唐恢一先生响应您的号召，两年多来，积极从事城市学研究，才有此丰硕成果，可喜，可贺！

　　专此，顺祝

春安！

鲍世行

2001 年 4 月 8 日

附：唐恢一 2001 年 3 月 27 日信

敬爱的钱学森老前辈：

　　您的身体健康常在晚辈念中。在您关于建立城市学的伟大号召与思想指引下，特别是得您 1998 年 6 月 28 日亲笔赐函鼓励，晚辈乃敢于涉足编写《城市学》一书，并从事相关教学、科研。否则不可能站在如此高度来从事这一事业。借助于前辈的威望、指引和鼓励，值此国家强调科技兴国、发扬科技创造精神的盛世，晚辈乃得以发挥自己的一点绵力。我在1997 年初编《城市学》讲义的基础上，继续修改、补充，去秋申请获得我校科技部基金资助，得以正式出版《城市学》一书，并得我半个多世纪的恩师、天津大学建筑学院沈玉麟教授的支持和赞许，给予主审并作序，此书似已初具雏形，但不知方向是否有误？兹谨寄呈一册请老前辈赐正。

　　并祝

金安

晚辈　唐恢一　敬上

2001 年 3 月 27 日

附：唐恢一 2002 年 12 月 16 日信

敬爱的钱学森院士：

　　新年将届，恭祝安康长寿！近日应邀赴厦门参加城市规划学会年会，大会是在党的十六大精神主导下进行的。在当前迅速发展的形势下，大家都深感理论建设的迫切性。今夏以来，我应邀参加包括香港中文大学的校际学术交流会及这次年会，所交论文及发言都引用了您关于宏观建筑学、城市学、建筑科学等思想（附上论文一篇请审阅），引起了与会人士的关注。我觉得现在亟须在相关学会（中国城市科学研究会、中国城市规划学会等）的组织下开展系统的学术研究，即遵循您的建议和思想，以您的系统科学和复杂性科学学术思想为主导建立的学科体系，初步成果可否以《钱学森宏观建筑学思想理论丛书》的形式出版？这样便于建立科研课题，申请国家科研基金，举办学术研讨会，并使科研质量较有保证。以免个别人零打碎敲，难以形成主流，且易生讹误。此议当否？请教。

　　即祈

年禧

哈尔滨工业大学建筑学院教授

唐恢一　敬上

2002 年 12 月 16 日

附：唐恢一 2005 年 4 月 5 日信

敬爱的钱学森老前辈

　　昨天收到您让公子钱永刚先生托鲍世行先生转来的您的具有里程碑意义的文章《一个科学新领域——开放的复杂巨系统及其方法论》英文稿全文，非常感激！这是对我们的重大信任和鼓舞！我们在欧洲的合作伙伴们早已翘首以待了。我将立即打字形成电子文件发往欧洲。他们将首先在下列网站上发表（原已发表了我们在去年 11 月初提交的英文摘要稿）：

　　http：//www. mate. arch. unisi. ch/ACME/CHCN-cooperation/

　　然后将在 Ascona 学术研讨会的论文集上发表。您的署名已从原来的英文译名按收到的英文稿汉语拼音译名改过来了。

　　您的方法论受到了西方学者的关注。实际上他们是完全依赖计算机（尽管用了多芯片超级个人计算机、集群计算机、平行算法、神经网络、人工智能等技术），在系统的复杂性面前遇到了困惑。他们对系统的分类也是不清楚的。我们有了您的思想指引，在同他们的合作中就比较心中有数。应用您的关于产业革命的学说，以及沙产业理论、草产业理论等学说，也可导出新的城市化概念，它同传统城市化伤农的性质相反，是利农的，是符合科学发展观的。

　　敬祝

健康长寿

学生　唐恢一　敬上

2005 年 4 月 5 日

附：鲍世行 2005 年 1 月 31 日信

尊敬的钱老：

　　现将哈尔滨工业大学建筑学院唐恢一教授给您的来信及相关资料转

上。来信报告了他在两个月前在瑞士参加"城市系统复杂性研究学术会议"的情况。他说：会议反映了西方发达国家运用系统科学理论和先进技术手段处理城市发展分析的动态，也反映了他们对城市复杂性问题研究感到的困难。

他向大会介绍了您的大成智慧学说和从定性到定量的综合集成研讨厅体系，还向大会提交了您的大作，"一个科学新领域——开放的复杂巨系统及其方法论"的英文详细摘要，受到到会专家的极大关注和兴趣。

我也向周干峙院士提出召开"城市：开放的复杂巨系统"学术会议的建议，现将建议书一并附上。

值此鸡年春节即将来到之际，我先向您拜个早年！

祝您

健康长寿！

鲍世行
2005 年 1 月 31 日

附：鲍世行 2005 年 4 月 11 日信

尊敬的钱老：

现将哈尔滨工业大学建筑学院唐恢一教授给您的信转上，请查收。

您的大作——"一个科学新领域——开放复杂巨系统及其方法论"一文的英文稿已由我转给他。他已转 Ascona 学术研讨会，编入大会论文集。国外学者对此文有极高评价，并期待将其编入文集。

我们中国城科会的杂志，《城市发展研究》最近一期也拟刊出"一个科学新领域——开放的复杂巨系统及其方法论"一文，并同时刊出英文稿（摘要），以纪念您回国 50 周年。

城市是开放的复杂巨系统，这已得到学界的共识，但如何运用您倡导的系统学理论和"从定性到定量综合集成法"以及它的实践形式："从定性到定量综合集成研讨厅体系"来研究和解决城市发展中的众多问题，实在是我们的重大任务，特别是当前城市高速发展阶段，理论的研究和运用正确的理论来指导城市建设实践，尤感需要。以上情况特向您汇报，希冀得到您的同意。

敬祝

健康长寿！

鲍世行
2005 年 4 月 11 日

2007 年 11 月 5 日致全国建筑与文化第九次学术讨论会的贺信

（关于将中国传统文化与建筑科学结合起来）

全国建筑与文化第九次学术讨论会主席团并全体代表：

欣悉全国建筑与文化第九次学术讨论会在洛阳召开，我谨表示热烈祝贺。我在 20 世纪 90 年代初将中国传统文化与建筑科学结合起来，提出："社会主义中国应该建'山水城市'"的观点。据此，我完全赞成会议主题，祝大会圆满成功！

钱学森

2007 年 11 月 5 日

附：鲍世行 2007 年 12 月 9 日信

尊敬的钱老：

值此您 96 华诞之际，谨向您致以崇高的敬意和最美好的祝福，衷心祝贺您生日快乐，健康长寿，并祝全家生活幸福美满！

最近建筑界在洛阳召开以山水城市为主题的学术讨论会，您的大会的贺信给与会专家、学者极大鼓舞，大家反映十分强烈。会上充分发扬民主，讨论十分热烈，会议文集正在紧张编辑中，待出版后定会立即呈上，请您雅正。

会上决定，明年将以同样主题，在西安召开国际学术研讨会，会议自西安交大承办。大家表示将积极准备，前来参加，相信会议将会更加深化，成果定会更加丰硕。

听说明年北京还将召开香山会议，讨论您提出的"现代科学技术体系问题"，建筑科学作为十一大科学部门之一，我们一定会带上研究成果，积极参加。

所有这些都预示明年在钱学森学术思想研究方向，将掀起一个新的高潮，衷心预祝取得成功。

敬祝

健康长寿，阖家幸福！

学生　鲍世行

2007 年 12 月 9 日

跋 "山水城市"概念探析

吴宇江

一、"山水城市"概念的提出

"山水城市"的概念是杰出科学家钱学森先生1990年7月31日给清华大学教授吴良镛先生的信中首先提出来的。钱学森先生在信中这样写道:"我近年来一直在想一个问题:能不能把中国的山水诗词、中国古典园林建筑和中国的山水画融合在一起,创立'山水城市'的概念?人离开自然又要返回自然。社会主义的中国,能建造山水城市式的居民区。"1992年3月14日,钱学森先生给合肥市副市长吴翼先生的信中写道:"近年来我还有个想法:在社会主义中国有没有可能发扬光大祖国传统园林,把一个现代化城市建成一大座园林?高楼也可以建得错落有致,并在高层用树木点缀,整个城市是'山水城市'。"

1993年2月,钱学森先生在《城市科学》(新疆)杂志上发表"社会主义中国应该建山水城市"的学术论文。钱学森先生在论文中这样写道:"我想既然是社会主义中国的城市,就应该:第一,有中国的文化风格;第二,美;第三,科学地组织市民生活、工作、学习和娱乐,所谓中国的文化风格就是吸取传统中的优秀建筑经验。如果说现在高度集中的工作和生活要求高楼大厦,那就只有'方盒子'一条出路吗?为什么不能把中国古代园林建筑的手法借鉴过来,让高楼也有台阶,中间布置些高层露天树木花卉?不要让高楼中人,向外一望,只见一片灰黄,楼群也应参差有致,其中有楼上绿地园林,这样一个小区就可以是城市的一级组成,生活在小区,工作在小区,有学校,有商场,有饮食店,有娱乐场所,日常生活工作都可以步行来往,又有绿地园林可以休息,这是把古代帝王所享受的建筑、园林,让现代中国的居民百姓也享受到。这也是苏扬一家一户园林构筑的扩大,是皇家园林的提高。中国唐代李思训的金碧山水就要实现了!这样的山水城市将在社会主义中国建起来!以上讲的还是一个城市小区,在小区与小区之间呢?城市的规划设计者可以布置大片森林,让小区的居民可以去散步、游息。如果每个居民平均有70多平方米的林地,那就可以与今天乌克兰的基铺、波兰的华沙、奥地利的维也纳、澳大利亚的堪培垃相比了,称得上是森林城市了。所以,山水城市的设想是中外文化的有机结合,是城市园林与城市森林的结合。山水城市不该是21世纪的社会主义中国城市构筑的模型吗?"

1993年10月6日,钱学森先生关于21世纪的中国城市给中国城市科学研究会鲍世行秘书长的信中写道:"我想中国城市科学研究会不但要研究在今天中国的城市,而且要考虑到21世纪的中国的城市该是什么样的城市。所谓21世纪,那是信息革命的时代了,由于信息技术、机器人技术,以及多媒体技术、灵境技术和遥作技术(belescience)的发展,人可以坐在居室通过信息电子网络工作。这样住地也是工作地，因此，城市的组织结构将会大改变：一家人可以生活、工作、购物，让孩子上学等都在一座摩天大厦，不用坐车跑了。在一座座容有上万人的大楼之间，则建成大片园林，供人民游息。这不也是'山水城市'吗？"1994年12月4日，钱学森先生关于对"轿车文明"的讨论给鲍世行秘书长的信中又写道："我看这实关系到我们21世纪要建什么样的城市：(一)城市如实现'山水城市'，则在一个建筑小区中，住家、中小学校、商店、服务设施、医疗中心、文化场所等日常文明设施都具备，人走路可达，不用坐车。(二)由于'高速信息公路'信息革命，多数人可以在家通过信息网络上班，不用奔跑了。(三)建筑小区之间有大片森林花木，是公园，居民可以游憩或作运动锻炼身体。(四)人们当然也会要远离小区访亲友、游览等，那又有高效的城市公共交通可供使用。(五)再远就用民航、高速铁路、水路船航等。所以社会主义中国完全有可能避开'轿车文明'，但这是城市学的一个大课题。"

1995年10月22日，钱学森先生关于山水城市的看法给《华中建筑》主编高介华先生的信中写道："建设山水城市要靠现代科学技术，例如现在正兴起的信息革命就可以大大减少人们的往来活动，坐在家里就能办公，因此有可能在下个世纪解决交通堵塞、空气噪声污染，从而大大改进生态环境。山水城市是更高层次的概念，山水城市必须有意境美！何谓意境美？意境是精神文明的境界，在文艺理论中有许多论述讲意境。这是中国文化的精华！"。同年11月14日，钱学森先生关于山水城市为人民的社会主义内涵给高介华先生的信再次写道："我们的山水城市还有一个内涵，这和国内同志要多讲，即其为人民的社会主义内涵——要让大家安居乐业，不是少数人快乐而多数人贫困。在资本主义国家就不是这样：例如美国大资本家都独居于他们各自的庄园，是'山水城市'了，而一般人民大众呢？却是另一样景象！所以说透了，山水城市是社会主义的、中国社会主义的，我们把我国传统文化和社会主义结合起来了。"

1996年3月15日，钱学森先生关于重庆市建设山水园林城市给重庆市城市科学研究会李宏林秘书长的信中写道："我设想的山水城市是把我国传统园林思想与整个城市结合起来，同整个城市的自然山水条件结合起来。要让每个市民生活在园林之中，而不是要市民去找园林绿地、风景名胜。所以我不用'山水园林城市'而用'山水城市'。建山水城市就要运用城市科学、建筑学、传统园林建造的理论和经验，运用高新技术(包括生物技术)以及群众的创造，如重庆市的屋顶平台绿化。所以建'山水城市'将是社会主义中国的世纪性创造，它不是建造中国过去有钱人的园林，也不是今日国内外大资本家的庄园！"

1996年9月29日，钱学森先生关于21世纪社会主义中国给鲍世行秘书长的信这样写道："山水城市是21世纪的城市。那么21世纪的社会主义中国将是什么样的国家？首先是消灭贫困，人民进入共同富裕；然后要考虑到两个产业革命的巨大影响：一是信息革命。即第五次产业革命，绝大多数人不用天天上班劳动，可以'在家上班'。二是农业产业化，即第六次产业革命，使古老的第一产业消失了，成为第二产业；这也就是您信中说的农村转化集中成为小城镇。这样我国人民将都住在城市：全国大多数人住在小城镇，大城市是少数。上千万人口的特大城市，全中国有几个而已。中国的城市科学工作者面临的就是这样一幅全景。他们要把每一个这样的城镇、城市建成为山水城市！Carden City、Broadacre City，'现代城市'(L. 柯布西耶)、'园林城市'、'山水园林城市'等等都将为未来21世纪的山水城市提供参考。

杰出科学家钱学森先生为什么会有"山水城市"的构想呢？笔者在钱学森先生关于为什么对中国古代建筑感兴趣给中国建筑工业出版社的信中找到了答复。钱学森先生在信中这样写道："您们也许会问，我为什么对中国古代建筑感兴趣。这说来话长：我自3岁到北京，直到高中毕业离开，1914～1929年，在旧北京呆过15年。中山公园、颐和园、故宫，以至明陵都是旧游之地。日常也走进走出宣武门。北京的胡同更是家居之所，所以对北京的旧建筑很习惯，从而产生感情。1955年在美国20年后重返旧游，觉得新北京作为社会主义新中国的国都，气象千万！的确令人振奋！但也慢慢感到旧城没有了，城楼昏鸦看不到了，也有所失！后来在中国科学院学部委员会议上遇到梁思成教授，谈得很投机。对梁教授爬上旧城墙，抢在城墙被拆除前抱回几块大城砖，我深有感触。中国古代的建筑文化不能丢啊！70年代末，我游过苏州园林，与同济大学陈从周教授有书信交往，更加深了我对中国建筑文化的认识。这一思想渐渐发展，所以在80年代我就提出城市建设要全面考虑，要有整体规划，每个城市都要有自己的特色，要在继承的基础上现代化。我认为这是一门专门的学问，叫'城市学'，是指导城市规划的。再后来读到刘敦桢教授的文集二卷，结合我对园林艺术的领会，在头脑中慢慢形成要把城市同园林结合起来的想法，要建有中国特色的城市。到1990年初就提出'山水城市'的概念。"其实，早在1958年，钱学森先生就在《人民日报》上发表"不到园林，怎知春色如许——谈园林学"的文章。1983年6月，钱学森先生在《园林与花卉》（1983年第一期）上又发表了"再谈园林学"的文章。同年10月29日，钱学森先生在第一期市长研究班上还专门作了"园林艺术是我国创立的独特艺术部门"的学术演说。不难看出，钱学森先生对中国园林艺术的兴趣是浓厚的，情感是深远的，造诣也是极高的，这不得不让人油然起敬，深表钦佩。

二、国内外众多专家对"山水城市"概念的理解与见地

两院院士、清华大学教授吴良镛先生在畅谈山水城市与21世纪中国城市发展时指出："山水城市"这一命题的核心是如何处理好城市与自然的关系。中国传统城市山水常作为构成城市的要素，因势利导，形成各个富有特色的城市构图。如能将城市依山水而构图，把连结的大城市化成为若干组团，形成保持有机尺度的"山——水——城"群体，则城市将重视山水景观的活力。"山水城市"——这"山水"泛指自然环境（natural environment）；这"城市"泛指人工环境（human environment）。"山水城市"是提倡人工环境与自然环境相协调发展，其最终目的在于"建立人工环境"（以"城市"为代表）与"自然环境"（以"山水"为代表）相融合的人类聚居环境。"山——水——城"三者是相互起作用的。"山得水而活"、"水得山而壮"、"城得水而灵"。城市有了山水而增添了活力，丰富了城市环境美。

著名古建文保专家郑孝燮先生在谈到山水城市的文态环境时指出："山水城市"首先在于把握"中国特色"这个灵魂；同时既需达到良好的生态环境，又要塑（包含创造与保护）完美的文态环境。这里的文态环境，着重指静态的人文环境，即那些经过规划设计后建的，以建筑群体为主，以山、水、林、园密切烘托的、位于城区或郊区的某些环境，以及平地起家的某些新城环境等。"山水城市"一般宜小不宜大，人口、用地及建筑高度、建筑密度都要严格控制。环境要无污染。城址的条件，首先要取决于有无吸引人的自然风景，然后再看其他。总体布局以相对分离的集团式为宜。个别的也不排除采用功能分区。产业选择

主要面向第三产业，包括教、科、文、卫、旅游业及某些工业等在内。山水城市城区的绿地、空地应多，以利于塑宽松、疏朗、幽雅的文态环境空间和气质。布局虚中有实、虚实结合，通过绿地、空地引进自然。比如中国山水画不把画面涂得满满的，而要留些"空白"，所谓"知白守黑"。这样可以出韵味、出灵气、出意境。山水城市虽非山水画，但道理相通。此外，布局还要体现动静分离，静多动少，它和闹市口、繁华拥挤的气氛截然不同。高层建筑、高密度建筑都不相宜。当今发达国家的人们工作虽然是快节奏，但有钱人却住到郊区乡村式环境里，去呼吸自然空气，去寻找自然天地。总之，山水城市代表着一种先进的思想方向，它的意义是广泛的、长远的。

著名园林学家、北京林业大学教授孙晓翔先生在"居城市须有山林之乐"一文中指出：世界上，在以农业经济为基础的封建制或半封建、半殖民地的国家，农村人口总是不断涌向城市。城市是政治、文化、工业和经济的中心。所以城市人口集中、熙熙攘攘、拥挤不堪。乡下人都想挤到城市里来升官发财。大家认为"城市"是"美"的化身，城市是人间天堂。虽然城市里都是高大的楼房，都是噪声，水是脏的，天是灰的，没有鸟的歌唱。但大家觉得仍然很美，大家都要挤进来。这种状况，全世界已经存在几千年了。那些即使是居住在山环水抱、佳木秀而繁荫、野芳发而幽香的山村中的农民，他们也抛弃了牧歌式的田园风光，投奔到毫无生趣的大城市里来了。"居城市须有山林之乐"，是中国城市景观规划和居住环境设计的传统美学理想。它包含这样的二层含义：一是既要享受城市的物质文明，又要享受大自然的美，人工构筑物和建筑物与风景园林绿地，要成适当的比例，使人工的美与自然的美相辉映。城市的中心应该是园林，它的外围也是园林。城市中间也应均匀分布园林(The city in the park as well as a city of parks)。二是城市和居住区的规划设计，要扬弃中轴对称的几何模式，而采用因地制宜的自然式布局。

中国工程院院士、中国园林学科的奠基人汪菊渊先生在"大地园林化和园林(化)城市"一文中指出：作为城市首先要环境清洁、空气清新，适宜于人的居住和身心健康。每个城市总有它的地理、地貌特点，要充分运用有山有水、有森林田野等自然条件，使建筑与自然环境相协调，突出自然景色的美。一个城市的建筑格局，……如果街道与建筑之间、建筑与建筑之间缺乏绿地也就缺乏生气，因而也不可能是美的。一个城市的个性、特性还取决于城市的体形结构和社会特征。因此，一切有历史、科学、艺术价值的能说明社会和民族特性的文物、大建筑、历史园林，不仅要保存和保护好，而且要组织到城市规划中，在重新使用上与城市建设结合起来。一个城市只有充分绿化了并构成系统，才能维护和改善城市环境和生态的质量。只有绿地分布均匀才能方便群众和改善人民的生活。只有自然景色、建筑与园林相互结合、相互渗透、相互统一，才能成为一个优美的城市。

杰出的建筑教育家、清华大学教授朱畅中先生在"风景环境与山水城市"一文中写道："山水城市"是在城市历经几千年发展到20世纪末，针对今天城市发展中的形形色色问题和人类追求理想生活环境的现实基础上提出来的。"山水城市"的倡议完全道出了广大城市居民的心愿，人们有理由要求把自己以及子子孙孙赖以生存的环境愈建愈好，希望城市是一个适宜于人们健康生活而没有任何污染的生态环境；是一个现代化、高效率、管理科学化、规范化的城市；是一个充满绿色、充满阳光的城市；是一个安全宁静的城市；是一个有文化文明的城市；是一个美的城市。在城市规划建设工作中，对每一分土地、每一个空间环境都需要我们给予科学合理的安排，有分寸地设计建设；而对于城市的风景环境更需要城市建设的决策者和规划者特别重视和珍惜。所谓风景环境，简单地说，就是指有山、有水、有林木的地段或地区。我国众多的城镇，绝大部分依山傍水，或枕流，或有林木葱郁之地。水是生命之源，山可挡风，森林为蓄水供氧之处。这是城市的风水宝地，是建设"山水城市"最有利的基础。城市的风景环境是城市最美最好的自然环境。造成城市特色最难得的地段，应该是建设城市"花园"或"客厅"的用地，是供旅游者流连忘返、居民休憩活动的地方。

美籍华裔著名城市规划师卢伟民先生在"山水人情城市——再创东方气质城市"一文中对山水城市未来的景象作了富有创意的勾勒：

首先，山水城市是"可持续的城市"，是"天人合一"的城市。这里山水之自然美被增进，生态被恢复。山水城市在规划中遵从道家哲学思想，在发展中把握山水之灵魂，如同在"清明上河图"中所描绘的汴梁人享受他们的城市生活一般。山水城市遵循生态的规律，明了自然的变化过程，如同圣保罗的街区在瑞典谷中所尝试的那样。山水城市了解土地的承载容量。它保护山地而非破坏它，在山坡上的任何开发中，它遵守严格的准则以免土壤流失。山水城市鼓励墓地的更优设计，使它们因此不破坏山地，而能够创造更多的公园一般的环境。山水城市保持河水的清洁，不侵蚀洪泛平原，保护而不是破坏聚居地。它提倡城市再造森林，将植物和野生动物社区带回城市。山水城市鼓励主动和被动太阳能的利用。建筑设计适应地方气候，并达到节约能源的目标。建筑布局确保相邻的建筑和开敞空间都充满阳光。山水城市鼓励水和其他资源的循环利用，有效地处理城市垃圾的问题，因此城市的资源可以被广泛地使用。山水城市也鼓励城市农耕，避免撂荒土地。市民也可以享用新鲜的蔬菜和花朵。山水城市总是在公共设施规划中处处预防自然灾害：不论是洪水、台风还是地震，因此城市的"生命线"不会被中断，在公众教育中，也加强防灾意识，市民也时刻准备着抵御灾害。

其次，山水城市是具有人情味的城市。这里是生气勃勃的城市，有许多的机会和工作的选择。有富有生气的街道和热闹的夜生活，在这里人们可以相会、轻松地休闲，并享受相互的陪伴。这是人性尺度的城市，人们喜爱各自的工作和生活环境。这里拥有为全民服务的清洁、安全和可负担得起的住宅。这是一个绿色的城市，大大小小的花园遍布全城，所有的人都可以方便地进入，给人们带来绿意与清新。这是洋溢着古老而熟悉的街区感觉，邻里守望相助的社区。这是一个和谐的社区，不同背景的族群都可以相互融合，愉快地生活与工作。这是人情丰富的城市，追求"四海一家"的理想。这是"书香世界"，不仅拥有许多书店、咖啡店和餐馆，还有博物馆、音乐厅、剧院，艺术和文化在此繁荣。温斯顿·丘吉尔（Winston Churchill）曾说过："人造建筑，建筑塑人"。在许多方面，行为科学家证实了这个观点。尽管物质规划并不能保证社区的形成，实体设计也不应被忽略。重视行为科学，也将对建立人情味的城市大有裨益。

再次，山水城市是具东方气质的城市。这里珍视历史肌理，保护地标，并尽力整修这些地标使它们适应于新的高效使用，并热诚地学习本土建筑，同时寻找新的途径去表达它。这里的地方政府鼓励本土建筑传统在新的公共建筑中得以充分体现。在这里公众艺术日新月异，艺术家和城市设计者之间通力合作，百花齐放。每一个街景都被改善，每一个街灯、垃圾箱、凳子、人行道都经过精心的设计，十分安全、舒适并符合地方风格。市内招牌经过合理的管理，对于需要更多招牌的场所，也有设置霓虹灯、广告板的地方。对于招牌需要得到限制的地方，不但商业所需的数量最少的标志得以设置，同时对居民的干扰达到最小。精美的中国和日本书法也受到喜爱并得以发扬。总之，这是重新发现自身历史、重新聚焦于它的未来的城市，东方与西方、新与旧在这里交融的城市。

三、"山水城市"概念与中国传统园林艺术

钱学森先生在1958年3月1日写的"不到园林怎知春色如许——谈园林学"一文指出："我国园林的特点是建筑物有规则的形状和山岩、树木等不规则的形状的对比；在布置里有疏有密，有对称也有不对称，但是总的来看却又是调和的。也可以说是平衡中有变化，而变化中又有平衡，是一种动的平衡。在这一方面，我们也可以用我国的园林比我国传统的山水画或花卉画，其妙在像自然又不像自然，比自然有更进一层的加工，是在提炼自然美的基础上又加以创造。"

1983年6月，钱学森先生又在《再谈园林学》一文中写道："先说园林的空间。园林可以有若干不同观赏层次：从小的说起，第一层是我国的盆景艺术，观赏尺度仅几十个厘米；第二层是园林里的窗景，如苏州园林的漏窗外小空间的布景，观赏尺度是几米；第三层次是庭院园林，像苏州拙政园、网师园那样的庭园，观赏尺度是几十米到几百米；第四层是像北京颐和园、北海那样的园林，观赏尺度是几公里；第五层次是风景名胜区，像太湖、黄山那样的风景区，观赏尺度是几十公里。还有没有第六层次？也就是几百公里范围大的风景游览区？像美国的所谓'国家公园'？从第一层次的园林到第六层次的园林，从大自然的缩景到大自然的名山大川，空间尺度跨过了6个数量级，但也有共性。从科学理论上讲，都是园林学，都统一于园林艺术的理论中。""不同层次的园林，也有不同之处：'游'盆景，大概是神游了，可以坐着不动去观看，静赏；游窗景，要站起来，移步换景；游庭园，要漫步，闲庭信步；游颐和园，就得走走路，划划船，花上大半天甚至一整天的时间；游一个风景区就要有交通工具了，骑毛驴，坐汽车，乘游艇、汽轮，开摩托车等；更大的风景区，将来也许要用直升飞机，鸟瞰全景。所以，第五层次的园林，要布置公路，而第六层次的园林，除公路外，还要有直升飞机场。这算是不同层次园林的个性吧！园林大小尺度可能有上述六个层次，当然，小可以喻大，大也可以喻小，这就是园林学的学问了。""现代建筑技术和现代建设材料也为园林学带来一个新因素，如立体高层结构。我想，城市规划应该有园林学的专家参加。为什么不能搞一些高低层次布局？为什么不能'立体绿化'？不是简单地用攀缘植物，而是在建筑物的不同高度设置适宜种花草树木的地方和垫面层，与建筑设计同时考虑。让古松侧出高楼，把黄山、峨眉山的自然景色模拟到城市中来。这里是讲现代科学技术和园林学相结合的问题，也是园林如何现代化的一个方面。"

1992年钱学森先生给美术界王仲先生的一封信中又写道："所谓'山水城市'即将我国山水画移植到中国现在已经开始、将来更应发展的、把中国园林构筑艺术应用到城市大区域建设，我称之为'山水城市'。这种图画在中国从前的'金碧山水'已见端倪，我们现在更应注入社会主义中国的时代精神，开始一种新风格为'山水城市'。艺术家的'城市山水'也能促进现代中国的'山水城市'建设，有中国特色的城市建设——颐和园的人民

化!"后来他在给中国建筑学会顾孟潮先生的信中提出:"要发扬中国园林建筑,特别是皇帝的大规模园林,如颐和园、承德避暑山庄等把整个城市建成为一座超大型园林。"由此可见,钱学森先生的"山水城市"概念表明了中国传统园林艺术与城市规划和建设的关系源远流长、相得益彰。"山水城市"概念也正是融合了中国山水诗、山水画、园林艺术等深邃的文化内涵,从而有着诗情画意、园林美和建筑意。